Jürgen Streich

# 30 Jahre Club of Rome

Anspruch · Kritik · Zukunft

Springer Basel AG

Foto Seite 41: Wolfgang von Brauchitsch
Foto Seite 85: Club of Rome
Fotos Seiten 96 und 107: JESPER DIJOHN PRESSEFOTO
Foto Seite 117: Wuppertal Institut für Klima, Umwelt, Energie
Alle anderen Fotos stammen aus dem Archiv des Autors.

Die Deutsche Bibliothek – CIP-Einheitsaufnahme
**Streich, Jürgen:**
30 Jahre Club of Rome : Anspruch - Kritik - Zukunft / Jürgen Streich.
Basel ; Boston ; Berlin : Birkhäuser, 1997



© Springer Basel AG 1997
Ursprünglich erschienen bei Birkhäuser Basel, Postfach 133, CH-4010 Basel, Schweiz 1997
Umschlaggestaltung: Matlik und Schelenz, Nieder-Olm
Redaktion und Satz: Lektyre Verlagsbüro, Olaf Benzinger, Germering
Gedruckt auf säurefreiem Papier, hergestellt aus chlorfrei gebleichtem Zellstoff TCF∞

ISBN 978-3-7643-5652-1        ISBN 978-3-0348-6352-0 (eBook)
DOI 10.1007/978-3-0348-6352-0

9 8 7 6 5 4 3 2 1

# Inhalt

Meinen Eltern

Gisela und Georg Streich

gewidmet

## Geleitwort

In unserer Gesellschaft wächst der Druck der nationalen und der weltweiten Probleme. Die Bürgerinnen und Bürger unseres Landes wissen um die Wechselwirkungen von Ökonomie und Ökologie, von der bis heute noch nicht geleisteten Bereitstellung von hinreichend geeigneten Instrumentarien, um die Herausforderungen der Gegenwart und erst recht die der Zukunft erfolgreich bestehen zu können.

Club of Rome – damit verbindet sich eine neue Dimension der politischen Herausforderung: Gestaltung unserer gemeinsamen Zukunft, Sorge um unsere Erde, auf der wir Menschen nur ein Teil einer Vielzahl von unterschiedlichen Spezies sind.

Unsere Wahrnehmung dessen, was als langfristige Aufgabe vor uns liegt, ist entscheidend durch die Anregungen, die Kontroversen und die luziden Perspektiven des Club of Rome mitbestimmt worden.

Wir brauchen – dringlicher denn je – Gremien, Institutionen, Zirkel, Clubs und Initiativen, die sich verantwortlich einmischen, um den Entscheidungsträgern in Wissenschaft und Politik, in Wirtschaft und Gesellschaft deutlich vor Augen zu führen, daß dringender Handlungsbedarf besteht, um die Zukunft zu meistern. Wir benötigen geistige Führungskraft mit hoher Sachkompetenz und einem hohen Maß an Verantwortungsfähigkeit für sich und andere.

Ich meine, Führung sollten nur diejenigen übernehmen und übertragen bekommen, die Gewähr dafür bieten, daß ihr Denken und Handeln wertbezogen ist und diese Werte und Normen für jeden erkennbar sind.

Der Club of Rome ist eine solche Institution. Wer darüber aufklärend schreibt, hilft, Vertrauen in die Leistungsfähigkeit demokratischer Gesellschaften bei der Meisterung der anstehenden Probleme zu stärken.

Prof. Dr. Rita Süssmuth
Präsidentin des Deutschen Bundestages

# Probleme und Lösungen

## Der Club of Rome – zwischen Weltproblematik und Weltlösungsstrategie

«Der Höhepunkt unserer Reise war die Erkenntnis, daß das Universum harmonisch, zweckvoll und schöpferisch ist. Der Tiefpunkt lag in der Erkenntnis, daß sich die Menschheit nicht dieser Erkenntnis gemäß verhält.»* Edgar D. Mitchell, der dies sagte, gehört zu den lediglich 27 Menschen, die weit genug von der Erde weg waren, um diese mit ihren eigenen Augen als ganze Kugel gesehen zu haben. 1971 betrat er als sechster Mensch den Mond. Der Blick aufs irdische Ganze veränderte den vorherigen Kampf- und Testpiloten völlig. Er wandte sich fortan den Geisteswissenschaften zu und setzte sich gemeinsam mit sowjetischen Kosmonauten für die Überwindung des Kalten Krieges ein. Vor allem aber bemühte er sich, Aufmerksamkeit für die Vernetzung unterschiedlichster Probleme miteinander und die Notwendigkeit ganzheitlicher Lösungsansätze zu erzeugen. Ein Jahr nach seinem Flug zum Mond erschien ein Buch, das ihn darin bestärkte: *Die Grenzen des Wachstums* (siehe S. 63). Dieser Bericht an den bis dahin weitgehend unbekannten Club of Rome schreckte Regierungen und Bürger rund um den Globus auf. Die simple Botschaft des ersten Computer-Weltmodells: Wenn das Streben insbesondere der reichen Länder nach immer mehr Wohlstand so weitergeht, führt das im 21. Jahrhundert zu katastrophalen Verhältnissen.

Standen Umweltschützer Ende der sechziger und Anfang der siebziger Jahre noch als zumeist belächelte Exoten da, so konnten sie künftig auf seriöse Forschungsergebnisse verweisen, die von einer Organisation in Auftrag gegeben worden waren, die sich aus Wirtschaftslenkern und anerkannten Wissenschaftlern zusammensetzte. Der Club of Rome war plötzlich in aller Munde. *Die Grenzen des Wachstums* avancierte zum Weltbestseller und ist heute ein Sachbuchklassiker. Oft ist er als das wichtigste Buch der Nachkriegszeit bezeichnet worden. 25 Jahre nach dessen Publikation erscheint mit dem vorliegenden Buch erstmals ein umfassendes

---

* Association of Space Explorers, Der Heimatplanet, Frankfurt/M. 1989

Porträt des Club of Rome. Über Informationen zur Geschichte, Struktur, Arbeitsweise und -ergebnissen des Clubs hinaus enthält der Band Beurteilungen seitens bekannter Zeitgenossen sowie Analysen der Außenwirkung dieses unzweifelhaft berühmtesten Denkerzirkels der Welt. Es wird erörtert, wo dessen Stärken und wo seine Schwächen liegen. Kurz vor seinem dreißigsten Geburtstag, ein Vierteljahrhundert nach seinem Durchbruch, stellt sich natürlich die Frage: Wie geht es weiter? Längst nicht mehr jeder Oberstufenschüler eines Gymnasiums weiß heute, wer oder was der Club of Rome ist. Vom Autor oftmals gehörte Kritik in anderen Kreisen ging dahin, daß der Club «angestaubt» sei, eine Runde alter Männer mit einigen «Quotenfrauen».

Doch wer sich näher mit dem Club of Rome befaßt, stellt fest, daß solche Klischees nicht stimmen, daß die Vereinigung viel aktiver ist, als wahrgenommen wird. Blindes Vertrauen in ihre Arbeit wegen ihrer teils lange zurückliegenden Leistungen ist allerdings gleichermaßen unangebracht. Der Club of Rome, der oft als «das Gewissen der Menschheit» bezeichnet wird, sieht sich an der Schwelle zum 21. Jahrhundert, für das er dramatische Entwicklungen prophezeit, großen Herausforderungen gegenüber. Dabei steht nicht weniger als sein künftiger Einfluß auf dem Spiel.

Der Club of Rome hat durchaus versucht, nicht zum dickhäutigen, lahmen Dinosaurier zu werden. Doch während heutige Astronauten mit der Technik und Ausstattung, auf die Edgar Mitchell sich 1971 verlassen mußte, kaum eine Mondlandung wagen würden (die Speicherkapazität der Computer der Landefähren betrug 30 Kilobyte, ein Vierhundertstel des PCs, an dem das Manuskript dieses Buches entstanden ist), haben sich auch die Erwartungshaltungen an Institutionen wie den Club of Rome geändert.

Dieser hat die Begriffe Weltproblematik und Weltlösungsstrategie geprägt. Zur Sensibilisierung der Menschen für die Problematik beizutragen war und ist ein wesentliches Ziel, denn um Probleme zu lösen, ist Lernen notwendig. Der spanische Thronfolger Prinz Felipe nannte den Club of Rome auf dessen Jahreskonferenz 1996 in Puerto Rico einen «Katalysator des Lernens». So bewegt der Club of Rome sich im Spannungsfeld zwischen von ihm selbst verbreiteten Einsichten und Problemlösungen, von denen viele nicht einmal in Sicht sind.

Die Verflechtungen sämtlicher natürlicher und von Menschen beeinflußter Zustände und Abläufe sind global betrachtet zu vielfältig, als daß sie für ein einzelnes Gehirn zu verstehen wären. Sie können nur mit Hilfe von Beispielen ansatzweise verständlich gemacht werden. Hierzu eignet sich ebenfalls das Beispiel der Mondflüge. Um mit der Kombination aus Saturn-Rakete, Apollo-Kapsel und Landefähre Menschen auf die Oberfläche des Erdtrabanten und wieder zurück zu bringen, mußten 99,9999 Prozent der zehn Millionen Einzelteile präzise funktionieren. Lediglich bei jeder millionsten Komponente durften Mängel auftreten, sollten die Astronauten ihre Mission erfolgreich beenden. Während der Apollo-13-Mission versagte ein winziges Teilchen, wodurch ein Sauerstofftank explodierte. An eine Mondlandung war nicht mehr zu denken. Um die Astronauten lebendig zur Erde zurückzuholen, war tagelang rund um die Uhr sämtliche verfügbare Manpower erforderlich. Und der Mut zu außergewöhnlichen Problemlösungen. Im Rettungsteam der Bodenstation befand sich auch Edgar Mitchell.

Tritt in einem komplexen System eine Störung auf, kann diese das gesamte System in Unordnung bringen, ja zusammenbrechen lassen. Die Erde ist ein solches System – ein System, in das der Mensch andauernd und nachhaltig eingreift, ohne die Zusammenhänge auch nur annähernd verstanden zu haben. Manfred Max Neef, Rektor der Universität Santiago und Mitglied des Club of Rome, formulierte es so: «Obwohl die Wahrscheinlichkeit, daß im Universum eine lebende Zelle entsteht, so gering war, daß es an ein Wunder grenzt, daß dies doch geschehen ist, verhalten wir uns, als wären die Auswirkungen unseres Tuns jederzeit rückgängig zu machen.»*

Das Beispiel Atomenergie gibt ihm Recht. Von Menschen ausgelöste nukleare Kettenreaktionen sind, wie es der 1993 verstorbene Zukunftsforscher Robert Jungk ausdrückte, der Beweis für die Bereitschaft, unabsehbare Risiken in Kauf zu nehmen; daß zumal

---

* I.P.I.-News, Zeitung der International Partnership Initiative, 1/97

14

menschliches Versagen bekanntlich nie auszuschließen ist; schon gar nicht dann, wenn die Technik, von der sich der Homo sapiens immer stärker abhängig macht, zuvor bereits versagt hat. Welche Auswirkungen die Kombination aus menschlichem Versagen und dem der Technik haben kann, zeigt eindrucksvoll der Super-GAU von Tschernobyl. Da mußte von den Technikern ein Test dringend nachgeholt werden. Doch das geschah zum denkbar ungeeignetsten Zeitpunkt, gegen Ende des ersten Brennstoffzyklus; der Rest ist traurige Geschichte, der Versuch ging so schief, wie ein Test nur schiefgehen kann. Es ging eigentlich darum, Erkenntnisse über die Sicherheit in einer Notsituation zu gewinnen, und plötzlich war diese – selbst herbeigeführt – da. Und nicht mehr zu beherrschen. Die Reaktorhavarie von Tschernobyl ging als bisher größte Industriekatastrophe in die Geschichte ein.

Sechs Jahre zuvor, 1980, als der Kalte Krieg nach dem sowjetischen Einmarsch in Afghanistan im Anschluß an eine leichte Entspannungsphase besonders eisig geworden war, wäre fast einmal ein Versuch so mißlungen, daß dies einen «Atomkrieg aus Versehen» hätte auslösen können. Während einer Übung gab der zentrale Computer der nordamerikanischen Atomstreitkräfte das Szenario, daß ein sowjetisches U-Boot seine Raketen gegen die USA abgefeuert hatte, so wahrheitsgetreu weiter, daß daraufhin die höchste Alarmstufe ausgelöst wurde. Raketen-Silos wurden aufgeklappt, Bomber stiegen auf, in der Luft befindliche Maschinen nahmen Kurs auf Feindesland. Dies wiederum konnte für die Gegenseite nur bedeuten, daß der Erstschlag bevorsteht. Für die sowjetischen Befehlshaber war es nun kein Test, sondern Realität, was ihnen gemeldet wurde. Es war letztlich nichts anderes als Glück, daß die Atom-Generäle auf beiden Seiten damals die Nerven behielten. Andernfalls wäre der Weltbrand ausgelöst worden. Dies als ein Beispiel dafür, wie vorsichtig die Menschheit mit ihren technischen Möglichkeiten umgehen muß, wenn sie keine nicht wieder gutzumachenden Schäden anrichten will.

Da die Menschheit nicht einfach auf einen anderen Himmelskörper umziehen kann, liegt es in ihrem ureigensten Interesse, die natürlichen Lebensgrundlagen auf der Erde zu erhalten. Die Zahl der Faktoren, die in deren Biosphäre zusammen- und auf sie einwirken, läßt die zehn Millionen Teile, die bei der Mondlandung nahezu alle funktionieren mußten, als eine lächerlich geringe Anzahl erscheinen.

Die Reihe der Beispiele für das Knäuel miteinander verwobener Sachverhalte und Probleme könnte beliebig lang fortgesetzt werden. Hier nur noch eines: Die internationale Politik, die selbst von zahlreichen Faktoren, Stimmungen, Personen und Konstellationen abhängig ist, hat Einfluß auf den Ölpreis, der sich wiederum auf die Preise anderer Energieträger bzw. -formen auswirkt. Energiepreise haben Einfluß auf Produktion und Preise von Nahrungsmitteln, denn der Einsatz von meist energieintensiv produzierten Düngemitteln sowie die Erschließung neuer und die Bewirtschaftung vorhandener Anbauflächen stoßen an Grenzen der Finanzierbarkeit. Hohe Lebensmittelpreise aber erhöhen die Zahl der Hungernden. Hunger wiederum ist ein Hauptgrund für das beängstigende Wachstum der Weltbevölkerung, denn fast in der gesamten Dritten Welt gibt es noch immer keine andere Altersversorgung als Kinder. Mehr Menschen aber bedeuten mehr Nachfrage nach Lebensmitteln. Dadurch steigen deren Preise ...

Die zweifellos idealisiert überlieferte und in der bekannten Form nie gehaltene Rede von Häuptling Seattle hatte die Verbundenheit aller Dinge und Abläufe zum Inhalt. Der Club of Rome steht in der Tradition dieses wie auch immer zustande gekommenen, bedenkenswerten Textes. Auch und vor allem hat er das Nachdenken über die Erde globalisiert, Jahrzehnte, bevor der Begriff Globalisierung zum Allgemeingut wurde.

Diese Leistung muß hoch eingeschätzt werden, denn seit es Nationalstaaten gibt, verfolgen diese ihre Eigeninteressen in Konkurrenz zueinander. Doch die Erde hat eben nur eine Atmosphäre, die sich nicht in deutsche und britische, osteuropäische und amerikanische Luft aufteilen läßt. Statt dessen lassen sich aus Industrieländern stammende Schadstoffe im Eis der Antarktis nachweisen. Globale Umweltkatastrophen wie beispielsweise eine weltweite Klimaveränderung werden den Kampf um vorhandene Ressourcen verschärfen. Verteilungskriege mit Auswirkungen weit über die direkt betroffenen Regionen hinaus werden immer wahrscheinlicher.

Globalisierungsaspekte werden mitunter überbewertet. Übersehen werden dürfen sie aber auf keinen Fall. Es steht außer Frage, daß eine zunehmend miteinander vernetzte Staatenwelt inter- und übernationale Strukturen benötigt. Der britische Schriftsteller H. G. Wells (1866 bis 1946) regte schon in der ersten Hälfte des 20. Jahrhunderts eine Welt-Ressourcenverwaltung, ein Welt-Direktorat an. Dieses sollte das gemeinsame Erbe und die natürlichen Ressourcen im Sinne von Erhalt und gerechter Verteilung verwalten. Wells in seinem Buch *Die offene Verschwörung*: «Eine derartig große Zentralorganisation der Volkswirtschaft würde mit der Zeit der Welt die Richtung weisen; sie würde anzeigen, was hier und dort und überall am besten zu geschehen hätte, würde allgemeine Schwierigkeiten beseitigen, neue Methoden untersuchen, billigen und anregen und den Übergangsprozeß vom Alten zum Neuen durchführen.»

Wenn es eine solche Organisation eines Tages geben sollte – beispielsweise in Form reformierter und mit entsprechenden Kompetenzen ausgestatteter Vereinter Nationen –, dann wird sich diese derart komplexen Problemen gegenübersehen, daß zahlreiche Beratergremien unverzichtbar sein werden. Auch und vor allem wird es um interdisziplinäres Denken und Zusammenwirken gehen. Der Club of Rome wird dann mindestens als Vorläufermodell dastehen. Der derzeitige Präsident des Club of Rome, der Spanier Ricardo Diez-Hochleitner, stellt die Arbeitsfelder des Zirkels in seinem Vorwort für den ersten vom Club selbst verfaßten *Bericht zur Lage der Welt, Die erste globale Revolution*, folgendermaßen dar: «Seine Überlegungen (die des Clubs, Anm. J.S.) waren von Anfang an von drei einander ergänzenden Denkansätzen bestimmt:

- einer globalen Betrachtungsweise der großen und komplexen Probleme einer Welt, in der die wechselseitige Verflochtenheit der Nationen immer weiter zunimmt;
- einer Betrachtung von Problemen, politischen Strategien und Optionen unter einer längerfristigen Perspektive, als sie Regierungen möglich ist, da diese auf unmittelbare Anliegen einer mangelhaft informierten Wählerschaft reagieren;
- dem Bestreben, ein tieferes Verständnis für die Wechselwirkungen der Gegenwartsprobleme zu entwickeln – eines komplizier-

ten Geflechts von Problemen politischer, wirtschaftlicher, sozialer, kultureller, psychologischer, technologischer und ökologischer Art, für das der Club of Rome den Begriff ‹Weltproblematik› geprägt hat.

Wir definieren diese Denkansätze als das dichte, ungeordnete Gemisch miteinander verknüpfter, in Wechselwirkung stehender Schwierigkeiten und Probleme, welche die Lage der Menschheit bestimmen.»

Doch der Club of Rome hat seine Rolle nie lediglich auf die Darstellung und Erläuterung von Gefahren bezogen verstanden. Seit Erscheinen von *Grenzen des Wachstums* enthalten die von ihm in Auftrag gegebenen Berichte und Studien Vorschläge sowie Analysen alternativer Wege, die die Menschheit einschlagen könnte. Dennoch erschien den Mitgliedern die Arbeit des Clubs nicht konstruktiv genug. Dazu die Autoren von *Die erste globale Revolution*, der heutige Ehrenpräsident des Clubs, Alexander King und Club-Generalsekretär Bertrand Schneider: «Aber zwischen zwei Tagungen – mit oft zweifelhaften oder wirklich mittelmäßigen Resultaten – hatte er (der Club, Anm. J.S.) eine Erkenntnis. Er erkannte, daß es nicht länger anging, die Weltproblematik zu erörtern, ohne auch über Aktionen nachzudenken, die auf eine Lösung der analysierten Probleme abzielten. Eine neue Methodik – oder besser: eine neue, ermutigende, zielgerichtete Analyse als Antwort auf die Weltproblematik –, das ist es, was der Club of Rome vorlegen will und was er unter Weltlösungsstrategie versteht.»

Kaum hatte der Club dies vorgemacht, wurde es auch schon modern, Zukunftsprognosen zu verfassen und vermeintliche Auswege zu beschreiben. Manch einer hat sich dabei verhoben. Herman Kahn vom New Yorker Hudson-Institut veröffentlichte 1976 beispielsweise eine von multinationalen Konzernen finanzierte Studie mit dem Titel *The Next 200 Years*. Kahn und seine Mitarbeiter prognostizierten darin, daß es in den Jahren 1976 bis 2176 zu einer reichen Weltgesellschaft kommen werde, für die die «Produktion der lebenswichtigen Güter aufgrund des technologischen und wirtschaftlichen Fortschritts eine trivial leichte Aufgabe geworden sein wird.» Während die Ausstellung eines solchen Persilscheins für das

Motto «Weiter so!» verantwortungslos gegenüber künftigen Generationen ist, erschien 1980, vom damaligen US-Präsidenten Jimmy Carter in Auftrag gegeben, *Global 2000 – Der Bericht an den Präsidenten.* An dieser regierungsoffiziellen Studie arbeiteten mehrere Mitglieder des Club of Rome mit. Auch sie wurde zu einem Bestseller. Der Club of Rome hatte der Zukunftsforschung zu Ansehen und zu weitgehender Seriosität verholfen und der Arbeit derjenigen, die nach Auswegen suchten, Aufmerksamkeit verschafft.

Noch einmal Ricardo Diez-Hochleitner in *Die erste globale Revolution*: Der Begriff Weltlösungsstrategie «steht für den umfassenden Versuch, möglichst viele verschiedene Aspekte der Weltproblematik parallel zu lösen oder wenigstens Lösungswege und wirkungsvollere Strategien aufzuzeigen. Wir verstehen darunter allerdings nicht einen Generalangriff auf die Totalität der Problematik in ihrer ganzen Vielfalt. So etwas wäre unmöglich. Vielmehr ist es unser Ziel, die wichtigsten Aspekte der Problematik gleichzeitig anzugehen und dabei sorgfältig auf die gegenseitige Beeinflussung dieser Aspekte zu achten. Es scheint, daß in einer zunehmend durch Bürokratien gelähmten Welt Initiativen verstärkt von flexiblen, unabhängigen Gruppen wie dem Club of Rome ausgehen müssen.»

Dabei ist die Erwartungshaltung groß. US-Vizepräsident Al Gore formulierte im Untertitel seines Buches *Wege zum Gleichgewicht*, daß es um nichts Geringeres als einen «Marshallplan für die Erde» gehe. Statt diesen anzugehen, geraten Umwelt- und Bevölkerungs-Gipfelkonferenzen zu von industriellen und religiösen Lobbyisten gesteuerten Farcen. Ein Mitglied des Club of Rome, der Textilproduzent Klaus Steilmann, schrieb im Frühjahr 1994: «Wir haben in den letzten 15 Jahren einen Teil unserer Zukunft schon verfrühstückt.»* Ende 1996 begab sich der Club of Rome während seiner Jahreskonferenz auf die Suche nach «Zeichen der Hoffnung». Richtungsweisende fand er nicht. Er wird noch lange die Rolle des Mahners übernehmen müssen.

————

* Klaus Steilmann, Vom Säulendenken zu vernetztem Handeln, Berlin 1994

# Gedanken zum Umschlagfoto: Blauer Planet im Wandel
Von Edgar D. Mitchell

Der am 17. September 1930 in Hereford/Texas geborene Edgar Dean Mitchell studierte am Carnegie Institute of Technology in Pittsburgh. Seit 1952 war er bei der US-Marine, von 1958 an als Testpilot. 1964 promovierte er am Massachusetts Institute of Technology im Fachbereich Aeronautik und Astronautik zum Doktor der Naturwissenschaften. 1966 kam er zur NASA. In deren Auftrag flog er vom 31. Januar bis 9. Februar 1971 ins All. Die Apollo-14-Mission führte ihn ins Fra Mauro-Hochland, wo er als sechster Mensch den Mond betrat. Ein Jahr später verließ er das Raumfahrtprogramm. Er gründete im kalifornischen Palo Alto das Institute of Noetic (Noetik ist die Lehre vom Denken, Begreifen und Erkennen) und schrieb das Buch *Psychic Exploration: A Challenge for Science* (dt.: Psychische Forschung: Eine Herausforderung für die Wissenschaft). 1983 gehörte Edgar D. Mitchell zu den Gründern der Association of Space Explorers, einer internationalen Raumfahrervereinigung, die sich dem Schutz des Heimatplaneten verschrieben hat. Für seine engagierte Öffentlichkeitsarbeit für ein neues Denken und einen veränderten Umgang mit unserer Umwelt erhielt er zahlreiche Auszeichnungen, darunter drei Ehrendoktortitel; von drei Institutionen wurde er zum Mann des Jahres gekürt. Edgar D. Mitchell lebt in Florida. Er ist Mitglied des Club of Budapest.

Vor über 40 Jahren sagte der britische Astronom Fred Hoyle: «Wenn Menschen Bilder von der Erde aus dem Weltraum sehen, wird das Leben auf der Erde nie mehr so sein, wie es einmal war.» Er behielt Recht. Bilder aus dem Weltraum haben mitgeholfen, uns der Endlichkeit unseres Heimatplaneten bewußt zu werden.

Das Weltraumzeitalter begann 1957 mit den Erdumkreisungen der sowjetischen Sputniks. Zehn Jahre später, als drei Amerikaner den Mond umkreisten, waren die ersten aus dem tieferen All aufgenommenen Fotos von der Erde als Ganzem zu sehen. Sie sind Ehrfurcht einflößend, zeichnen ein lebendiges Bild der grenzenlosen Schönheit, doch auch der Zerbrechlichkeit dieses kleinen Planeten.

Meine persönlichen Eindrücke im Weltraum waren diese: Mit tiefer Bewunderung betrachtete ich die winzige Kugel, die wir Erde nennen. Vor meinem geistigen Auge sah ich die Erde wieder als jenen Ort, der sie einmal war: unberührte Täler, in denen der Geist zur Ruhe kommen und neue Kraft sammeln konnte, Landschaften und Lebewesen, die den Forscherdrang der Menschen herausforderten. Doch meine Träumereien wurden jäh von der Erinnerung an die Realität unterbrochen. Kriege, Raubbau an den natürlichen Ressourcen, Umweltverschmutzung und Überbevölkerung prägen das Leben auf der Erde.

Mich hat das Erlebnis im Weltraum nachhaltig geprägt. Seit nunmehr über zwanzig Jahren appelliere ich in meinen Vorträgen und Büchern für einen neuen, schonenden Umgang mit dem Planeten Erde, der auch unseren Kindern eine freundliche Zukunft ermöglicht. Seit den fünfziger Jahren wird beständig auf die Gefahren hingewiesen, die der Erde durch menschliche Aktivitäten drohen. Der Erfinder Buckminster Fuller (1895 – 1983) sprach vom «Raumschiff Erde», um den Gedanken seiner Endlichkeit und Zerbrechlichkeit sowie die Notwendigkeit unseres Umdenkens zu verdeutlichen. Der Club of Rome hat zahlreiche Berichte veröffentlicht, die eben diese Notwendigkeit thematisieren und Handlungsvorschläge geben. Jetzt wird die Zeit knapp, um die Ausschweifungen unserer Lebensweise zu korrigieren.

Die Entwicklungen, die gegenwärtig Alarm auslösen, begannen vor Tausenden von Jahren: Sie nahmen ihren Anfang, als Menschen erstmals Werkzeuge einsetzten, Sprachen entwickelten, um sich mitzuteilen, und begannen, ihre Umwelt zu manipulieren, zu beherrschen. Schritte, deren Auswirkungen zunächst jahrtausendelang nicht absehbar waren. Aber insbesondere das 20. Jahrhundert ist von schnellem, exponentiellem Wachstum geprägt. Das in einer Welt, der Grenzen gesetzt sind, nicht immer weiter aufrechterhalten werden kann.

Der Club of Rome hat das für jedermann nachvollziehbar vorgerechnet. Doch ungeachtet dessen wird weiter dem Götzen Wirtschaftswachstum gehuldigt. Inzwischen verdoppelt sich die Menge sämtlicher menschlicher Aktivitäten in weniger als der Zeitspanne eines durchschnittlichen Menschenlebens. Die Grenzen des Wachstums sollten uns demnach mehr als deutlich sein.

Wir müssen unsere Lebensweise ändern. Doch wo setzen wir den Hebel an? Auf dem Weg zur Bestimmung dieses Planeten hat der Mensch sozusagen auf dem Fahrersitz Platz genommen und rast durch das «globale Dorf». Die einzelnen Länder und Kontinente sind jedoch von ihren unterschiedlichen Entwicklungsstadien und kulturellen Werten geprägt, so daß es *den einen* Hebel zur Lösung der Umweltprobleme nicht geben kann. Der Mensch hat zwar die Macht, nicht jedoch die Verantwortung für die Konsequenzen unseres Kollektivverhaltens übernommen. Und Macht und Verantwortung müssen, wie jeder Management-Student im ersten Semester lernt, zusammengehen.

Irgendwo auf dem Weg der Evolution der zivilisierten Welt verloren die neuzeitlichen Kulturen ihre spirituelle Verbindung zu Gaia (Name der griechischen Erdgöttin). Gaia ist ein altes, doch wieder zum Leben erwecktes Wort für den Leitgedanken, die Erde sei ein Gesamtorganismus. Lebensnotwendige Aktivitäten wie beispielsweise Nahrungssuche schlugen in Verteilungskämpfe um. Es ging fortan um Zugewinn, nicht mehr darum, sich und die Seinen zu ernähren. Der Wunsch, Glaubensrichtungen zu bekräftigen, schlug in die Unterjochung Andersgläubiger um. Aus den friedlichen Tälern wurden Gebiete, die verteidigt werden mußten.

Die wissenschaftlichen und technologischen Errungenschaften der jüngsten Zeit haben neue Wege zur Verbesserung der Lage der Menschheit bereitet. Aber mit ihnen haben die Menschen auch neue und effizientere Mittel zur Befriedigung der Gier, zur Unterdrückung und Eroberung sowie zur Verteidigung in die Hände bekommen.

Die Geschichte der Menschheit ist gleichwohl keine Geschichte von Mißerfolgen, sie ist eine Geschichte überwältigender Erfolge – Erfolge für die kreativsten und leistungsfähigsten Mitglieder ihrer Spezies, doch von Gefahren für das Gesamtsystem.

Das eigentliche Opfer ist die Verbundenheit mit dem Lebensraum, mit Gaia. Die weitverbreitete falsche Überzeugung, daß die Technologie die immaterielle Verbundenheit ersetzen könnte, durchtrennte die Nabelschnur. Neuzeitliche Kulturen haben diese spirituelle Verbindung und deren Werte, die die Natur respektieren und mit ihr einhergehen, durch materialistische Werte und einen institutionalisierten ritualistischen, religiösen Fanatismus ersetzt, der mehr dazu dient, die Menschheit zu spalten, als ihre Wunden zu heilen.

22

Es ist augenfällig, daß unser herrlicher kleiner Planet über die Möglichkeiten verfügt, seinen ungleichen, voneinander abhängigen Arten ein reiches Leben zu erhalten; vorausgesetzt, daß seine erfolgreichste Spezies, der Mensch, willens ist, dieser Tatsache ins Auge zu schauen und – auch um den Preis des Verzichts – Konsequenzen daraus zu ziehen.

Die kulturellen Überlieferungen, die den Menschen als Art von anderer Qualität, den Mitgeschöpfen «überlegen» bezeichnen, sind nicht besonders dienlich. Der Mensch ist ein elementarer Bestandteil der Entwicklung, die alles Leben hervorbrachte, nicht mehr und nicht weniger. Klar aber ist, daß das Überleben aller Arten, Pflanzen wie Tiere, vom Verhalten der Menschheit abhängt. Notwendig ist zudem die vorbehaltlose Einsicht in die Tatsache, daß wir wiederum auch ihres Überlebens für unseren Fortbestand bedürfen.

Ich persönlich bin der Überzeugung, daß der Mensch stärkeres Bewußtsein entwickeln kann und wird und auch die notwendigen Maßnahmen einleiten wird. Es fängt damit an, daß einzelne für sich selbst den Sinn und Zweck ihres Lebens neu beurteilen. Es bedarf neuer Fragen zu elementaren Werten und der Bereitschaft, neuen Antworten auch Taten folgen zu lassen. Ich bin davon überzeugt, daß die Antworten nicht die Notwendigkeit ununterbrochenen Erwerbs materieller Besitztümer beinhalten. Die Lektüre der Berichte des Club of Rome hat mich darin bestärkt.

Wenn in lange vergangenen Zeiten ein Dorf bedroht war, traten alle Bewohner an, um die Bedrohung abzuwenden. Als später aus den Stadtstaaten Nationen entstanden, veranlaßte im Falle einer Bedrohung ein Appell an Nationalgefühl und gemeinsames Interesse die Bürger dazu, der gemeinsamen Notlage höchste Priorität beizumessen. Heute, in einem Zeitalter, in dem aus der Erde ein globales Dorf geworden ist, muß der gleiche Grundsatz gelten. Die Bedrohung jedoch kommt nun nicht mehr von außen, sondern von innen.

Die Aufgaben sind gewaltig, und doch finden die Lösungen ihren Anfang in einer einzigen neuen Überlegung. Und die muß sein, jedes einzelne Handeln unseres tagtäglichen Lebens in Frage zu stellen und zu beurteilen, ob es zum Problem oder zur Problembewältigung beiträgt. Und darin, weiterhin darauf zu bestehen, daß sich unser politisches System auf lokaler, nationaler und internationaler Ebene nachdrücklich und beharrlich den Aufgaben stellt. Dies immer wieder angemahnt zu haben, ist die historische Leistung des Club of Rome.

Edgar D. Mitchell, Frühjahr 1997

## «Hin zu harmonischen Verhältnissen»
Methodik und Mission an der Schwelle zum 21. Jahrhundert

Die Welt hat sich, seit der Club of Rome gegründet wurde, tiefgreifend verändert. 1968 schlugen die Staaten des kommunistischen Warschauer Paktes unter Führung der Sowjetunion noch die tschechoslowakische Demokratiebewegung gewaltsam nieder und brachten die Welt damit an den Rand des Dritten Weltkrieges. Ende der neunziger Jahre gibt es sowohl den Warschauer Pakt als auch die Sowjetunion nicht mehr, geht es nur noch um die Bedingungen, unter denen Rußland den Eintritt Tschechiens und anderer ehemaliger Ostblock-Länder in die NATO akzeptiert. In seinem 1981 erschienenen Buch *Die Zukunft in unserer Hand* hatte der Gründer des Club of Rome, Aurelio Peccei, noch geschrieben, daß der Ost-West-Konflikt und das Nord-Süd-Gefälle das Kreuz bildeten, an dem die Menschheit sich selbst hinrichte. Um bei Pecceis Bild zu bleiben: Der Ost-West-Balken fehlt nun, aber Menschen sind schließlich auch an Marterpfählen gestorben. Das Nord-Süd-Gefälle birgt im wahrsten und im übertragenen Sinne genug Sprengstoff für katastrophale Entwicklungen.

«Während das Ende des 20. Jahrhunderts näherrückt, macht sich angesichts der fortdauernden Umbrüche auf politischem, ökonomischem und sozialem Gebiet ein Gefühl der Unsicherheit breit», heißt es in einem Papier mit dem Titel *Die Mission*, in dem der Club of Rome Grundzüge seiner Arbeit für die zweite Hälfte der neunziger Jahre skizziert. (Diesem Papier sind alle nicht anders gekennzeichneten Zitate in diesem Kapitel entnommen.)

«Wir sind davon überzeugt, daß wir uns in den Anfängen der Bildung einer neuen Weltgesellschaft befinden», heißt es weiter, und davon, «daß das Ausmaß dieser Veränderungen in ihrer Gesamtheit einer weltweiten, großen Revolution gleichkommt.»

Diese globale Revolution, der der Club of Rome sein erstes selbst verfaßtes Buch (*Die erste globale Revolution*, siehe S. 126) widmete, werde, so der Club, keine ideologische Basis haben. Vielmehr werde sie von einer bisher nicht dagewesenen Mischung aus «geostrategischen Erdbeben und sozialen, ökonomischen, technologischen, kulturellen und ethischen Faktoren» ausgehen. Und so sei mit unvorhersehbaren Situationen zu rechnen. In dieser Übergangsphase muß sich die Menschheit, so prophezeit der Club of Rome, einer doppelten Herausforderung stellen: Sie müsse sich in eine von vielen versteckten Facetten durchsetzte Welt vortasten und lernen, diese neue Welt zu steuern und gleichzeitig der Gefahr begegnen, von den Entwicklungen überrollt zu werden.

Das Ziel sei daher normativ: «Wir müssen die Welt, in der wir leben wollen, beschreiben und die uns zur Verfügung stehenden materiellen, menschlichen und moralischen Ressourcen bestimmen, um die Vision zur nachhaltigen Realität werden zu lassen. Dann müssen wir die menschliche Energie und den politischen Willen mobilisieren, um die neue globale Gesellschaft fortzuentwickeln.» Und weiter: «Dies mag als Rechtfertigung für die Fortführung eines Clubs wie dem von Rom als lockere Vereinigung von hundert Menschen aus etwa fünfzig Ländern und fünf Kontinenten dienen», heißt es zur Rolle des Denkerzirkels bei dieser Entwicklung. Mittlerweile aber beschäftigten sich Regierungen, die unterschiedlichsten Institutionen, Parteien, Wirtschaftsverbände und Gewerkschaften, Umweltschützer, Akademiker sämtlicher Fakultäten, Religionsgemeinschaften, andere Vordenker, aber auch Opfer der Entwicklungen rund um den Globus mit den drängendsten Menschheitsproblemen.

In dem Papier *Die Mission* wird daher offen die Frage gestellt, ob es in diesem Prozeß weiterhin eine Rolle für den Club of Rome gibt – auch anderswo wird danach gefragt. Will heißen: Die Frage, ob der Club seine Schuldigkeit nicht getan hat und nun anderen das Feld überlassen und sich auflösen solle, ist kein Tabu mehr. Auf eine entsprechende Frage von *Spiegel*-Redakteuren antwortete Club-Präsident Ricardo Diez-Hochleitner im Frühjahr 1995, daß den Mitgliedern dazu bisher der Mut gefehlt habe. – Sicher meinte er damit weniger den Mut zur Selbstauflösung als vielmehr den, der Menschheit eine Moralinstanz zu nehmen. Die ist der Club of Rome zweifellos auch heute noch.

Nun ist es nicht neu, daß das Ganze mehr ist als die Summe seiner Teile. So hätte die gleichzeitige Veröffentlichung von Kritik an bestehenden Zuständen oder auch die von Vorschlägen von hundert über den Erdball verteilten, gleichwohl als kompetent anerkannten

Personen wohl kaum die gleiche Wirkung wie die, wenn der Club of Rome sich entsprechend äußert.

«Die Langsamkeit von Regierungen und ihren Institutionen», so der Club über seine eigene Rolle, erfordere geradezu nicht-offizielle Katalysatoren für notwendige Veränderungen. Angetrieben werden müßten diese unter anderem davon, wie offizielle Stellen «auf drohende Schwierigkeiten antworten und wie diese von Strukturen und politischen Denkweisen hervorgerufen werden, die für frühere und einfachere Zeiten gemacht waren». Darüber hinaus behindern die relativ kurzen Wahlzyklen die Verwirklichung langfristig angelegter Strategien; von den Problemen der Länder, die immer noch nicht demokratisch regiert werden, ganz abgesehen. Der Club of Rome weiter: «Berücksichtigt man die meist konfrontative Natur des öffentlichen und internationalen Lebens, den erstickenden Einfluß ausufernder Bürokratien und die zunehmende Komplexität der Themen, so ist zu erwarten, daß die Stimmen von unabhängigen und besorgten Menschen, die zwar keine politische Macht anstreben, aber trotzdem Zugang zu den Entscheidungswegen in dieser Welt haben, einen wertvollen Beitrag zu einem zunehmenden Verständnis leisten und die an den Systemen Beteiligten zum Handeln bewegen können.» Grund genug, den Club of Rome weiterzuführen? Der in Rom gegründete Denkerzirkel, der seinen Sitz heute in Paris hat, meint *ja* und nennt dafür weitere Gründe. So gebe es beispielsweise Bedarf nach einem internationalen «Zentrum für innovatives Denken, das in der Lage ist, neue globale Themen zu erkennen, bevor diese auf dem internationalen Parkett auftauchen, und das bestrebt ist, sie zu analysieren und dessen Mitglieder bestrebt sind, die Ursachen – nicht nur die Auswirkungen – zu verstehen. Tatsächlich hat der Club seine Kompetenz auf diesem Gebiet in der Vergangenheit unter Beweis gestellt.

Mit zahllosen, zumeist ungelesenen theoretischen Berichten und politischen Analysen ist die Welt allerdings bereits überschwemmt. Daher muß es das Hauptanliegen des Club of Rome sein, mit seiner Arbeit konkrete Ergebnisse zu erzielen, mit denen die globalen Trends, die zur Debatte stehen, unmittelbar beeinflußt werden können. Bisher sind während der großen Hauptkonferenzen, deren Zahl sich bei Redaktionsschluß dieses Buches der Fünf-

zig annäherte, viele Treffen in kleineren Kreisen vorausgegangen:
Experten aus unterschiedlichsten Fachrichtungen, Entscheidungsträger aus Regierungen, der Wirtschafts- und Geschäftswelt sowie
Vertreter internationaler Nichtregierungsorganisationen (NGOs)
konnten zusammen- oder zumindest in Kontakt miteinander
gebracht werden. So konnte die Weltproblematik aus vielen verschiedenen Perspektiven beleuchtet werden, und es kam ein weltweiter Dialog in Gang, der nur mühsam oder gar nicht zustande
gekommen wäre, hätte man die traditionellen Wege (durch die
Instanzen) benutzt.

Der Club übersieht nicht, daß seit seiner Gründung zahlreiche
andere Einrichtungen entstanden sind, die sich mit Aspekten der
Weltproblematik befassen. Keine von ihnen befaßt sich jedoch, nach
Aussage des Clubs, mit der Gesamtheit der Probleme, deckt auf-
grund der vielfältigen Tätigkeiten ihrer Mitglieder so viele
Wissensgebiete ab und verfügt über derartige Erfahrungen wie der
Club of Rome. «Das ist wirklich einmalig», heißt es dazu selbst-
bewußt seitens des Clubs.

Die Arbeitsschwerpunkte des Zirkels – das Streben nach globalen, ganzheitlichen Betrachtungsweisen der miteinander vernetzten
Probleme sowie nach einem Denken, das längere Zeiträume als üblich berücksichtigt – sollen weiterhin den höchsten Stellenwert
genießen: «Wir sind davon überzeugt, daß es von entscheidender
Bedeutung ist, diese Punkte immer wieder anzusprechen, da
Regierungen, die Privatwirtschaft und die Wissenschaft nicht ausreichend darauf vorbereitet sind, sich mit zeitgleich auftretenden
schwierigen Situationen auseinanderzusetzen.»

So sei der Trend, mit außerordentlich differenzierten Lösungen
die einzelnen Probleme individuell anzugehen, von nur wenig
Gespür für die Zusammenhänge und Beziehungen zwischen diesen
Feldern gekennzeichnet. Um in dieser Frage Besserung zu erzielen
sowie «Gleichgültigkeit und Konfrontation zu überwinden», müsse
die Öffentlichkeit möglichst weitgehend an den Problemlösungen
beteiligt werden. Dazu sind die Publikationen des Club of Rome –
bis Redaktionsschluß dieses Buches wurden 22 Berichte veröffentlicht – sicher hilfreich. Die Studien, so der Club, seien nicht so sehr
zur Verbreitung bestimmter Überzeugungen einem breiteren

Publikum zugänglich gemacht worden, sondern vielmehr, «um Debatten über die fundamentalen Belange der menschlichen Zukunft zu provozieren.» Letzteres ist dem Club of Rome mal mehr, mal weniger gelungen.

Vor diesem Hintergrund ist es auch zu verstehen, daß der Club erst beim 18. Bericht (*Die erste globale Revolution*, siehe S. 126) selbst als Herausgeber auftrat. Wenngleich die früheren Bücher teilweise von Club-Mitgliedern verfaßt worden waren, so waren es doch immer Berichte *an den*, nicht *vom* Club of Rome. Das hat nicht etwa die Bewandtnis, daß der Zirkel nicht für die Inhalte der Studien verantwortlich zeichnen will. Vielmehr geht es um die Sachkenntnis der Autoren.

Die Berichte müssen als solche an den Club of Rome offiziell anerkannt werden, wobei es auch Ablehnungen gegeben hat. Ein prominentes Beispiel hierfür ist das Buch von Dennis Meadows, seiner Ehefrau Donella und Jørgen Randers, *Die neuen Grenzen des Wachstums*. Darin gingen die Autoren, von denen Dennis Meadows als Ehrenmitglied dem Club of Rome angehört, zwanzig Jahre nach Erscheinen der *Grenzen des Wachstums* der Frage nach, welche Grenzen denn bereits überschritten sind. Die Entscheidung, das Update nicht als Bericht an den Club of Rome anzuerkennen, wird noch heute von vielen Mitgliedern für falsch gehalten. Dennis Meadows betont, daß sich seine Aktivitäten für den Club of Rome seit seiner Ernennung zum Ehrenmitglied auf den Besuch von lediglich zwei Konferenzen beschränkt haben.

So sieht der Club eine seiner Stärken auch in diskreter Hintergrundarbeit: «Wir glauben, daß wir manchmal effektiver sind, wenn wir hinter den Kulissen wirken», heißt es dazu. Der Autor wollte im Dezember 1996 von Roberto Peccei, Sohn des Club-Gründers Aurelio Peccei, wissen, was das denn konkret bedeute und wie sich die während einer Konferenz gefaßten Beschlüsse und erzielten Erkenntnisse in praktischer Arbeit niederschlügen. «Jedes Mitglied wird den Geist des Club of Rome in seine tägliche Arbeit einfließen lassen und ihn nach außen vertreten», antwortete Peccei. Das hört sich nach einer Floskel an, ist aber keine. Der Klimaforscher Ernst Ulrich von Weizsäcker drückte sich so aus: «Die Aufnahme in den Club of Rome bedeutet heute in erster Linie eine Anerkennung der bisherigen Arbeit des Betreffenden.» Kandidaten müssen also zumindest in ihrer jeweiligen Branche anerkannt sein. Tatsächlich befinden sich die Mitglieder fast alle in solchen Positionen, daß sie über eigene Büros verfügen. Wenn sie vor diesem Hintergrund ihre Thesen und Argumente vertreten, verleiht ihnen die Mitgliedschaft im Club of Rome zusätzliches Renommee. Dies trägt zu einem Schneeballeffekt bei. Roberto Peccei findet, daß sämtliche Mitglieder sich als Botschafter der Ideen und Ansichten des Club of Rome verstehen und verhalten sollten.

Es ist längst eine politische Binsenweisheit, daß wirklich wichtige Entscheidungen hinter den Kulissen, in den Arbeitszimmern und Konferenzräumen der Mächtigen aus Politik und Wirtschaft, vorbereitet werden. Seit der damalige österreichische Bundeskanzler Bruno Kreisky die Mitglieder des Club of Rome im Herbst 1969 einlud, um mit ihm und seinen Ministern zu diskutieren, ist solche Beratung für Regierungsmitglieder und politische Lobbyarbeit fester und zentraler Bestandteil der Club-Arbeit. Teils wird solche Kommunikation offiziell im Namen des Zirkels, der oftmals als Türöffner zu den Räumen der Mächtigen dient, betrieben, mitunter aber auch von einzelnen Mitgliedern quasi privat.

Der Club nutzt alle Kommunikationswege der heutigen Informationsgesellschaft, um seine Initiativen bekannt zu machen und Aussagen und Stellungnahmen seiner Mitglieder zu verbreiten, doch werden diese keineswegs optimal ausgeschöpft.

Die Vortragstätigkeit auf Veranstaltungen unterschiedlichster Art, insbesondere seiner herausgehobenen Mitglieder, ist beeindruckend. Die Darstellung der Club-Aktivitäten im Internet war im Frühjahr 1997 noch allenfalls rudimentär, der Bedeutung der Vereinigung keineswegs angemessen. Zudem ist die Arbeit des Generalsekretärs Bertrand Schneider deutlich überrepräsentiert.

Aufgrund der einschneidenden Veränderungen der Weltsituation seit dem Ende des Kalten Krieges hält der Club es für notwendig, zu «verfeinerten Stellungnahmen» zu kommen. Im Klartext bedeutet das, daß eine Weltentwicklung angestrebt werden müsse, in der folgende Aspekte berücksichtigt werden:

- Kein Teil soll auf Kosten anderer wachsen.
- Entsprechend der unterschiedlichen Ausgangssituationen, Bedingungen etc. in den verschiedenen Teilen der Welt müssen die Entwicklungen notwendigerweise sehr vielfältig ausfallen.
- Gleichwohl müssen die Ziele koordiniert werden, um eine weltweite Vereinbarkeit sicherzustellen.
- Es muß die Fähigkeit erreicht werden, störende Einflüsse zu absorbieren.
- Aus der Tatsache, daß die meisten von Menschen beeinflußbaren Prozesse im Interesse derjenigen gesteuert sind, die «nicht vom Brot allein leben», sondern zusätzlichen Wohlstand anstreben, muß die Erkenntnis berücksichtigt werden, daß die Entwicklung nicht lediglich im Sinne von Überleben ablaufen darf, sondern weitere Aspekte der Menschenwürde berücksichtigt werden müssen.
- Außerdem bedarf es jederzeit der Fähigkeit zu Erneuerung, wenn neue Ziele ausgemacht werden und alte in anderem Licht erscheinen.

Kaum vorstellbar, daß diese Maximen in absehbarer Zeit allgemein akzeptierte Bestandteile praktischer Politik werden. Und doch ist es ehrenwert, daß der Club of Rome sie zumindest als Wunschziel formuliert, denn bereits eine Annäherung an sie wäre ein beachtlicher Fortschritt im Sinne von mehr Gerechtigkeit. Und die wird künftig immer weiter vorne auf der Tagesordnung stehen, wenn laufend dramatischere Verteilungskämpfe eingedämmt oder gar vermieden werden sollen. Gleichwohl ist absehbar, daß in der Zeit um die Jahrtausendwende keine spürbare Verlangsamung des Bevölkerungszuwachses eintreten wird. Daher wird es für die armen Länder immer schwieriger, ihre Entwicklung voranzutreiben, wenn sich in den reichen Industrieländern nicht ein beträchtlicher Wertewandel vollzieht, der sich im Lebensstil und im Verbrauchsverhalten ausdrückt. Die Scheren zwischen armen und reichen Ländern wie armen und reichen Menschen innerhalb der einzelnen Länder werden immer weiter auseinanderklaffen und sehr verschiedene und gegensätzliche Interessenslagen schaffen und fördern. Dazu der Club of Rome: «Dies bürdet den jetzt in den entwickelten

Teilen der Welt lebenden Menschen enorme Verantwortung auf. Der Club of Rome kann mit der Ausarbeitung von Vorschlägen für Politik und Wirtschaft dazu beitragen, daß sich die Welt hin zu harmonischen Verhältnissen bewegt.»

Es ist sicher klug, daß der Denkerzirkel dabei weiter auf seine ursprünglichen Stärken setzt: «In der Fortsetzung seiner Arbeit ist es von wesentlicher Bedeutung, daß der Club sein Interesse an langfristig gültigen Ergebnissen beibehalten sollte. Er sollte fortfahren mit der Identifizierung und Erforschung von Problemen grundsätzlicher Art, die derzeit am Horizont erscheinen, und der Definition von Prioritäten innerhalb der sich widersprechenden Meinungen gegenüber dem menschlichen Dasein.» In seinem Grundsatzpapier *Die Mission* wird der Holismus, die philosophische Betrachtungsweise, daß alle Materie und Kräfte (auch geistige) danach streben, ein Ganzes zu sein, bemüht: Der Club solle Ethik und Moral ebenso mobilisieren wie intellektuelle, sozio-ökonomische, psychologische und physische Ressourcen. Nur so könne einer holistischen Weltentwicklung Rechnung getragen werden.

So ist zum Beispiel das Programm *Forschung und Studien* auf «die Ausarbeitung von Konzepten zur internationalen Kooperation für Entwicklung» fokussiert. Es wurde im Mai 1992 in Neu Delhi gestartet und wird mittlerweile von über den ganzen Globus verteilten Arbeitsgruppen weiterbetrieben. Andere Themen, die im Club of Rome auf der Tagesordnung stehen, sind zum Beispiel Bildung und Erziehung, Globalisierung, Regierungsfähigkeit, Konfliktmanagement, die Auswirkungen der Neuen Medien und die Zukunft der Arbeit. Die Ergebnisse sollen weiterhin in geeigneter Form veröffentlicht werden. Spezielle Projekte, mit denen Schlüsselprobleme angegangen werden und die zudem das Motto «Global denken, lokal handeln» verdeutlichen, werden zusätzlich in Amazonien, der Sahel-Zone, der Ukraine und der Insel Hainan im südlichen China betreut und jeweils von mindestens einem Mitglied des Club of Rome geleitet. Viele nationale Vereinigungen haben größere Projekte in Planung oder bereits begonnen. Möglichkeiten für regionale Kooperation in den baltischen Staaten, in Osteuropa und in Lateinamerika werden dabei ausgelotet und gefördert. Ob hierbei oder in anderen Zusammenhängen: Immer rückt die Funktion des

Katalysators, die der Club of Rome einnimmt, in den Mittelpunkt. Der Zirkel versteht sich längst selbst als eine avantgardistische Organisation in einer pluralistischen Weltgesellschaft. Doch die fortschrittlichste Idee bringt keine Veränderung, wenn nicht ihre Verwirklichung betrieben wird. Der Bochumer Textilindustrielle Klaus Steilmann beklagte während der 1996er Jahreskonferenz des Clubs, daß Regierungen auf der ganzen Welt «korrupt, schwach und undemokratisch» seien. Ernst Ulrich von Weizsäcker forderte konsequenterweise eine «Globalisierung der Demokratie» ein, um die der Club of Rome sich bemühen müsse.

Unter der Überschrift *Der Auftrag* heißt es im Strategiepapier *Die Mission*, daß schnelle, wirksame, einschneidende Maßnahmen erforderlich seien, um Katastrophen bisher ungekannter Größenordnungen zu verhindern. «Die Zukunft kann trübe sein, wenn wir ihr erlauben, trübe zu sein. Sie kann hell sein, wenn wir uns bemühen, sie hell zu gestalten. Unter den Menschen ist ein enormes unerschlossenes Potential an Verständnis und Gestaltungsvermögen sowie moralischer Energie, welche das wertvollste Vermögen unserer Gattung darstellt, vorhanden. Wenn diese Fähigkeiten genutzt werden, ermöglichen sie der Menschheit die Durchführung einer kulturellen Revolution und die Realisierung einer Zukunft, die wir uns wünschen.» An Ehrgeiz und Selbstbewußtsein, zumindest mit an der Spitze einer solchen Entwicklung zu stehen, fehlt es dem Club of Rome nicht.

## Die Zukunft anpacken: Die Gründer des Clubs

*Aurelio Peccei*

«Ein Schriftsteller würde die Kontakte und Begegnungen, die zur Gründung des Club of Rome führten, sicher als zu unwahrscheinlich für eine gute Geschichte verwerfen», heißt es in der vom Generalsekretär des Clubs, Bertrand Schneider, verfaßten Chronik des Denkerzirkels.*

Und weiter: «Ein italienischer Industrieller, der während seines Arbeitslebens viel Zeit in China und Lateinamerika verbracht hat, trifft, obwohl der Kalte Krieg sich auf seinem Höhepunkt befindet, auf Vermittlung eines Russen einen hohen Funktionär der internationalen Wissenschaft, der gebürtiger Schotte ist und jetzt in Paris lebt. Sie finden, daß sie die gleichen Sorgen teilen, werden Freunde und beschließen, weitere Personen in ihre Diskussionen einzubeziehen.» Doch zunächst ein Rückblick in die Zeit vor dem Zusammentreffen der beiden Männer.

In seiner Doktorarbeit über Zukunftsstudien und Umwelt, *From Scarcity to Sustainability*, in der er sich mit dem Club befaßt, schreibt Peter Moll: «Über den Club of Rome zu schreiben beinhaltet die Gefahr, zuviel über die Rolle und den Einfluß eines Mannes, Aurelio Peccei, zu sagen. Die Arbeitsweise des Clubs ist von Peccei mehr als von irgend jemandem sonst bestimmt worden. Er hat eine so herausragende Schlüsselrolle gespielt, daß jede Analyse des Club of Rome bei ihm beginnen muß.»

Moll merkt an, daß Erfolg und Bestand derart von einzelnen Menschen geprägter Gruppen sehr stark von der Gesundheit und Energie der betreffenden Personen sowie deren Fähigkeit, entspre-

---

* Bertrand Schneider, The Club of Rome: The first 25 Years, Originalmanuskript, Paris 1993

chende Nachfolger einzusetzen, abhängt. Doch dazu später mehr.
Aurelio Peccei wurde am 4. Juli 1908 im norditalienischen Turin
geboren. Die Familie, in der er aufwuchs, gehörte zur unteren Mittelschicht, keineswegs zum Bildungsbürgertum. In seinem Buch
*The Human Quality* beschreibt Peccei seinen Vater gleichwohl als
einen «Mann der Kultur», dessen klassizistische und humanistische
Ausrichtung sich auf ihn, den Sohn, ausgewirkt habe. Zur Zeit von
Aurelio Pecceis Geburt gab es in Italien heftige politische und wirtschaftliche Turbulenzen. In dieser Zeit, so Peccei, sei sein Vater einer
der ersten Sozialisten seines Landes gewesen.

Peccei studierte in seiner Heimatstadt Wirtschaftswissenschaften und lernte parallel dazu Fremdsprachen. (Er sprach neben
seiner Muttersprache fließend Englisch, Französisch, Russisch und
Spanisch.)

Während dieser Zeit, in der er auch mehrmonatige Reisen nach
Frankreich und in die Sowjetunion unternahm, entwickelte Peccei
ein starkes Interesse am internationalen politischen Geschehen. Mit
nur 22 Jahren promovierte er mit einer Arbeit über Lenins neue
Wirtschaftspolitik. Er war zu dieser Zeit einer der letzten Studenten,
die sich noch weigerten, die schwarzen Hemden von Mussolinis
Faschisten zu tragen.

Seine Heimatstadt Turin beschrieb Peccei als eine der Hochburgen des Antifaschismus. Zunächst aber verhalfen ihm seine Russisch-Kenntnisse zu einer Tätigkeit beim Autokonzern FIAT, der als
westlicher Vorreiter Geschäftsbeziehungen zur Sowjetunion aufgenommen hatte.

Mitte der dreißiger Jahre wurde Peccei ins chinesische
Nanchang geschickt, wo italienische Firmen unter der Leitung des
FIAT-Konzerns eine Flugzeugfabrik bauten. Als Italien sich auf seiten von Chinas Erzfeind Japan in den Zweiten Weltkrieg einmischte, wurden die italienischen Fabriken im Reich der Mitte auf Geheiß
aus Rom aufgegeben. Aurelio Peccei kehrte nach Italien zurück.

Im Heimatland schloß er sich der Widerstandsbewegung an.
1944 geriet er in eine Routineüberprüfung der faschistischen Miliz.
Er trug wichtige militärische Pläne bei sich und wurde ins Gefängnis
geworfen. Die folgende Darstellung der Haft in *The Human
Quality* ist ein Zeugnis von Pecceis humanistischer Einstellung:

«Die elf Monate in Gefangenschaft waren eine der bereicherndsten Perioden meines Lebens; ich bin tatsächlich glücklich, daß dies alles geschah. Eine der intensivsten Lektionen in Sachen Würde, die ich je lernte, war die, daß angesichts extremer Notlagen auch die Einfachsten unter uns, diejenigen, die außerhalb der Gefängnistore keine Freunde hatten, die Ihnen hätten helfen können, sich ausschließlich auf ihre Überzeugungen und ihre Menschlichkeit stützten. Dadurch wurde ich in meiner Ansicht bestärkt, daß in jedem Menschen Zeit seines Lebens eine latente Kraft liegt, die auf Befreiung wartet und daß die moderne Gesellschaft lediglich den Weg, diese Kräfte zu befreien, entdecken muß. Daß man im Gefängnis ein freier Mann bleiben kann. Daß Menschen in Ketten gelegt werden können, Ideen aber nicht.»

In der verworrenen Situation gegen Kriegsende kam Aurelio Peccei mit Hilfe eines Faschismus-Abtrünnigen frei. Er trat der Widerstandsgruppe Giustizia e Liberta bei, der er bis zum Befreiungstag angehörte. Anschließend ging er wieder zu FIAT, stieg zunächst in den Rang eines Direktors auf und engagierte sich beim Wiederaufbau der italienischen Industrie. Vor dem Hintergrund dieser Entwicklung wurde Peccei einer der führenden italienischen Manager.

1949 erhielt er die Chance, eine Niederlassung der FIAT-Gruppe in Lateinamerika aufzubauen. Er nahm an und wurde Leiter der südamerikanischen Filiale des Autokonzerns. Bald schon erkannte er, daß es sinnvoll wäre, die Produktion auf dem Subkontinent aufzunehmen und baute die argentinische Tochtergesellschaft FIAT-Concord mit Sitz in Buenos Aires auf. Südamerika wurde zu seiner zweiten Heimat. Dort engagierte er sich neben der Automobilbranche auch in der Schwerindustrie und der Landwirtschaft. So machte er sich aus nächster Nähe mit den vehementen Veränderungen der sozialen und wirtschaftlichen Lage in Südamerika in den fünfziger Jahren vertraut.

Nach zwölf Jahren Managertätigkeit auf dem Subkontinent wurde Peccei gebeten, den Aufbau und die Führung der Italconsult zu übernehmen, einem öffentlich-rechtlichen Beratungsunternehmen, an dem große italienische Firmen wie Innocenti und auch FIAT beteiligt waren.

Peccei erkannte, daß diese Tätigkeit die Möglichkeit barg, den Problemen der Dritten Welt, die er selbst kennengelernt hatte, etwas entgegenzusetzen. Einige Jahre pendelte er zwischen Rom und Buenos Aires.

1967 übernahm Aurelio Peccei die Rolle des Krisen-Managers bei Olivetti. Das Unternehmen, das zu einem großen Teil FIAT gehörte, befand sich in ernsthaften Schwierigkeiten. Die ursprünglichen Besitzer, die Familie Agnelli, waren aufgrund ihrer Haltung während des Krieges in Mißkredit geraten. Der starke Mann bei Olivetti hieß nun Vittorio Valletta.

Seine Rolle im Konzern und sein Verhältnis zu Valletta beschreibt Peccei in *The Human Quality* so: «Ich war ein herrenloses Stück Vieh, keineswegs ein richtiger Vertreter des Establishments. Meine Auffassungen, wie ein modernes Unternehmen zu führen ist, waren dem soliden, aber konservativen FIAT-Management wohl ein wenig zu progressiv und unorthodox. Zwar waren viele meiner Kollegen nur allzu bereit, meinen Weg einzuschlagen, Valletta aber versuchte, mich zurückzuhalten, wahrscheinlich sogar den Rest des Unternehmens vor mir zu verschonen. Er war darauf bedacht, daß ich seiner Turiner Zentrale nicht zu nahe käme.»

Dennoch gab es Bereiche, in denen Peccei und Valletta übereinstimmten. Eine Zeit lang hatte es gar so ausgesehen, als sei Peccei der kommende Mann bei FIAT. Doch längst nicht alle seiner Kollegen fanden es einfach, mit Aurelio Peccei zusammenzuarbeiten. 1959 einigten Peccei und Valletta – auch mit dem Einverständnis von Giovanni Agnelli, der ins Unternehmen zurückgekehrt war – sich darauf, daß Peccei zwar weiter für FIAT arbeiten sollte, er aber frei sein würde, einen beträchtlichen Teil seiner Zeit mit anderen Dingen zu verbringen.

Diese Vereinbarung versetzte Peccei in die Lage, seinen persönlichen Interessen, insbesondere solchen in den Bereichen von Umweltschutz und Zukunftsforschung, nachzugehen. Seine vielen Reisen in die Dritte Welt, wo Menschen verhungerten und die natürlichen Lebensgrundlagen durch menschliches Eingreifen gefährdet waren, hatten in ihm den Willen bestärkt, an diesen Zuständen etwas zu ändern. Peccei: «Während meiner Reisen um den Planeten war mir immer klarer geworden, daß die Umstände, gegen die die

Menschen – nicht immer erfolgreich – anzukämpfen hatten, immer komplexer und unsicherer wurden. Ich war überzeugt, daß ein Stück Wüste zurückzugewinnen oder eine Fabrik hier und einen Staudamm dort zu bauen sowie lokale und nationale Pläne zu entwickeln unentbehrliche Aktivitäten waren. Aber ich vergegenwärtigte mir auch Stück für Stück, daß alle Kräfte auf derlei individuelle Projekte zu konzentrieren bedeutete, das Risiko der Nichtsnutzigkeit einzugehen, wenn sich die größeren – globalen – Zusammenhänge, in die sie eingebettet sind, kontinuierlich verschlechtern. Ich fühlte, daß ich mir selbst gegenüber nicht ehrlich sein würde, wenn ich nicht wenigstens einen Versuch unternähme, klarzumachen, daß unsere gegenwärtigen Bemühungen nicht effektiv waren, daß einiges mehr und einiges andere ebenfalls geschehen mußte.»

Aurelio Peccei war geschockt, als er die hoffnungslosen Bedingungen in den am wenigsten entwickelten Zonen sah. Ihm wurde klar, daß grundlegende Veränderungen in den internationalen Wirtschafts- und Politikstrukturen erforderlich waren, spürbare Verbesserungen in den Ländern zu schaffen, die sie am dringendsten benötigten. Nach seiner Auffassung waren sentimentale Mitleidshandlungen beinahe unbrauchbar. Sie taugen nicht dazu, den Menschen in der Dritten Welt zu helfen, ihr Schicksal selbst in die Hände zu nehmen und ohne Hunger und Erniedrigung zu leben.

Noch hatte er keine Idee, wie dieses Dilemma am besten überwunden werden könnte, aber er definierte die für den Fortbestand der Menschheit bedrohlichen Hauptprobleme:

- Die Bevölkerungsexplosion.
- Die technisch-wissenschaftlichen und industriellen Revolutionen, die uns zuvor unerträumtes Wissen und Macht, nicht aber die Weisheit, guten Gebrauch davon zu machen, gegeben haben.
- Unser verändertes Verhältnis zur Natur, deren Schätze wir immer genutzt haben, die wir nun aber gedankenlos plündern.*

---

* Peter Moll, From Scarcity to Sustainability. Futures Studies and The Environment: The Role of The Club of Rome, Frankfurt/M. 1991

Von einer sich in immer kürzeren Abständen verdoppelnden Weltbevölkerung betriebener Raubbau an den natürlichen Ressourcen, folgerte Peccei, könne nur zu Verteilungskriegen und anderen katastrophalen Auswirkungen führen. «Doch wir scheinen noch nicht bereit zu sein, zu realisieren, daß die Zeit gekommen ist, so zu planen und zu handeln, daß wir in der Lage sein werden, dem neuen Druck und den neuen Bedrohungen der Entwicklung standzuhalten», befürchtete er. Peccei war überzeugt, daß die Menschheit über die Möglichkeiten verfügt, schwere Rückschläge oder gar Kollapse abzuwenden, wenn sie nur den Ernst der Lage erkennen würde.

Trotz aller theoretischen Überlegungen blieb Peccei Praktiker. Tatsächlich beeinflußte die reale Politik seinen Werdegang zunehmend. So zum Beispiel die 1962 von den US-Senatoren Jacob Javits und Hubert Humphrey ausgelöste Debatte über Möglichkeiten, die erschreckenden wirtschaftlichen Bedingungen in Lateinamerika zu verbessern. Sie und weitere einflußreiche US-Politiker befürchteten damals Probleme für den Handel der USA. Über FIAT- und Italconsult-Kanäle kamen diese mit Überlegungen auf Aurelio Peccei zu, wie die südamerikanische Privatwirtschaft auf Vordermann gebracht werden könnte. Zwar wollte Peccei sich nicht einfach vor diesen Karren spannen lassen, die südamerikanische Privatwirtschaft opponierte immerhin gegen staatliche Initiativen.

Doch andererseits interessierte ihn die Möglichkeit, europäische und nordamerikanische Investoren zum Engagement auf dem Subkontinent zu bewegen. Aurelio Peccei ließ sich zur Mitarbeit bewegen.

1965 entstand aus dieser Idee das Investment-Unternehmen ADELA (Atlantic Development of Latin America). Während der Gründungsfeier hielt Peccei eine Rede, die Nachwirkungen hatte.

Einer der Zuhörer war der damalige US-Außenminister Dean Rusk. Den hatte Peccei so tief beeindruckt, daß er die Rede ins Englische übertrug und bei verschiedenen Gelegenheiten in Washington vorlas. So drangen Pecceis Überlegungen bis zu Jermen Gvishiani, einem sowjetischen UN-Vertreter. Der war seinerseits von den Ausführungen derart angetan, daß er beschloß, Peccei in die UdSSR einzuladen. Gvishiani erkundigte sich dazu bei einem seiner amerikanischen UN-Kollegen, Carroll Wilson, nach Peccei. Wilson kannte ihn nicht, wußte aber wie Gvishiani von Alexander King, der damals Leiter der Wissenschaftsabteilung der OECD (Organisation für wirtschaftliche Zusammenarbeit und Entwicklung) in Paris war. Wilson nahm Kontakt zu King auf.

Auch King kannte Peccei nicht, war aber ebenfalls von dessen Rede beeindruckt. Über den Umweg der italienischen Botschaft in Paris leitete er Gvishianis Wunsch, ihn in die Sowjetunion einzuladen an Peccei weiter, gratulierte ihm zu seinem Text und regte ebenfalls ein Treffen an. Sie teilten, so King, die gleichen Sorgen.

Doch zunächst war Aurelio Peccei mit dem Aufbau einer weiteren international arbeitenden Organisation beschäftigt: dem Internationalen Institut für angewandte Systemanalyse, IIASA. Während einer Vortragsreihe sprach er 1966 in Washington. Er strich die Bedeutung der modernen Wissenschaften heraus und betonte die Rolle, die die Vereinigten Staaten bei deren Anwendung zur Lösung globaler Probleme spielen könnten. Die Zukunft der Erde aber, so Peccei, könne nur durch eine «konzertierte Aktion, in die auch die kommunistischen Staaten und die Entwicklungsländer einbezogen» würden, sichergestellt werden.

US-Vizepräsident Hubert Humphrey, der Peccei bereits von den Vorbereitungen zur ADELA-Gründung her kannte, war von dessen Vorschlägen angetan und stellte ihn McGeorge Bundy vor. Dieser hatte zum innersten Beraterzirkel um US-Präsident John F. Kennedy gehört und war gerade Präsident der Ford-Stiftung geworden.

Nun kamen, wenn auch stockend, Gespräche zwischen den USA und der Sowjetunion über die Gründung eines «Internationalen Zentrums für Studien über gemeinsame Probleme der fortgeschrittenen Gesellschaften» (von US-Präsident Johnson geprägter Arbeitstitel) in Gang. Peccei war in die Planung einbezogen und verfügte über gute Kontakte zu Schlüsselfiguren auf beiden Seiten. So eignete Aurelio Peccei sich gut als inoffizieller Diplomat.

*Alexander King*

King wurde am 26. Januar 1909 im
schottischen Glasgow geboren. Er
ging in London zur Schule. Anschließend studierte er zunächst am
dortigen Royal College of Science,
zeitweise auch in München, Chemie.
Nach Abschluß und Promotion
lehrte und forschte er von 1932 bis

1941 am Imperial College of Science and Technology in London.
Bereits in dieser Zeit wurde Alexander King manche Auszeichnung
zuteil. So war er 1938 Leiter einer Expedition zu der in der Arktis
gelegenen norwegischen Vulkaninsel Jan Mayen. Für die Ergebnisse
wurde er mit dem Gill Memorial-Preis der Königlich Geographischen Gesellschaft ausgezeichnet. Noch im gleichen Jahr erhielt er
den Harrison Memorial-Preis für die «meistversprechendste Forschung junger Wissenschaftler». Von 1939 bis 1943 war King Mitglied des Rates der Königlich Geographischen Gesellschaft. In diese
Zeit (1940 bis 1942) fällt auch seine Arbeit als Sekretär des Com-
monwealth-Komitees für wissenschaftliche Zusammenarbeit.

Die Jahreszahl 1941 markiert den Wechsel Alexander Kings in
die Wissenschaftspolitik. Bis 1942 war er führender Mitarbeiter des
Produktionsministers in London. Zu seinen Aufgaben gehörte die
Durchführung eines Dringlichkeitsprogrammes zur Entwicklung
von Insektiziden, das dazu führte, DDT auch für kriegerische
Zwecke herzustellen. 1943 verschlug es King in die USA, wo er vier
Jahre lang blieb und wichtige diplomatische Positionen innehatte: Er
war Leiter der britischen Wissenschaftsmission und Mitarbeiter der
Botschaft des Königreichs in Washington. In diesen Funktionen war
er für den Informations- und Erfahrungsaustausch zwischen
Großbritannien und den Vereinigten Staaten auf verschiedenen
Gebieten zuständig. Nach seiner Rückkehr nach London 1947 setz-
te King seine Karriere als Funktionär fort: Er wurde Leiter des
Wissenschaftssekretariats des Kabinetts, Berater des Präsidenten des
Oberhauses und Vorsitzender des Internationalen Komitees für
Wissenschaftsbeziehungen.

Hier nur seine wichtigsten weiteren Posten: Von 1950 bis 1957 war er Wissenschaftschef des Ministeriums für wissenschaftliche und industrielle Forschung, von 1954 an für acht Jahre Präsident der Internationalen Föderation für Dokumentation in Den Haag. Die Europäische Geschäftsstelle für Produktivität leitete King von 1957 an (bis 1961) als einer ihrer Direktoren.

Die Erfahrungen aus dieser Vielzahl unterschiedlicher Tätigkeiten weckten Kings Interesse für die Wechselwirkungen zwischen Wissenschaft, Industrie und Gesellschaft. 1958 kam er zur OECD und übernahm dort zunächst das Büro für wissenschaftliches Personal. 1961 wurde er Direktor der Abteilung für wissenschaftliche Angelegenheiten und Ausbildung, fünf Jahre später Generaldirektor des Wissenschaftsbereichs.

King hat die OECD in den sechziger Jahren als «eine Art Wachstumstempel für die industrialisierten Länder» beschrieben. «Wachstum um des Wachstums willen war, was interessierte».* Diese Wachstumsvergötterung ohne Beachtung der langfristigen Konsequenzen störte außer King auch Torkil Kristensen, den damaligen Generalsekretär der OECD. Beide empfanden die Notwendigkeit einer Institution, die unangenehme Fragen stellen und Regierungen dazu auffordern würde, weiter vorauszuschauen, als sie es normalerweise taten. Als ihrer Organisation verpflichtete Funktionäre waren beide jedoch in ihren Möglichkeiten eingeschränkt. In dieser Situation erhielt Alexander King einen Anruf – von Aurelio Peccei.


*Zusammentreffen*

Peccei und King vereinbarten ein gemeinsames Essen. Sie trafen sich im Winter 1967/68 mehrmals und stellten fest, daß sie zwar durchaus verschiedene Standpunkte hatten, von denen aus sie Mitte der sechziger Jahre die Weltprobleme betrachteten. Das störte sie aber

---

* Peter Moll, From Scarcity to Sustainability. Futures Studies and The Environment: The Role of The Club of Rome, Frankfurt/M. 1991

wenig, denn was sie verband, war die Verwunderung über manche Entwicklungen und Geschehnisse in der Welt. Auch waren beide aufgrund ihrer beruflichen Stellung daran gehindert, sich offen politisch zu engagieren. Aber genau das motivierte sie, Ausschau nach gleichgesinnten Menschen zu halten, mit denen sie trotz eingeschränkter Handlungsspielräume kooperieren konnten.

Die beiden pflegten fortan intensiven Kontakt zueinander. Sie trafen sich Ende 1967, Anfang 1968 mehrfach und waren sich einig darin, daß etwas geschehen müsse, um westeuropäische Regierungen zum Denken in größeren Zeitzusammenhängen zu bewegen. Sie strebten dafür einen Gedankenaustausch von Ökonomen und Wissenschaftlern an. Peccei konnte die Agnelli-Stiftung von der Notwendigkeit einer solchen Diskussionsrunde überzeugen. Sie war Gastgeber, als im April 1968 36 Fachleute aus mehreren europäischen Ländern an der Accademia dei Lincei zwei Tage lang miteinander diskutierten. Das Treffen endete in einem Fiasko.

# Die ersten drei Jahrzehnte: Club-Chronik

*Zeit, Geist und eine mißlungene Konferenz*

Man schreibt das Jahr 1968. Das Fernsehen, längst führendes Massenmedium, überträgt faszinierende Bilder aus dem All ebenso in die Wohnzimmer, wie solche von brennenden Menschen in Vietnam. Während von friedlicher Koexistenz der gegensätzlichen Gesellschaftssysteme die Rede ist, bringt die gewaltsame Nieder-schlagung des Prager Frühlings durch Truppen des Warschauer Paktes die Welt erneut an den Rand eines Atomkriegs. Der Baptistenpfarrer Martin Luther King erhält für seinen gewaltlosen Widerstand gegen die Diskriminierung Schwarzer den Friedensnobelpreis; den Rassenunruhen, die seiner Ermordung folgen, fallen allein in der ersten Woche 46 Menschen zum Opfer. Mit sogenannten Pflanzenschutzmitteln werden Ernteerträge erhöht, Insekten- und andere Arten ausgerottet, die natürlichen Lebensgrundlagen auch der Menschen vergiftet. Die Menschheit ist Ende der sechziger Jahre hin- und hergerissen zwischen der scheinbar bestätigten Hybris, die Krone der Schöpfung zu sein, und der Tatsache, daß mancher gerufene Geist nicht mehr in die Flasche zurückzubekommen ist, sondern außer Kontrolle gerät.

In diese Zeit fällt das Treffen am 6. und 7. April, zu dem Alexander King und Aurelio Peccei nach Rom eingeladen hatten. King hatte seinen OECD-Kollegen Erich Jantsch gebeten, ein Grundsatzpapier zu erarbeiten. Es ist überliefert, daß Jantsch einen zwar brillanten, aber viel zu intellektuellen Text produziert habe. Die meisten Gesprächsteilnehmer seien dadurch mehr verwirrt als stimuliert worden. Hinzu kam, daß aufgrund des Vietnamkriegs viele Menschen sehr ablehnend gegenüber allem eingestellt waren, was den Eindruck machte, in irgendeiner Weise amerikanisch zu sein. Dazu gehörte zum Beispiel Systemanalyse, die Jantsch thematisiert hatte. Viele Teilnehmer waren skeptisch hinsichtlich der Methode oder unwillig, in ein Unternehmen einbezogen zu werden, dessen Zweck sie nicht erkannten.

Ein halbes Dutzend Durchhaltewilliger weigerte sich gleichwohl, den Mißerfolg hinzunehmen. Peccei, King, Jantsch, Hugo Thiemann, Jean Saint-Geours und Max Kohnstamm aßen an diesem Abend gemeinsam und erörterten, was falsch gelaufen war. King und Peccei stimmten darin überein, daß sie «zu naiv und ungeduldig» gewesen waren und daß sie zu wenig über die Entwicklungen, die sie kritisierten, wußten.

Die Gruppe entschied daher, im nächsten Jahr weitere Diskussionen über die Weltprobleme zu führen und dazu nur gelegentlich zusätzliche Personen einzuladen.

An diesem Abend machte Alexander King einen Vorschlag: Der Zirkel solle sich fortan Club of Rome nennen. Während der Konferenz hatte die Situation Europas im Mittelpunkt gestanden. Die abendliche Runde vergegenwärtigte sich jedoch, daß sie es mit Problemen von viel größerer Spannbreite und Komplexität zu tun hatte, kurz: mit der Lage der Menschheit. Darüber hinaus definierte sie innerhalb einer Stunde die drei Arbeitsfelder, die die Aktivitäten des Clubs seither geprägt haben: die globale Perspektive, langfristige Prognosen sowie die Menge der miteinander verwobenen Probleme: von nun an «Weltproblematik» genannt.

Den Begriff fanden einige aufregend, weil er universell anwendbar schien. Andere irritierte das Wort. Sie hatten das Gefühl, daß man sich lediglich mit Gemeinwesen wie Städten und Gemeinden sinnvoll befassen könne. Diese Position vertraten Saint-Geours und Kohnstamm. Beide schieden bald aus. Die anderen aber verfolgten ihre Pläne weiter.

Die Gruppe traf sich in den folgenden anderthalb Jahren oft in Genf, um die schwierige Weltlage zu diskutieren. Peccei holte einen Wirtschafts- und Zukunftswissenschaftler namens Hasan Ozbekhan hinzu. Der Türke hatte an der Londoner Schule für Wirtschaftswissenschaften studiert und einer Diskussionsrunde angehört, die die Sorgen des Club of Rome teilte. Ozbekhan wollte dem Club bei der Suche nach einer Betrachtungsweise der Wechselwirkungen zwischen den verschiedenen Elementen der Weltproblematik helfen. Jantsch und Ozbekhan waren im September 1969 zur Europäischen

Sommer-Universität im österreichischen Alpbach zu einem Seminar über die problematische Lage der Menschheit eingeladen worden.

Peccei und King gesellten sich hinzu. Das Treffen in Alpbach hatte zwei wichtige Folgen: Erstens stieß dort der Deutsche Eduard Pestel zum Club of Rome hinzu, zweitens stattete der österreichische Bundeskanzler der Sommer-Universität einen Besuch ab und traf die Club-Mitglieder während eines Abendempfangs. Den Politiker beeindruckte besonders, daß es im Club um Themen ging, die seine Minister eigentlich hätten miteinander diskutieren sollen. So lud er die Club-Mitglieder ein, im folgenden Monat das Kabinett in Wien zu besuchen. Ein Novum: Eine Regierung hatte Kritiker eingeladen, die ihrerseits die oft unentschlossenen und von den sogenannten Sachzwängen gelähmten, lediglich im Einzelfall und oft zu spät eingreifenden Regierungen im Visier hatten!

King, Peccei, Jantsch, Thiemann, Kristensen und Gvishiani reisten nach Wien. Dort trafen sie außer Regierungsmitgliedern auch Industrielle und Bankiers. Sie alle drängten den Club, sich mit seinen Thesen laut und vernehmlich an die Öffentlichkeit zu wenden. Das Wiener Treffen war das erste von vielen weiteren mit Staatslenkern während dieser Jahre.

In der Folgezeit wurden zahlreiche weitere Mitglieder aufgenommen. Gewisse Organisationsstrukturen waren nun unumgänglich. Alexander King, von Anfang an der «Hüter der Ideologie», war vom Modell der Lunar-Gesellschaft von Birmingham inspiriert, einer Gruppe unabhängig gesonnener Menschen (wie zum Beispiel Wedgwood the Potter, James Watt, der Entdecker des Sauerstoffs, Joseph Priestley, Erasmus Darwin), die sich gegen Ende des 18. Jahrhunderts einmal im Monat zum Essen traf und die durch die damaligen Entwicklungen verursachten Möglichkeiten und Probleme in Wissenschaft und Industrie diskutierte. Die «Lunatics», wie der Maler William Blake sie abschätzig nannte, verfügten über keine politische Macht und hatten auch keine Ambitionen dazu. Aber sie erkannten Zusammenhänge zwischen dem, was um sie herum geschah, sowie das Potential zur Änderung der Gesellschaft. Ohne jede Bürokratie dachten die «Lunatics» nach und handelten entsprechend.

Der Club of Rome aber mußte nun Statuten aufstellen und einen Präsidenten wählen. Die Mitglieder einigten sich auf Aurelio Peccei. Die Zahl der Mitglieder wurde auf hundert begrenzt, um den Verwaltungsaufwand nicht ausufern zu lassen. Um die Unabhängigkeit des Clubs zu erhalten, sollte um finanzielle Unterstützung von Regierungen und von der Industrie weder geworben noch solche angenommen werden. Aus dem gleichen Grund sollten keine Politiker aufgenommen werden. Mitglieder, die in politische Positionen gelangten, sollten ihre Mitgliedschaft während ihrer Amtszeit ruhen lassen (so geschah es zum Beispiel mit Eduard Pestel). Andererseits sollten die Mitglieder sowohl Sachkenntnis aus unterschiedlichsten Bereichen als auch möglichst viele Regionen der Welt repräsentieren. Fähigkeit und Willen zum Erkennen der Weltproblematik und der Notwendigkeit, sie aufzuzeigen, war die wesentliche Aufnahmevoraussetzung.

Seither verstehen sich die Mitglieder des Club of Rome als «eine Gruppe von Weltbürgern, die eine gemeinsame Sorge um die Zukunft der Menschheit teilen und als Förderer öffentlicher Debatten wirken, um Untersuchungen und Analysen der Weltproblematik zu unterstützen und diese Entscheidungsträgern zur Kenntnis zu bringen.»[*]


*Methodensuche*

Zur Zeit der ersten Jahreskonferenz im Juni 1970 in Bern (auf Einladung der Schweizer Regierung) hatte der Club etwa 40 Mitglieder. Ozbekhan präsentierte ein Papier, in dem er eine Methode vorschlug, von der er hoffte, daß damit die Lage der Menschheit in den Griff zu bekommen sei: Man müsse ein wirklichkeitsnahes Basismodell der globalen Situation erarbeiten, eine empirische Liste der «ständigen kritischen Probleme» erstellen und dann die Interaktionen innerhalb des Systems unter verschiedenen

---

[*] Bertrand Schneider, The Club of Rome: The first 25 Years, Originalmanuskript, Paris 1993

Bedingungen simulieren. Das Ergebnis würde eine konkretere Basis zur Beurteilung möglicher politischer Optionen schaffen und Ratschläge für die Regierungen ermöglichen. Das Papier löste eine hitzige Debatte mit leidenschaftlich vorgetragenen Argumenten von Befürwortern und Gegnern aus. Die Mehrheit entschied schließlich, daß es zu lange dauern und zuviel Geld kosten würde, das Ozbekhan-Modell so weit fortzuentwickeln, daß es brauchbare Ergebnisse liefern würde.

Einmal mehr schien das Unternehmen Club of Rome zu scheitern. Doch wieder gab es einen Ausweg. Unter den Eingeladenen befand sich Jay Forrester, Professor am Massachusetts Institute of Technology (MIT). Dreißig Jahre lang hatte er sich mit Problemen der Entwicklung mathematischer Modelle beschäftigt, die auf komplexe, dynamische Entwicklungen wie die Wirtschaft und Städtewachstum anwendbar waren. Forresters Angebot, sein erprobtes Dynamik-Modell so umzuarbeiten, daß damit globale Sachverhalte betrachtet werden könnten, wurde dankbar angenommen. Vierzehn Tage später besuchte eine Clubabordnung Forrester am MIT und überzeugte sich davon, daß das Modell für den Umgang mit den globalen Problemen, die den Club interessierten, brauchbar war. Im Juli 1970 unterschrieben der Club of Rome und ein Forschungsteam des MIT einen Kooperationsvertrag. Die Finanzierung war durch eine Unterstützung der Volkswagen-Stiftung in Höhe von 200 000 Dollar sichergestellt, die Eduard Pestel vermittelt hatte.

Es wurde ein Team von 17 Forschern aus verschiedenen Disziplinen und unterschiedlichen Ländern gebildet und Dennis Meadows zu dessen Leiter ernannt. Aus der ganzen Welt wurden gewaltige Datenmengen gesammelt und in das Modell eingebracht. Die Wissenschaftler konzentrierten sich dabei auf fünf Hauptvariablen: Kapital, Bevölkerung, Umweltverschmutzung, natürliche Ressourcen und Nahrungsmittel. Mit Hilfe des Dynamik-Modells wurden dann die Interaktionen zwischen diesen Variablen geprüft und die Trends im Gesamtsystem für die nächsten zehn, zwanzig, fünfzig oder mehr Jahre unter der Voraussetzung ermittelt, daß die gegenwärtigen Wachstumsraten fortbestünden. Die globale Betrachtung war vordringlich, regionale oder auf bestimmte

Gegenden bezogene Studien konnten später folgen. In bemerkenswert kurzer Zeit erstellte das Team seinen Bericht, der 1972 erschien: *Die Grenzen des Wachstums*. Er war von Meadows Frau Donella in einer auch für Nichtwissenschaftler gut verständlichen Sprache verfaßt worden. Die Aufmerksamkeit für das Buch – insgesamt zwölf Millionen Exemplare in 37 Sprachen wurden verkauft – zeigte, wie viele Menschen auf allen Kontinenten über die Lage der Menschheit besorgt waren. Der Club of Rome hatte, wie seine Gründer es angestrebt hatten, ein weltweit wahrgenommenes Zeichen gesetzt.

*Die Grenzen des Wachstums und andere Studien*

Als der Bericht dem Club präsentiert wurde, hatten einige Mitglieder starke Vorbehalte. Ihnen fehlte eine soziale Dimension. Auch vermißten sie eine Differenzierung zwischen Industrie- und Entwicklungsländern. Solche Meinungsverschiedenheiten lagen in den verschiedenen Ansichten innerhalb des Clubs begründet. Doch dieser Pluralismus war durchaus erwünscht. Tatsächlich war dies der Grund, weshalb *Die Grenzen des Wachstums* wie auch spätere Studien ein Bericht *an den* und nicht *vom* Club of Rome waren. Er war nicht als Glaubensbekenntnis des Clubs gemeint, sondern als ein erster Schritt in Richtung eines neuen Verständnisses der Welt. Es sollten Debatten angeregt werden.

*Die Grenzen des Wachstums* wurden in Hunderten von Seminaren, an Runden Tischen, in Zeitungsartikeln sowie in Radio- und Fernsehprogrammen diskutiert. Dabei wurde der Report zumeist völlig falsch als unausweichliches Zukunftsszenario aufgenommen und dem Club unterstellt, ein Nullwachstum zu favorisieren. Tatsächlich zielten die Projektion von Trends und die Analyse ihrer Wechselwirkungen darauf ab, die Risiken eines blinden Wachstumsstrebens der Industrieländer aufzuzeigen und Änderungen der vorherrschenden Standpunkte und Politik mit dem Ziel herbeizuführen, daß die prognostizierten Konsequenzen nicht eintreten würden. Die Hauptkritik kam von Ökonomen, die der Ansicht waren, daß die Studie keine tauglichen Erklärungen für Preismechanismen biete. Aber auch Wissenschaftler, die fanden, daß darin die Möglichkeiten wissenschaftlicher und technologischer Innovationen zur Lösung der Probleme nicht ausreichend berücksichtigt waren, meldeten sich zu Wort. Der Report erschloß in mehrfacher Hinsicht Neuland.

Er war das erste Weltmodell, das von einer unabhängigen Gruppe statt einer Regierung oder einer Abteilung der Vereinten Nationen in Auftrag gegeben worden war und das eine breitere Öffentlichkeit erreichen konnte. Zukunftsweisender war noch, daß *Die Grenzen des Wachstums* der erste Bericht war, der eine genaue Verbindung zwischen Wirtschaftswachstum und den Konsequenzen für die Umwelt herstellte. Was auch immer seine Unzulänglichkeiten gewesen sein mögen, dieser erste Bericht an den Club of Rome setzte Maßstäbe für die Diskussion über das Für und Wider des Wachstums und auch für nachfolgende Versuche, Weltmodelle zu erstellen.

Eduard Pestel gehörte zu den Kritikern der undifferenzierten Herangehensweise an globale Probleme. Als Systemanalytiker – er hatte 1971 ein eigenes Institut in Hannover gegründet – war er geeignet, eine differenziertere Studie zu erarbeiten. Außerdem hatte er, bevor Meadows Bericht veröffentlicht wurde, gemeinsam mit Mihailo Mesarovic von der Case Western Reserve University die Arbeit an einem weit ausführlicheren Modell begonnen. (In ihm wurden zehn Weltregionen unterschieden und 200 000 Parameter statt der 1000 im Meadows-Modell einbezogen.) Der aus dieser Forschungsarbeit resultierende Report, *Menschheit am Wendepunkt*, wurde 1974 als offizieller Bericht an den Club of Rome akzeptiert. Zusätzlich zur detaillierten Vorhersage regionaler Zusammenbrüche war es Pestel und Mesarovic gelungen, sowohl soziale als auch technische Daten zu berücksichtigen. Der Bericht war nicht so gut lesbar wie *Die Grenzen des Wachstums* und hatte nicht die gleiche öffentliche Wirkung, aber er wurde in Deutschland und insbesondere in Frankreich gut aufgenommen. Verschiedene weitere Studien wurden in den frühen siebziger Jahren betrieben. Der Grad der Unterstützung durch den Club war dabei unterschiedlich. Um Kritik aus der Dritten Welt zu begegnen, wurde ein Lateinamerika-Modell vom argentinischen Bariloche-Institut entwickelt; der Club half bei der Suche nach finanzieller Unterstützung für das Projekt, gab aber nicht seine Zustimmung zum Abschlußbericht. Auch eine von Aurelio Peccei dem niederländischen Ökonomen Jan Tinbergen vorgeschlagene Studie über die wahrscheinlichen Auswirkungen einer Verdopplung der Weltbevölkerung auf die globale Gesellschaft zu erarbeiten, ging, weil Tinbergen und sein Kollege Hans Linnemann sich lediglich auf den Nahrungsaspekt konzentrieren wollten, einen ähnlichen Weg. Einer Studie über Japan und den pazifischen Raum wurde von Beginn an die Unterstützung versagt.

*Die frühen siebziger Jahre: Große Aufmerksamkeit für den Club*

Eine Auswirkung des enormen öffentlichen Interesses an den *Grenzen des Wachstums* war, daß der Club sich exzellenter Berichterstattung erfreute und es viel einfacher geworden war, Zugang zu einflußreichen Personen zu bekommen. Aurelio Peccei wollte diese starke Position ausbauen und weitere Projekte beginnen. Es war eine Periode großer Erwartungen und Initiativen – günstig, um die öffentliche Meinung und das Handeln von Politikern zu beeinflussen. Trotz oder vielleicht gerade wegen der Wirren jener Zeit waren die frühen siebziger Jahre eine Phase, in der Aufbruchstimmung herrschte. In Deutschland war Willy Brandt Bundeskanzler; er schloß mit der Sowjetunion und Polen Verträge ab, die am Eisernen Vorhang, der Europa teilte, kratzten, und erhielt dafür den Friedensnobelpreis. Gemeinsam mit dem schwedischen Ministerpräsidenten Olof Palme und dem österreichischen Bundeskanzler Bruno Kreisky bemühte Brandt sich um Völkerverständigung, Abrüstung und die Verbesserung der Lebenssituation der Menschen in der Dritten Welt. Richard Nixon besuchte als erster US-Präsident die Sowjetunion und unterzeichnete mit deren Staats- und Parteichef Leonid Breschnew den sogenannten SALT-Vertrag, mit dem die Zahl der atomaren Interkontinentalraketen begrenzt wurde. Ungeachtet dessen führten in Südasien die Erzfeinde Indien und Pakistan erneut Krieg. In Vietnam eskalierte die militärische Auseinandersetzung zunächst, doch im Januar 1973 kam es nach langwierigen Verhandlungen endlich zu einer Waffenruhe. Während die Hippie-Bewegung – getreu ihrem Motto «Make love, not war» – gegen die Mächtigen aufbegehrte, wurde die Welt von immer mehr und immer brutaleren Terroranschlägen erschüttert.

Es scheint ein Wesenszug des Homo sapiens zu sein, daß er seine Möglichkeiten beharrlich vermehrt, dies jedoch keineswegs immer zum Nutzen aller. So rückten Kontinente und Länder mit Hilfe von Flugzeugen näher zusammen. Andererseits konnten die Völker sich fortan gegenseitig bombardieren. Anfang der siebziger Jahre jedoch schien die Menschheit bereit, alte Feindschaften und Rivalitäten hinter sich zu lassen, ihre eigene Unterschiedlichkeit als Vielfalt und Vorteil zu betrachten und den Blick in Richtung einer gerechteren und friedlicheren Zukunft zu richten. Doch andererseits gab es immer wieder desillusionierende Beispiele für die entgegengesetzte Bereitschaft, die eigene Existenz aufs Spiel zu setzen und das Risiko einzugehen, sämtliches Leben auf der Erde auszulöschen.

Als die Mitglieder des Club of Rome sich im Herbst 1973 in Tokio versammelten, befanden sich Atomwaffen in Alarmbereitschaft. Ägypten und Syrien hatten Israel am 6. Oktober überfallen und in arge Bedrängnis gebracht. Mit der Drohung, andernfalls Atomwaffen einzusetzen, drängte die Regierung in Tel Aviv die USA zu einer Luftbrücke, über die Waffennachschub ins Land kam. Israel eroberte sein Territorium zurück und war zu einer Gegenoffensive bereit. Die Sowjetunion, die Ägypten und Syrien unterstützte, befürchtete einen Marsch der israelischen Truppen auf Kairo und versetzte Luftlandetruppen in Alarmbereitschaft, die USA daraufhin Teile ihrer Atomstreitkräfte. Erst, als Israel der Stationierung von UN-Friedenstruppen zustimmte, entspannte sich die Lage.

Während die Club-Konferenz in Tokio unter dem Motto «Hin zur globalen Betrachtung der Menschheitsprobleme» stand, veränderte ein weiteres Ereignis im gleichen Monat das Problembewußtsein im Zusammenhang mit Ressourcen-Knappheit und Machtverhältnissen fundamental: die OPEC-Konferenz, auf der die ölfördernden Staaten ein Embargo gegenüber den westlichen Industrieländern beschlossen. Die Rahmenbedingungen der Diskussion veränderten sich für eine Weile radikal. Eine der Folgen war, daß der Club in die UN-Debatte über die Neue Internationale Wirtschaftsordnung (New International Economic Order = NIEO) einbezogen wurde.

Längst betätigte sich der Club auch diplomatisch. Der österreichische Bundeskanzler Bruno Kreisky lud auf Vorschlag von Aurelio Peccei für Februar 1974 zu einer Nord-Süd-Konferenz ein: Neben den Staats- und Regierungschefs von Kanada, Mexiko, den Niederlanden, dem Senegal, Schweden und der Schweiz nahmen daran führende Repräsentanten Algeriens, Irlands, Pakistans und zehn Mitglieder des Exekutiv-Komitees des Club of Rome teil. Um zu verhindern, daß die Zusammenkunft als Forum für ideologische und nationale Interessen mißbraucht wurde, waren keine Vertreter der großen europäischen Mächte, der USA und der Sowjetunion eingeladen worden. Um eine unbefangene Diskussion zu ermöglichen, sollten die Teilnehmer ohne Staatsangestellte anreisen. Der zweitägige private Gedankenaustausch endete mit einer viel beachteten Pressekonferenz. Bei dieser Gelegenheit stellten die Mitglieder des Exekutiv-Komitees ihr Salzburg-Statement vor, in dem betont wurde, daß die Ölkrise lediglich einen Teil der komplexen globalen Probleme darstellte. Auch Vorschläge, diesen zu begegnen, wurden präsentiert.

Es schien eine günstige Zeit zu sein, Sensibilität für die Weltproblematik und für internationale Kooperation zu fördern, da die Ölkrise den Völkern vor Augen führte, wie sehr sie voneinander abhängig waren. Gelehrte aus allen Teilen der Welt wurden eingeladen, am RIO-Projekt (RIO = Reshaping the International Order, dt.: Neuorganisation der internationalen Ordnung) mitzuarbeiten, doch aus dem kommunistischen Block kamen lediglich polnische und bulgarische Wissenschaftler. Die Grundthese war, daß die Kluft zwischen reichen und armen Ländern inakzeptabel war. Die wohlhabendsten waren damals circa 13mal so reich wie die ärmsten. Was würde nötig sein, um den Unterschied auf ein Verhältnis von 6:1 in 15 oder 30 Jahren zu bringen? Im Unterschied zu den *Grenzen des Wachstums* gestand das RIO-Modell den Entwicklungsländern fünf Prozent jährliches Wachstum zu, während die Industrieländer Null- oder Negativwachstum haben würden. Alles hinge von einer sensibleren Nutzung von Energie und anderen Ressourcen sowie einer gerechteren Verteilung ab. Im Abschlußbericht wurde argumentiert, daß die Menschen in den reichen Ländern ihre Konsumgewohnheiten ändern und geringere Profite akzeptieren müßten. Eine Gruppe wich von dieser Meinung ab. Konsum sei ein Symptom der Probleme, nicht ihr Grund.

Nach zahlreichen Arbeitssitzungen während Club- und anderen Treffen im Laufe von 18 Monaten wurden die Resultate des RIO-Projekts auf einer Konferenz in Algier im Oktober 1976 vorgestellt und als Bericht an den Club of Rome akzeptiert. Ungeachtet der strengeren Verfahrensweise als bei den *Grenzen des Wachstums* hatte der Report nicht die erwünschten Auswirkungen; vielleicht, weil die schlimmsten Auswirkungen des Ölschocks aus den Köpfen verschwunden waren und die Menschen in den reichen Ländern inzwischen wieder sehr unempfänglich für Appelle an Selbstbeschränkung und mehr Kooperation waren.


## 1976 bis 1984: Flaute

Die Reaktionen auf die RIO-Studie waren entmutigend. Den anderen Publikationen des Clubs, die in den siebziger und frühen achtziger Jahren erschienen waren, erging es kaum besser: respektabel zustande gebracht, aber wenig verkauft und kaum wahrgenommen. Eine Ausnahme war der Bericht *Mikroelektronik und Gesellschaft*, der zumindest in Deutschland auf gute Resonanz stieß.

Die zweite Hälfte der siebziger Jahre unterschied sich deutlich von der vorangegangenen Halbdekade. Zwar war 1976 mit Jimmy Carter, heute Ehrenmitglied des Club of Rome, ein progressiver Politiker Präsident der Vereinigten Staaten von Amerika geworden, dem die Einhaltung der Menschenrechte überall auf der Welt besonders am Herzen lag.

Auch gelang es ihm in der Mitte seiner Amtszeit, die Regierungschefs der verfeindeten Länder Ägypten und Israel, Anwar as-Sadat und Menachem Begin, zu einer Friedensvereinbarung zu bewegen, für die beide später den Friedensnobelpreis erhielten. Doch erzielte er während seiner Präsidentschaft kaum politische

Erfolge. Es hatte sich – zunächst unmerklich und später unübersehbar – der Zeitgeist geändert.

Die DDR wies unliebsame Journalisten wie den ARD-Korrespondenten Lothar Loewe aus, schloß das Ost-Berliner Büro des Nachrichtenmagazins *Der Spiegel* und bürgerte Menschen aus, die sich, wie zum Beispiel der Sänger Wolf Biermann, regimekritisch äußerten. Die Deutsche «Demokratische» Republik verhielt sich dem Muster ihres großen sozialistischen Bruderstaates Sowjetunion entsprechend. Der hatte die Schriftsteller Alexander Solschenizyn und Lew Kopelew ausgebürgert und den «Vater der sowjetischen Wasserstoffbombe» und späteren Regimekritiker Andreij Sacharow verbannt. Hatten die Blumenkinder noch versucht, die Gesellschaften in Richtung zu mehr Freiheit hin zu verändern, so lehnten die nun auftauchenden Punks deren Strukturen rundweg ab. «No Future» lautete das Motto. Tatsächlich beherrschten Krieg, Terror und Umweltkatastrophen die Nachrichten. Das Ultragift Dioxin wurde bei einem Brand in einer Fabrik des Chemiemultis Hoffmann-La Roche im norditalienischen Seveso in die weite Umgebung geschleudert, ständig verschmierten riesige Ölteppiche mitunter Hunderte Kilometer lange Küstenstreifen. Im Iran wurde ein korruptes gegen ein mittelalterliches Regime ausgetauscht. Der erste im Reagenzglas gezeugte Säugling erblickte in England das Licht der Welt. Im US-Staat Pennsylvania brannte der Atomreaktor Three Mile Island durch, 200 000 Menschen flüchteten. Die Sowjetunion stellte neue Atomraketen auf, die NATO beschloß, nachzuziehen. An Weihnachten 1979 marschierte die Rote Armee in Afghanistan ein. Die britische Rockband Pink Floyd setzte die damals vorherrschende Stimmung treffend ins Bild: Sie mauerte sich während ihrer Konzerte ein.

In einem solchen Klima waren kaum Sponsoren für große Konferenzen und Forschungsprojekte und nur wenige Akademiker für deren Durchführung zu gewinnen. Hinzu kam, daß an Zukunftsmodelle inzwischen hohe Ansprüche gestellt wurden – eine Entwicklung, die der Club mit den *Grenzen des Wachstums* selbst eingeleitet hatte. Gleichzeitig stand die Öffentlichkeit Zukunftsprognosen mittlerweile sehr skeptisch gegenüber, weil niemand die Ölkrise vorausgesagt hatte. Vor diesem Hintergrund war es lediglich konsequent, daß der Club of Rome mit seinen Aktivitäten – Aurelio Peccei drängte darauf – in eine ganz neue Phase eintreten mußte.

Es war eine Zeit ohne grundsätzliche Leitlinie. Die Veröffentlichungen des Clubs tendierten dazu, einzelne Aspekte der Weltproblematik zu untersuchen, statt globale Voraussagen zu wagen. Die jährlichen Konferenzen, die seit 1970 stattfanden, wurden von nun an dazu genutzt, nicht nur den Club-Mitgliedern Möglichkeiten zum Austausch zu bieten, sondern auch dazu, die Ideen in die gastgebenden Länder ausstrahlen zu lassen.

Peccei konzentrierte seine Energie zunehmend auf ein neues Projekt: das Forum Humanum. Sein Ziel war es, ein Netzwerk jüngerer Wissenschaftler aus allen Teilen der Welt aufzubauen, das den drückenden Problemen der Menschheit begegnen sollte. Seine Club-Kollegen teilten seinen Enthusiasmus nicht in vollem Maße. Peccei ließ sich davon nicht entmutigen und setzte seine Kampagne allein fort. Er reiste so unermüdlich wie immer, brachte Gruppen junger Wissenschaftler in Rom, Madrid, Genf, Rio und Buenos Aires zusammen. Und doch startete die Bewegung nicht so, wie Peccei es sich erhofft hatte.

Als im Sommer 1980 in Moskau der «friedliche Wettstreit der Jugend der Welt», die Olympischen Spiele stattfanden, fehlten aufgrund des Einmarsches der UdSSR in Afghanistan Sportler aus 50 Nationen. John Lennon, als Songschreiber, Sänger und Gitarrist der Beatles seit den sechziger Jahren ein Jugendidol, war erschossen, zwischen Iran und Irak ein Krieg begonnen und mit Ronald Reagan ein Falke ins Amt des US-Präsidenten gewählt worden. Während eines Sprengstoffanschlages auf dem Bahnhof der italienischen Stadt Bologna brachten Rechtsradikale 83 völlig Unbeteiligte um, im Krieg um die südatlantischen Falkland-Inseln starben fast tausend Soldaten. Israel bombardierte einen Atomreaktor bei Bagdad aus Furcht vor irakischer Atomrüstung. Der ägyptische Friedensnobelpreisträger Anwar as-Sadat wurde ermordet – schwierige Zeiten für die Durchsetzung neuer Ideen.

Es ist ein großes Verdienst Pecceis, damals nicht den Kopf in den Sand gesteckt zu haben. Sein 1981 erschienenes Buch *Die Zukunft in unserer Hand* widmete er «Der Jugend – und allen, die jung geblie-

ben sind, der einzigen Hoffnung für die Zukunft der Menschheit.»
Im Text zur deutschen Taschenbuchausgabe heißt es: «An die Stelle
der alten ‹Realpolitik› muß eine kreative ‹Realutopie› treten. Jeder
einzelne Mensch, vor allem aber die Jugend bleibt aufgerufen, die
Zukunft selbst in die Hand zu nehmen. Es gilt, unorthodoxe Ideen
für eine Welt des gesicherten Überlebens allein in Taten umzusetzen,
damit die Chance für das Menschsein gewahrt bleibt.»

«Wer Aurelio Peccei persönlich kennt», schrieb Eduard Pestel im
Vorwort, «mag wohl glauben, ihn beim Lesen dieses Buches immer
wieder vor sich zu sehen, wie er emphatisch, voller Temperament
mit packender Gestik, ja zuweilen geradezu beschwörend seine
Überzeugungen vorträgt.» Man lege, so Pestel, das Buch zur Seite,
«mit dem sicheren Gefühl, nun eine Ahnung vom rechten Weg in
die Zukunft zu haben.»

Andere Menschen zum Handeln zu ermutigen war insbesondere in den frühen achtziger Jahren überlebenswichtig. Während die
Menschen zu Hunderttausenden gegen die Atomrüstung demon-
strierten, führten die Supermächte gelegentlich Krieg gegeneinander: mal im wahrsten Sinne, als die Sowjets im September 1983 einen
verirrten zivilen Jumbo-Jet mit 269 Menschen an Bord über der
Halbinsel Kamtschatka abschossen, mal verbal, beispielsweise als
US-Präsident Reagan während einer Mikrophonprobe vor einem
Rundfunkinterview «scherzte», er freue sich, mitteilen zu können,
daß er Rußland für vogelfrei erklärt habe. «Die Bombardierung
beginnt in fünf Minuten.» Dies alles in einer Zeit, in der fortschrei-
tendes Waldsterben und die Ausbreitung einer neuen tödlichen
Krankheit – AIDS – die Menschen zusätzlich ängstigte. *Global 2000
– der Bericht an den Präsidenten*, eine noch von Jimmy Carter in
Auftrag gegebene, großangelegte Studie über die Entwicklungen bis
zum Jahr 2000 (Mitglieder des Club of Rome waren an der
Erstellung beteiligt), warnte vor Überbevölkerung, Nahrungs-
mittelmangel, Klimagefahren, Ozonloch und selbst vor Kriegen um
sauberes Wasser. Doch Sorgen und Angst, das war Pecceis feste
Überzeugung, sollten nicht lähmen, sondern als Antrieb zu
Veränderungen dienen. Er war der Ansicht, daß das Schicksal aller
Menschen, ja, womöglich aller Lebewesen der Erde, nicht einigen
wenigen Entscheidungsträgern überlassen bleiben durfte. Er forder-

te Einmischung. Es ging ihm darum, kreative Menschen, die nicht lediglich ihren persönlichen oder den Vorteil einer Firma, Partei oder anderen Gruppierung verfolgten, an der Gestaltung der Zukunft zu beteiligen.


*Erneuerung*

Seit seinen frühen Tagen waren die Aktivitäten des Club of Rome vornehmlich von Aurelio Peccei (mit Hilfe von zwei Sekretärinnen in seinem Büro bei der Italconsult-Zentrale in Rom) vorangetrieben worden. Der Club hatte auch Büros in Genf und Tokio, beim Battelle-Institut und «care of» Japan Techno Economics Society, doch diese Dependancen waren nicht viel mehr als Adressen zur Abwicklung von Korrespondenz oder zur Organisation von Konferenzen. Diese Organisationsstruktur konnte ab Juli 1982 nicht fortgesetzt werden. Aufgrund von Änderungen in der Firmenführung von Italconsult erhielt Peccei die Nachricht, daß er sein Büro aufgeben müsse. Peccei rettete daraufhin die für den Club wichtigsten Dokumente. Dennoch ging viel archiviertes Material verloren.

Der erste Präsident war eine so dominante Kraft im Club, daß, als er im März 1984 starb, fraglich wurde, ob eine Weiterarbeit möglich und überhaupt gewünscht war. Während eines Treffens in Helsinki im Juli 1984 entschied die Mehrheit der Mitglieder gleichwohl, weiterzumachen. Einschneidende Veränderungen waren nun unumgänglich. Bisher hatte der Club es geschafft, ohne formale Struktur, großes Sekretariat und Budget auszukommen. Doch nun war eine effiziente Ordnung nötig.

Alexander King wurde zum Präsidenten gewählt. (Seit dem 1. Januar 1991, an dem ihm Ricardo Diez-Hochleitner folgte, ist er Ehrenpräsident.) Fortan wurden die Mitglieder stärker beteiligt. Dem Exekutiv-Komitee wurde ein zwölfköpfiger Rat zur Seite gestellt.

Dieser definiert seither die generellen Richtlinien der Club-Aktivitäten und beschäftigt sich mit den wichtigsten Veröffentlichungen. Das Exekutiv-Komitee trifft Entscheidungen, die die Alltagsarbeit betreffen und führt sie aus. Für beide Gremien beträgt die Mitgliedschaft vier Jahre und kann nur um eine Periode verlängert werden. Ein Hauptproblem war, jemanden zu finden, der bereit war, Pecceis Rolle in der täglichen Clubarbeit auf einer ebensolchen ehrenamtlichen Basis wie er zu übernehmen. 1985 schlug Alexander King dem Exekutiv-Komitee vor, die Stelle eines Generalsekretärs, der dem Präsidenten assistieren sollte, einzurichten. Der Franzose Bertrand Schneider übernahm diese Position. Das Hauptquartier des Clubs wechselte daraufhin nach Paris.

Ein weiteres Novum war, daß prominente Personen des Welt-geschehens, die die Sorgen des Clubs teilten, als Ehrenmitglieder aufgenommen wurden. Obwohl ihre Positionen sie zumeist davon abhielten, öffentlich Stellung zu beziehen – so zum Beispiel im Fall der Königin der Niederlande oder auch dem des Königs von Spa-nien –, erhoffte der Club of Rome sich moralische Unterstützung. Weitere Ehrenmitglieder sind der frühere US-Präsident Jimmy Carter, der erste und letzte Präsident der ehemaligen Sowjetunion, Michail Gorbatschow, der frühere deutsche Bundespräsident Richard von Weizsäcker und der erste Präsident der neuen demo-kratischen Republik Tschechien, Vaclav Havel.

Es entstand eine interne Informationsstruktur zur gegenseitigen Information zwischen den Konferenzen. In Helsinki setzte sich die Ansicht durch, es sei richtig, sich auf spezielle Aspekte zu konzen-trieren, Schwerpunkte für die jeweils nächsten Jahre zu setzen. Mögliche Themen für diese neue Phase sind in Alexander Kings *The Club of Rome – Reaffirmation of a Mission* (1986) ausgeführt: Regie-rungsfähigkeit, Friedenssicherung und Abrüstung, Bevölkerungs-wachstum, menschliche Ressourcen sowie die Einschätzung von Technologiefolgen.

1985 wurde Bertrand Schneiders *Revolution der Barfüßigen* (siehe S. 196) als Bericht an den Club of Rome angenommen. Darin wurde die Rolle der Nicht-Regierungsorganisationen herausgestellt, vor allem aber das enorme Potential der Dorfbewohner in der Dritten Welt selbst. Der Club konzentrierte sich in der Folgezeit auf verschiedene unterentwickelte Regionen und setzte sich ein Jahr lang besonders intensiv mit der Situation Afrikas auseinander. Unter der Leitung der finnischen Sektion des Club of Rome wurde eine

Studie über «Nahrung und Hunger auf dem Schwarzen Kontinent» erstellt, der Untersuchungen der Hungersnöte in der Sahel-Zone und in Äthiopien folgten. In diesem Zusammenhang wurde im Juni 1986 in Lusaka eine Konferenz unter der Schirmherrschaft von Präsident Kenneth Kaunda abgehalten. Der anschließend erschiene-ne Bericht *Africa Beyond Famine* hatte Folgewirkungem: Im Dezember 1986 trafen sich in Yaoundé 80 Afrikaner und 30 Mitglieder des Club of Rome zu einer Diskussion über die Probleme des Kontinents. Sie entwickelten Vorschläge für einschneidende Veränderungen. Im Zuge der Konzentration auf die Regionen wechselte das Augenmerk 1991 nach Lateinamerika (Konferenzen in Buenos Aires, Bogotá und Punta del Este) und 1992 nach Asien (Konferenzen in Fukuoka, Neu Delhi und Kuala Lumpur).

Aufgrund des Tauwetters in den Ost-West-Beziehungen, das mit der Wahl von Michail Gorbatschow zum Staats- und Parteichef der UdSSR einsetzte, hatte die von Club-Mitgliedern betriebene Diplomatie Mitte der achtziger Jahre neuen Schwung erhalten. Zwei Beispiele verdeutlichen dies: Vor dem Gipfeltreffen im Oktober 1986 sandten Eduard Pestel und Alexander King eine Botschaft an US-Präsident Ronald Reagan und Gorbatschow. Sie wiesen darauf hin, daß, wenn die Vereinigten Staaten und die Sowjetunion den Waffenhandel mit ärmeren Ländern reduzierten, sie selbst politisch und vielleicht auch ökonomisch davon profitieren würden. Die Antwort aus dem Weißen Haus war oberflächlich, aber Gorbatschow reagierte sehr positiv.

Es kam zu persönlichen Kontakten zwischen Club-Mitgliedern und der sowjetischen Führung während der kritischen Phase von Glasnost und Perestroika. Adam Schaff gründete eine polnische Sektion des Club of Rome. Sie bildete eine Plattform, auf der Mitglieder der Kommunistischen Partei, der Römisch-katholischen Kirche und der Gewerkschaft «Solidarität» organisationsübergreifend kommunizieren konnten.

Die erste solche Vereinigung war infolge der überwältigenden öffentlichen Aufnahme der *Grenzen des Wachstums* in den Niederlanden entstanden. (Die Niederlande haben 13 Millionen Einwohner, fast eine Million Exemplare wurden dort verkauft.) Frits Boettcher, Leiter der niederländischen Delegation im OECD-

Komitee für Wissenschaft und Technologie, hatte schon 1971 versucht, den Zirkel dazu zu bewegen, die «Club of Rome Association for the Netherlands» zu gründen. Doch dessen Mitglieder waren damals gegenüber selbsternannten Vereinigungen, die den Club allzu leicht falsch repräsentieren und seine globale Mission beeinträchtigen könnten, argwöhnisch. Trotzdem entstanden solche Vereinigungen hier und dort und gewannen den Segen des Clubs, da sie letztlich doch zur Verbreitung von dessen Ideen in den betreffenden Ländern beitrugen. Rechte und Pflichten der Nationalen Vereinigungen sind geregelt, seit eine gemeinsame Satzung, die weitgehend auf dem Modell der spanischen Sektion beruht, in Kraft ist. Sie wurde 1987 in Warschau angenommen. Ausschließlich Vereinigungen, die diese akzeptierten, wurden als «Associations of the Club of Rome» anerkannt.

*Die neunziger Jahre und die Zukunft*

Auf der Jahreskonferenz 1989 wurden die Umweltauswirkungen, die vom Wachstum der Industrie verursacht werden, die Probleme der Entwicklungsländer sowie die essentielle Rolle, die Energie in der zukünftigen Entwicklung der Welt spielen würde, hervorgehoben. Der Vorschlag von Ricardo Diez-Hochleitner, das Jahr 1990 zur Überprüfung der Weltsituation und der eigenen Mission im Zusammenhang mit den turbulenten weltweiten Veränderungen zu nutzen, wurde angenommen. Das erste Ergebnis der damit verbundenen Aktivitäten war ein Bericht *vom* – statt *an den* – Club of Rome: *Die erste Globale Revolution*, 1991 veröffentlicht und inzwischen in zahlreiche Sprachen übersetzt.

Die Ansichten der Mitglieder wurden durch eine Befragung ermittelt. Anschließend diskutierte der Rat während zweier Treffen, die auf Einladung von Jermen Gvishiani in Moskau und von Ricardo Diez-Hochleitner in Santander abgehalten wurden, intensiv über das so entstandene Meinungsbild. Der auf dieser Grundlage von Alexander King und Bertrand Schneider verfaßte Bericht fand die Anerkennung der Mitglieder des Club of Rome. Der erste Teil des Buches machte klar, daß die Sorgen, die zur Gründung des Clubs geführt hatten, weiterhin höchst aktuell waren; im zweiten Teil konzentrierten sich die Autoren auf praktische Empfehlungen für Wege, der Problematik zu begegnen, und schufen einen neuen Begriff, den der Weltlösungsstrategie. Der Bericht war Anlaß zur Neudefinition der Arbeitsfelder. Entwicklung, Umwelt, Regierungsformen und Erziehung rückten nun in den Vordergrund.

Zudem stand im Herbst 1993 eine Jubiläumstagung an. Die Gründung des Club of Rome lag nun mehr als 25 Jahre zurück. Die Konferenz, die erneut in Hannover stattfand, rückte damit in den Mittelpunkt besonderen öffentlichen Interesses. Beinahe durchgängig wurden die Leistungen und Verdienste der Vereinigung in der Vergangenheit gelobt, doch es hagelte auch in ungewohntem Maße Kritik. Besonders tat sich dabei die *Frankfurter Allgemeine Zeitung* hervor. Der Club of Rome habe «seine große Zeit offenbar hinter sich», schrieb deren Redakteur Konrad Adam in der Ausgabe vom 6. Dezember 1993 unter der Überschrift *Die Statt-Politiker* (siehe auch S. 287) und nannte seinen Artikel im Untertitel gar «Nachruf auf den Club of Rome».

Das ist bei Redaktionsschluß dieses Buches beinahe vier Jahre her. Totgesagte leben bekanntlich länger. Hinsichtlich seiner Berichtstätigkeit ist der Club seit der Jubiläumskonferenz sogar aktiver als zuvor. Fünf Studien erschienen seither, eine sechste wird zur Veröffentlichung vorbereitet (siehe das Kapitel *Aktuelle Projekte*, S. 201). Daß der Club of Rome auch an seinem 30. Geburtstag eine der wichtigsten unabhängigen Denkfabriken der Welt ist, steht außer Frage.

Neue Medien sind das Schwerpunktthema der 1997er Jahreskonferenz in Washington – eine gute Gelegenheit, die eigene Rolle in der künftigen Kommunikations- und Informationsgesellschaft zu definieren.

**Die Grenzen des Wachstums**
Bericht an den Club of Rome zur Lage der Menschheit
von Dennis u. Donella Meadows, Erich Zahn und Peter Milling
Erschienen 1972

Der erste Bericht an den Club of Rome, *Die Grenzen des Wachstums*,
war das erste Weltmodell größeren Stils, das mit Computerhilfe
zustande kam. Dabei war nicht nur der Einsatz eines
«Elektronenhirns» zur Erstellung von Zukunftsprognosen ein
Novum, sondern insbesondere auch der Versuch, Systemanalyse mit
der Verarbeitung vorhandener Datenbestände zu verbinden. Die aus
dem Programm *World Dynamics* von dessen Ersteller Jay Forrester
entwickelte Software *World 3* war sowohl technische als auch wissenschaftliche Grundlage für die Realisierung des Berichtes *Die
Grenzen des Wachstums*. Das Schema, nach dem solche Prognosen
erstellt werden, ist bis heute im wesentlichen gleich geblieben.

Forrester ging von der grundlegenden Bedeutung einiger welt-
umspannender Zusammenhänge aus. Aus Bevölkerungswachstum
resultieren unter anderem verstärkte Nahrungsmittelproduktion
und Industrialisierung, zudem die Besiedlung von mehr Land. Diese
Aspekte begünstigen wiederum weitere Bevölkerungszunahme.
Jeder Einfluß kann in einer solchen Konstellation die Entwicklung
eines oder mehrerer anderer Bereiche – natürlich in unterschiedli-
chem Ausmaß – beeinflussen. Forrester sah in der Rohstoff-
knappheit, dem nur endlich zur Verfügung stehenden Land und der
begrenzten Fähigkeit der Natur, die aus menschlichen Aktivitäten
resultierenden Abfallprodukte abzubauen, die wichtigsten
Störfaktoren der vernetzten Regelkreise. Er forderte daher einen
weltweiten Gleichgewichtszustand anstelle von fortgesetztem dyna-
mischem Wachstum.

Für *Die Grenzen des Wachstums* wurden zunächst Grundannahmen über die zukünftige Entwicklung formuliert. Subjektive
Ansichten wie zum Beispiel weltanschauliche Aspekte können hier
bereits richtungsweisenden Charakter haben, denn das vom
Computer errechnete Ergebnis kann nur so objektiv sein wie die
Daten, mit denen er gefüttert worden ist. Sodann werden besonders
wichtige Problembereiche gegenüber solchen, die als weniger wich-

tig oder gar vernachlässigbar erscheinen, abgegrenzt. Die einzelnen Problembereiche bekommen nun Parameter zugeordnet, zum Beispiel der Bereich Bevölkerung, Fruchtbarkeits- und Sterberaten. Diese werden mit den Parametern anderer Bereiche – in diesem Fall bieten sich die Beispiele Nahrungsmittelproduktion und Energie an – in Beziehung zueinander gesetzt.

Die Beziehungen zwischen den Parametern werden in mathematische Formeln «übersetzt», mit denen der Computer arbeiten kann. Die nun «einzufütternden» Daten stammen oftmals aus sehr verschiedenen Statistiken und müssen zunächst auf gemeinsame Bezugsgrößen hin umgerechnet sowie «Datenlücken» durch Forschung oder notfalls Schätzungen gefüllt werden. Zum Testlauf bietet sich die Rekonstruktion vergangener Entwicklungen an: Daten beispielsweise von 1950 werden eingegeben, um eine «Prognose» für 1970 zu erstellen, die mit der tatsächlichen Entwicklung verglichen wird. Bei inakzeptablen Abweichungen kann nun Fehlersuche betrieben werden.

Hier besteht die Chance zu ermitteln, welche Parameter-Veränderungen welche Auswirkungen auf die Hochrechnung haben. Anschließend wird die eigentliche Hochrechnung durchgeführt. Die Resultate müssen keineswegs identisch mit den Endergebnissen sein.

Mitunter ergeben Analysen die Notwendigkeit, Vor- und Grundannahmen sowie die Modellstruktur zu ändern. Wenn dies der Fall ist, erfolgen eine oder mehrere weitere Hochrechnungen. Der letzte Schritt besteht in der Darstellung und Interpretation der Ergebnisse.

Der Auftrag des Teams vom Massachusetts Institute of Technology (MIT) bestand darin, die Entwicklung in den für die Menschheit wesentlichen Bereichen für die nächsten hundert Jahre zu prognostizieren. Zwar war den Mitgliedern des Teams klar, daß dies nur annäherungsweise möglich sein würde.

Doch sollte die Arbeit an der Studie auch zur Verbesserung der Methode dienen. Davon abgesehen blieb keine Zeit zu warten, bis ein perfektes Modell zur Verfügung stand. Hier die Schlußfolgerungen in Kürze:

1. Wenn die gegenwärtige Zunahme der Weltbevölkerung, der Industrialisierung, der Umweltverschmutzung, der Nahrungsmittelproduktion und der Ausbeutung von natürlichen Rohstoffen unverändert anhält, werden die absoluten Wachstumsgrenzen auf der Erde im Laufe der nächsten hundert Jahre erreicht. Mit großer Wahrscheinlichkeit führt dies zu einem ziemlich raschen und nicht aufhaltbaren Absinken der Bevölkerungszahl und der industriellen Kapazität.
2. Es scheint möglich, die Wachstumstendenzen zu ändern und einen ökologischen und wirtschaftlichen Gleichgewichtszustand herbeizuführen, der auch in weiterer Zukunft aufrechterhalten werden kann. Er könnte auf diese Weise erreicht werden, daß die materiellen Lebensgrundlagen für jeden Menschen auf der Erde sichergestellt sind und noch immer Spielraum bleibt, individuelle menschliche Fähigkeiten zu nutzen und persönliche Ziele zu erreichen.
3. Je eher die Menschheit sich entschließt, diesen Gleichgewichtszustand herzustellen, und je rascher sie damit beginnt, um so größer sind die Chancen, daß sie ihn auch erreicht.

Mit einem Satz: Macht sich die Völkergemeinschaft nicht schleunigst daran, einen Gleichgewichtszustand herzustellen, wird sich die Zahl der Menschen noch vor Beginn des 22. Jahrhunderts plötzlich und drastisch vermindern, weil die natürlichen Lebensgrundlagen weitgehend zerstört sind.

Unterstützt durch zahlreiche Graphiken werden in dem Buch Zusammenhänge und Wechselwirkungen erläutert. 99 Parameter sind zur Erstellung des Modells verwendet worden. Auf das Bevölkerungswachstum bezogen hat das Team um Dennis Meadows einen neuen Begriff eingeführt: Da sich nicht nur immer mehr Menschen in Verdopplungsschritten – also exponentiell – vermehrten, sondern dies auch noch mit einer steigenden Wachstumsrate geschehe (1650: 0,3 Prozent, 1970: 2,1 Prozent), handele es sich hier um ein «super-exponentielles» Wachstum.

Dabei werde die Schere zwischen armen und reichen Ländern immer weiter auseinanderklaffen. Schon während der Arbeit an dem Weltmodell hätte die Fläche bebaubaren Landes auf der Welt nicht ausgereicht, um alle Menschen so gut zu ernähren wie US-Bürger. Aber auch den reichen Industrieländern werde es immer schlechter gehen, denn die meisten nicht regenerierbaren Rohstoffe, prognostizierte das MIT-Team, werden in hundert Jahren extrem teuer sein, «und zwar selbst unter den optimistischen Annahmen von neuentdeckten Lagerstätten, technischem Fortschritt, der Wiederverwendung und dem Gebrauch geeigneter Ersatzstoffe.» Während nützliche Stoffe knapp werden, nehmen gefährliche überhand: «Praktisch jeder Schadstoff, dessen Konzentration über eine gewisse Zeit gemessen wurde, scheint exponentiell zuzunehmen», betonen die MIT-Wissenschaftler. So sei etwa der Bleiniederschlag auf Grönland seit 1940 um 300 Prozent gestiegen. Auch Klimaveränderungen aufgrund menschlicher Einflüsse waren den Weltmodell-Erstellern bereits damals kein Geheimnis. In einem Versuch simulierten die Wissenschaftler, daß mit Hilfe der Kernenergie vorhandene Rohstoffvorräte doppelt so gut wie bisher genutzt und eine Wiederverwertung bzw. der Ersatz von Rohstoffen möglich würde. Das interessante Ergebnis: Die Umweltverschmutzung würde Dimensionen annehmen, die ein abruptes Abnehmen der Weltbevölkerung zur Folge hätten.

Zum Thema Wachstum benutzen die Autoren der Studie ein Beispiel: «Die Walfänger haben einen Grenzwert nach dem anderen erreicht und stets versucht, diese Begrenzungen durch den Einsatz noch größerer technologischer Hilfsmittel zu durchbrechen. Sie haben eine Walart nach der anderen ausgerottet. Das Endergebnis dieser Haltung, die Wachstum um jeden Preis verlangt, kann nur die totale Ausrottung aller Walarten und der Walfänger selbst sein.» Zu ihrer eigenen Stellung zur Technologie zitieren die MIT-Wissenschaftler einen Wahlspruch der amerikanischen Umweltschutzorganisation Sierra Club: «Keine blinde Opposition gegen Fortschritt, aber Opposition gegen blinden Fortschritt.»

Wie ein Gleichgewicht zu erreichen ist? – Die Antwort der Autoren lautet: Wenn Abfälle wiederverwertet werden, Investitionsgüter und andere Kapitalarten länger genutzt und unfruchtbare oder erodierte Flächen für die Landwirtschaft gewonnen werden, die industrielle Produktion zugunsten der Herstellung von Nahrungsmitteln gedrosselt sowie die Umweltverschmutzung unter

Kontrolle gehalten wird, ist Nachhaltigkeit zu erreichen. Es gäbe dann immer noch doppelt soviel Lebensmittel pro Kopf wie 1970. Die Industrieproduktion wäre gar dreimal so hoch wie zur Zeit, als die Studie entstand. Wenn die Stabilisierungsmaßnahmen jedoch erst im Jahr 2000 eingeführt würden, ließe sich ein Gleich-gewichts-zustand bereits nicht mehr herstellen, warnten Meadows und seine Leute damals.

Für den Fall des Zusammenbruchs befürchteten sie: «Möglicherweise würde die Fähigkeit der Erde zur Aufrechterhaltung von Fauna und Flora erhalten bleiben, sie könnte aber auch stark vermindert oder gar vernichtet werden. Mit Sicherheit besäßen die überlebenden Reste der Menschheit nicht mehr sehr viel, um eine neue Form der Gesellschaft, die noch unseren Vorstellungen zugänglich ist, aufzubauen.» Dennis Meadows und sein Team waren nach Abschluß ihrer Arbeit an *Die Grenzen des Wachstums* gleichwohl der Ansicht, daß die Menschheit sich aufraffen werde, eine solche Zukunft zu verhindern, denn «schließlich steht der Mensch nicht nur vor der Frage, ob er als biologische Spezies überleben wird, sondern ob er wird überleben können, ohne den Rückfall in eine Existenzform, die nicht lebenswert erscheint.»

# Innenansichten

## Der Club

In der *Brockhaus*-Enzyklopädie heißt es zum Stichwort Club: «gesellschaftl. Vereinigung» und «engl. Bez. der Spielkartenfarbe Kreuz (Treff)». Es gibt noch einen Querverweis auf die deutsche Schreibweise «Klub». Darunter ist in dem Lexikon zu lesen: «Freiwillige Vereinigung zur Pflege best. Interessen mit fester Mitgliedschaft. Geselliger Kontakt zw. Mitgl. im Klubhaus ist meist wesentlich. Die Mitgl. entstammen best. Sozial- oder Interessengruppen. Das Klubwesen kam in England im 16. Jh. auf und ist dort heute noch am ausgeprägtesten. – In der Gegenwart sind manche K. unter Aufgabe ihrer sozialen Exklusivität zu Massenorganisationen geworden.»

Der «Club of Rome» im *Brockhaus*: «informeller Zusammenschluß von Wirtschaftsführern, Politikern und Wissenschaftlern aus über 30 Ländern, gegr. 1968 in Rom auf Anregung des italien. Industriellen Aurelio Peccei. Ziel: Erforschung von Ursachen und inneren Zusammenhängen der Menschheitsprobleme, v.a. der wirtschaftl., polit., ökolog., sozialen und demograph. Situation der Menschheit, unter der Annahme, daß die Zukunft der Menschheit wesentlich von der Schaffung weltweiter sozialer Gerechtigkeit, Gewährleistung der Menschenrechte und Harmonie zw. Mensch und Umwelt abhängig sei. Hierbei spielt auch die Einflußnahme auf polit. Entscheidungsträger im Hinblick auf die ‹Regierbarkeit der Welt› eine große Rolle.» Es folgt eine Aufzählung der Berichte an den Club of Rome und der Hinweis, daß dieser 1973 den Friedenspreis des Deutschen Buchhandels erhalten hat. – Abgesehen davon, daß die Rolle von Alexander King ebenso übersehen worden ist wie die Tatsache, daß Politiker entweder ihre Club-Mitgliedschaft ruhen lassen müssen, oder allenfalls als Ehrenmitglieder in Frage kommen, liefert der *Brockhaus* eine passable Darstellung. Dabei gehört der Club of Rome eindeutig nicht zu den «Klubs», die «unter Aufgabe ihrer Exklusivität zu Massenorganisationen geworden» sind. Er ist eine wahrhaft pluralistische, nachweislich exklusive Organisation, die sich gleichwohl nur selten zu klaren politischen Positionen durchringt. Manche Mitglieder halten das für richtig, andere für dringend änderungsbedürftig.

Wie sieht der Zirkel sich organisatorisch nun selbst? Dazu ein Blick in die Statuten, die offiziell bei der Präfektur von Paris hinterlegt sind: Gleich zu Beginn ist festgelegt, daß der Club of Rome eine Non-Profit-Organisation ist, also keine wirtschaftlichen Gewinne anstrebt. Unter Punkt 2 ist der Status der Mitglieder geregelt:

**Aktive Mitglieder** sind demnach «physische Personen, deren Anzahl auf 100 limitiert ist. Sie repräsentieren eine große Vielfalt an Kultur und beruflicher Erfahrung. Es ist diese Mannigfaltigkeit, die die Originalität und den Reichtum des Clubs ausmachen.» Diese Mitglieder werden, so ist weiter festgelegt, vom Exekutiv-Komitee ausgewählt. Vorschläge können von jedem Mitglied gemacht werden. Das Minimum des Mitgliedsbeitrages wird ebenfalls vom Exekutiv-Komitee festgelegt. (Es liegt zur Zeit bei 500 US-Dollar, Anm. J.S.) «Das Ende der Mitgliedschaft tritt für jene Personen ein, die

–   in einem an das Exekutiv-Komitee gerichteten Brief ihren Rücktritt erklären» oder
–   «vom Exekutiv-Komitee ersucht werden, sich zurückzuziehen, weil sie, aus beruflichen oder persönlichen Gründen nicht mehr zu den Aktivitäten des Club of Rome beitragen können.» Aktive Mitglieder werden von den Club-Aktionen «suspendiert», heißt es weiter, «wenn sie in hohe politische Funktionen, ministerielle oder andere, berufen werden», und zwar so lange, wie sie das politische Mandat innehaben.

**Ehrenmitglieder** hingegen sind «Personen, deren hohe Funktionen, Ansehen, Arbeiten oder Aktionen zur Bekanntheit des Club of Rome beitragen oder dessen Aktionen unterstützen. Sie werden auf Initiative des Exekutiv-Komitees eingeladen. Ihre Anzahl ist nicht limitiert. Sie können freiwillig zum Budget des Club of Rome beitragen, ohne daß dies in irgendeiner Weise obligatorisch wäre.»

**Assoziierte Mitglieder** «sind physische Personen, die sich für die Aufgaben des Clubs interessieren und dazu beitragen möchten. Entweder unternehmen diese Personen selbst Schritte, dem Club beizutreten, oder sie werden von anderen Mitgliedern vorgeschlagen. Das Exekutiv-Komitee akzeptiert diese Begehren oder lehnt sie ab.» Die Mitglieder können, wenn sie dies wünschen, in den Status eines assoziierten Mitgliedes wechseln. Auch das Exekutiv-Komitee kann einen solchen Übergang veranlassen. Mitglieder, die sich aus welchen Gründen auch immer nur noch begrenzt einbringen können, müssen den Club also nicht unbedingt ganz verlassen. Auch die assoziierten Mitglieder haben einen finanziellen Beitrag zu leisten.

**Institutionelle Mitglieder** «sind juristische Personen – Organisationen, Institutionen, Stiftungen und Unternehmen, die ähnliche Ziele wie der Club of Rome verfolgen und sich mit bestimmten seiner Aufgaben durch Hilfestellungen assoziieren möchten.» Solche institutionellen Mitglieder können auf Vorschlag von Mitgliedern vom Exekutiv-Komitee aufgenommen oder abgelehnt werden. Finanzielle Beiträge zu den Aktivitäten des Club of Rome werden gesondert geregelt.

**Nationale Sektionen**, dazu heißt es in den Statuten: «Um seine Devise ‹Global denken, lokal handeln› praktisch umzusetzen, verfügt der Club of Rome weltweit bereits über 30 nationale Sektionen. Deren Mitglieder sind Wissenschaftler, Ökonomen, Soziologen, Experten der sozialen und politischen Wissenschaften, Unternehmer, Studenten, Jugendgruppenführer, Nicht-Regierungsorganisationen, etc.» Die «Hauptmissionen» der nationalen Sektionen bestehen darin,

- «den Club of Rome über die Entwicklung von Problemen im Land und der Region zu informieren;
- als Relais für Ideen, Überlegungen und Aktionen des Clubs zu dienen;
- Initiativen und Projekte zu starten, die lokale Probleme lösen sollen oder zu Studien des Clubs beitragen und
- Aktivitäten des Club of Rome wie Konferenzen, Studien und diverse andere Projekte zu unterstützen.»

**Exekutivkomitee:** Die zwölf Mitglieder des Exekutivkomitees werden vom Präsidenten unter besonderer Berücksichtigung der folgenden Kriterien vorgeschlagen: berufliche Erfahrung, Verfügbarkeit, geographische Verteilung sowie ideologische Vielfalt. «Das Exekutivkomitee», heißt es in den Statuten, «ist für die Leitung des Clubs und für alle Entscheidungen, die sein Gedeihen betreffen, verantwortlich.» Der Präsident ruft es mindestens zweimal jährlich zusammen. Die Komitee-Mitglieder werden für jeweils vier Jahre bestimmt und können nur einmal wiedergewählt werden.

Das Exekutivkomitee wählt sowohl den Präsidenten als auch den Generalsekretär für jeweils drei Jahre. Beide können mehrfach wiedergewählt werden.

**Der Rat** besteht aus fünf bis sieben dem Exekutivkomitee angehörenden Mitgliedern und wird von diesen bestimmt. Die Ratsmitglieder treffen sich mindestens vierteljährlich – mitunter öfter – und stehen in ständigem Kontakt zueinander. Sie wickeln die Alltagsarbeit des Clubs ab und bereiten die Sitzungen des Exekutivkomitees vor.

**Die Finanzen:** Die Mittel, mit denen der Club seine Kosten bestreitet, kommen aus verschiedenen Quellen. Da sind zum einen die Mitgliedsbeiträge sowie die Gelder, die dem Club von seinen nationalen Sektionen zufließen. Die deutsche Sektion unterhält hierfür den Freundeskreis «Deutsche Gesellschaft Club of Rome», dem jeder beitreten kann, um die Arbeit der Organisation mit regelmäßigen Spenden in frei gewählter Höhe zu unterstützen. Weiterhin erhält der Club Gelder von den institutionellen Mitgliedern, aber auch anderen Vereinen, Stiftungen etc. Hinzu kommen Verlagstantiemen für die Publikationen des Clubs. Für das Sammeln und Verwalten der Gelder ist eigens eine unabhängige Stiftung mit Sitz in Luxemburg gegründet worden. Große Konferenzen werden zumeist mit Hilfe von Sponsoren finanziert.

# Besuch des Generalsekretariats in Paris

Wer den öffentlichen Personennahverkehr in und um Köln gewohnt ist, fühlt sich in Paris wie in einer anderen Welt. Man muß nicht einmal die Landessprache beherrschen, um den Linienplan der Metro zu verstehen, braucht an keiner Station mehr als wenige Minuten auf die nächste Bahn zu warten, kommt zu Preisen innerhalb der Riesenstadt von A nach B, für die es in Köln nicht mal ein Kurzstrecken-Ticket gibt, zahlbar an modernen Automaten in allen denkbaren Varianten.

Seit vielen Jahren warnt der Club of Rome vor von Menschen verursachten Klimaveränderungen; Verkehrsinfarkte sind absehbar. Im zusammenwachsenden Europa sind die Städte Köln und Paris mit ihren 500 Kilometern Distanz beinahe Nachbarn. Doch in der zukunftsträchtigen Frage des öffentlichen Personennahverkehrs liegen Welten zwischen der Rhein- und der Seine-Metropole.

Nach einer Nachtreise mit dem Zug ist die Weiterfahrt zum Platz Trocadero nur noch ein Katzensprung. Avenue d'Eylau – das ist diejenige der vom Platz Trocadero sternförmig ausgehenden Straßen, von der aus man den für Postkarten am besten geeigneten Blick auf den Eiffelturm hat. Eine exklusive Wohngegend. Der repräsentative Eingang des Hauses Nr. 34 ist durch ein Gitter verschlossen. Ein Nebeneingang führt erst recht in die Irre – in Hinterhöfe und Häuser, deren Bewohner vom «Club de Rome», neben dessen Generalsekretariat sie wohnen, noch nichts gehört haben. Wartet man, bis vorne zufällig jemand das Gittertor öffnet, dann erst findet man dahinter die Klingel mit der Aufschrift «Club de Rome».

Am Eingang empfängt mich die einzige vom Club bezahlte Kraft, die Sekretärin, und bittet mich um ein paar Minuten Geduld. Nachdem Bertrand Schneider kurz darauf ein anderes Gespräch beendet hat, begrüßt er mich freundlich und bringt mich in sein Büro. Der Schreibtisch des Generalsekretärs steht in einem Raum, der auch für kleinere Konferenzen ausgestattet ist. Das Zimmer ist gediegen, aber keineswegs protzig. Die hohen Decken sind stuckverziert, die Möbel modern. An den Wänden hängen großformatige Bilder, auf dem Kaminsims stehen große Fotografien von Aurelio

Peccei und Alexander King. Nachdem ich das Konzept meines Buches erörtert und wir über Schneiders Lebenslauf (Biographie siehe S. 107) geredet haben, trage ich ihm die Kritikpunkte am Club of Rome vor, die mir während meiner Recherchen begegnet sind. Ich nenne die Stichworte «Alters- und Geschlechtsstruktur der Mitgliederschaft». Dazu Bertrand Schneider: «Seit 1985 haben wir neunzig Prozent unserer Mitglieder ausgetauscht. Wer nicht in der Lage dazu war oder aus sonstigen Gründen nicht aktiv mitgearbeitet hat, den haben wir gebeten, seine Mitgliedschaft zu beenden.» Manche seien auf den Status assoziierter Mitglieder zurückgegangen, teilweise aber auch das nur vorübergehend. Dieser Prozeß sei auch eine Verjüngungskur gewesen, außerdem gehörten dem Club of Rome mittlerweile zwölf Frauen an, Tendenz steigend. Davon abgesehen berufe der Club nur Personen in seinen Kreis, die bereits so profiliert sind, daß sie die Mitgliedschaft in dem berühmten Zirkel zur eigenen Profilierung nicht nötig haben. Einen solchen Stand erreiche natürlich niemand in ganz jungen Jahren. Dennoch sei Daniel Goeudevert beispielsweise bei seiner Berufung in den Club «erst» 47 Jahre alt gewesen. Und verglichen mit anderen Organisationen, findet Schneider, sei die Frauenquote gar nicht so schlecht. Es sei leider so, daß Frauen in gehobenen Positionen noch unterrepräsentiert sind, doch das müsse sich ändern.

Zur Kernenergiefrage faßt Schneider noch einmal seine in *Die erste globale Revolution* vertretene Ansicht zusammen, die Menschheit müsse sich, um der drohenden Klimakatastrophe zu begegnen, die Option auf Atomstrom offenhalten (siehe dazu im 3. Kapitel S. 146). Konfrontiert mit der Darstellung des inzwischen verstorbenen Exekutivkomitee-Mitgliedes Eduard Pestel, daß Gegner der Kernenergie Menschen seien, «die von frühester Kindheit an den Weg zum Neurotiker gegangen sind», verzieht Schneider, der beteuert, mit Pestel befreundet gewesen zu sein, allerdings das Gesicht. Es herrsche zur Frage der Nutzung der Atomenergie im Club keinesfalls Einvernehmen. Prinz Saddrudin Aga Khan zum Beispiel habe aufgrund der diesbezüglichen Aussagen in *Die erste globale Revolution* seine Ehrenmitgliedschaft aufgekündigt. Schneider findet, man müsse mit dem Thema sachlich umgehen, und er tue das auch.

Im Zusammenhang mit der Klimafrage erörtert Bertrand Schneider eine interessante Sichtweise, die man auch auf andere Menschheitsprobleme übertragen könne: «Wir müssen unser Verhältnis zu solchen Problemen dreigeteilt sehen. Da gibt es zum einen das, was wir wissen, zweitens das, wovon wir wissen, daß wir es nicht wissen und drittens das, wovon wir nicht einmal wissen, daß wir es nicht wissen.» Vor diesem Hintergrund untätig zu bleiben, bis man mehr weiß, sei unerträglich und führe dazu, daß eines Tages alle Maßnahmen zu spät kommen. Bezüglich der sehr lockeren Organisationsstruktur des Club of Rome gebe es, auch und insbesondere von deutschen Mitgliedern, Bestrebungen zur engeren Straffung. Der Generalsekretär ist davon nicht begeistert. An einem dann erforderlichen größeren Mitarbeiterstab ist er nicht interessiert. Der bedeute aufgeblähte Bürokratie, und die sei nicht anstrebenswert. Bisher komme er mit einer einzigen vom Club bezahlten Kraft, seiner Sekretärin, gut aus. Engpässe könnten mit zwei bis drei freien Mitarbeitern und/oder Praktikanten überwunden werden. Aufgrund des relativ geringen Mitgliedsbeitrages müßten die Verwaltungskosten niedrig gehalten werden. Schließlich hätten fast alle Mitglieder eigene Büros und Mitarbeiter.

Wichtig ist dem Generalsekretär die Feststellung, daß der Club of Rome nicht ausschließlich als Umweltschutzorganisation betrachtet wird. Die Welt werde sich schon bald so dramatisch verändern, daß nahezu jeder Bereich des menschlichen Lebens immens wichtig werde. Schneider nennt als Beispiele die Bereiche Arbeit, Menschenrechte, Sozialfragen, Wissenschaft, Medien und Freizeitgestaltung. Begriffe wie Ethik und Moral sind beim Club of Rome keine Worte, die, wie es seit den achtziger Jahren wieder modern geworden ist, belächelt werden. Hier wird in größeren Zeitzusammenhängen gedacht.

Nach knapp zwei Stunden haben wir gegenseitig alle uns wichtigen Fragen beantwortet. Im Fax- und Internet-Zeitalter läßt sich alles weitere schließlich leicht vertiefen. Mir ging es ums Kennenlernen – des Generalsekretärs und der Zentrale des Clubs. Bertrand Schneider, der mein Vater sein könnte, hilft mir beim Zuquetschen meines Aktenkoffers und ins Jackett. - Er ist eben ganz Diplomat. Als ich das Gebäude Avenue d'Eylau Nr. 34 verlasse und mich auf den Weg zur nahegelegenen Metro-Station mache, denke ich darüber nach, was es für einen Umweltjournalisten noch alles in der Club-Zentrale zu recherchieren gäbe, Bertrand Schneider mir noch hätte berichten können. Es ist ein Kuriosum: Einerseits müssen die drängendsten Probleme der Menschheit so schnell wie möglich gelöst werden. Andererseits ist der Club of Rome, der darauf früh und deutlich hingewiesen hat, auf kurzfristige Medienerfolge weder erpicht noch angewiesen. Aus dem Alter ist er heraus. Doch was nützen «ausgewachsene» Denkerzirkel, die mit den Medien gelassen umgehen, wenn viele Entscheidungsträger in Politik und Wirtschaft nicht «erwachsen» genug mit ihrer Verantwortung für dauerhafte Lösungen umgehen? – Vielleicht sollte der Club of Rome doch offensiver sein.

# Der Club of Rome aus Sicht eines Mitgliedes
Von Uwe Möller

Der Diplom-Volkswirt Uwe Möller (Biographie S. 104), Direktor von HAUS RISSEN, Internationales Institut für Politik und Wirtschaft, ist seit 1988 Mitglied des Club of Rome. Er ist Vorsitzender der Deutschen Gesellschaft Club of Rome.

Die Gründerväter des Club of Rome haben besonderen Wert darauf gelegt, daß dieser den Charakter einer Nicht-Organisation hat. Das heißt unter anderem: Auf Formalien wurde von Anfang an wenig Wert gelegt. Die meisten Mitglieder kennen sich persönlich, in erster Linie von den jährlichen Konferenzen, aber auch von der gemeinsamen Arbeit an Projekten im Rahmen der Aktivitäten des Club of Rome, durchaus aber auch von außerhalb.

Inzwischen wird diskutiert, ob man sich nicht festere Organisationsstrukturen geben sollte. In einer Zeit, in der der Öffentlichkeit zunehmend deutlich wird, daß die mit der grundlegenden Studie des Club of Rome aus dem Jahr 1972 (*Die Grenzen des Wachstums*) angeschnittenen Fragen hinsichtlich der Zukunftssicherung der Menschheit aktueller und drängender sind denn je, wachsen auch die Erwartungen, daß vom Club of Rome neue Orientierungen vermittelt werden. So hört man häufig: «Was meint der Club of Rome dazu, welche Vorschläge und Vorstellungen wenn nicht gar Rezepte kann er für die Lösung der existentiellen Menschheitsprobleme anbieten?»

So gibt es auf der einen Seite Ansprüche und Erwartungen, die vom Club of Rome angesichts der Komplexität der Weltproblematik nicht erfüllt werden können, die von ihm aber trotzdem und gerade deshalb verstärktes Engagement und Zukunftsvisionen für die Menschheit verlangen. Andererseits gibt es nicht unerhebliche Kritik, die darin gipfelt, daß der Club of Rome erheblich an Bedeutung eingebüßt hat, daß seit der Studie *Die Grenzen des Wachstums* keine vergleichbar bedeutsamen Ideen zum Tragen gekommen seien.

Wenn es das Verdienst des Club of Rome Ende der sechziger Jahre und Anfang der siebziger Jahre war, das Bewußtsein für die

Zukunftsprobleme angesichts begrenzter Ressourcen geweckt zu haben, so ist zweifellos richtig, daß solche epochalen Zäsuren im Denken der Menschheit nicht am laufenden Band produziert werden können. Es ist auch unvermeidlich, daß der Club of Rome – relativ – an Bedeutung einbüßt, denn er hat ja mit seinem radikalen Denkvorstoß eine Fülle von Institutionen im Bereich von Wissenschaft und Forschung veranlaßt, sich ebenfalls dieser Thematik zuzuwenden – Institutionen, die über erhebliche finanzielle und wissenschaftliche Ressourcen verfügen und daher auch umfangreiche und qualitativ vorzügliche Studien zu den Zukunftsfragen der Menschheit erstellen können. Dies ist nur zu begrüßen und wurde vom Club of Rome auch stets gewürdigt.

Natürlich verfügt der Club of Rome in seiner Konstruktion als relativ lockere internationale Vereinigung in keiner Weise über vergleichbare Ressourcen und hat diese auch nie angestrebt. Trotzdem hat der Club of Rome in dem Geflecht zukunftsorientierter Institutionen aber weiterhin seine besondere Bedeutung, liegt seine Stärke doch darin, daß sich in ihm bis zu hundert Persönlichkeiten aus fünf Kontinenten, aus unterschiedlichen Kultur- und Zivilisationskreisen sowie aus fast allen für Zukunftsfragen relevanten Disziplinen und Professionen vereinigen. Jedes Mitglied weiß sich jenseits seiner institutionellen Einbindung und intellektuellen Prägung der gemeinsamen Weltsicht des Club of Rome verbunden. Aus dieser Konstellation ergibt sich ein besonders fruchtbarer Dialog, und es entstehen viele Denkanstöße, die der Club of Rome aufgrund seiner begrenzten Ressourcen nicht immer selbst in spektakuläre Studien oder Projekte einfließen lassen kann. Aber er wird auch weiterhin mit seinen Ideen befruchtend nach außen wirken und dazu das große und vielfältige Netzwerk von Verbindungen nutzen, über das seine Mitglieder in wichtigen Gremien und Institutionen in der internationalen wissenschaftlichen, kulturellen, wirtschaftlichen und politischen Gesellschaft verfügen.

Nicht zuletzt daran wird deutlich, wo auch der besondere persönliche Anreiz für die Mitgliedschaft im Club of Rome liegt: nicht nur, daß man vielfältige Anregungen für die eigene Arbeit erhält, sondern – darin sind sich alle Mitglieder einig – daß es gilt, Verstand und Herzen der Menschen für eine veränderte Einstellung gegenüber den materiellen Ressourcen zu gewinnen. Mit der Autorität des Club of Rome im Hintergrund ist es leichter, dieser Botschaft in der Öffentlichkeit Nachdruck zu verleihen.

Wenn gegenwärtig Bemühungen unternommen werden, die bisher dürftige materielle Basis des Club of Rome zu verbessern, dann geht es dabei nicht darum, mit anderen großen und sehr potenten Zukunftsforschungseinrichtungen zu konkurrieren, sondern vielmehr darum, einen relativ bescheidenen, aber sicheren Rahmen für die Arbeit des Clubs zu schaffen, damit er im geistig-politischen Ringen um die Zukunftssicherung der Menschheit auch weiterhin seine besondere Rolle spielen kann. Dabei sind die Mitglieder des Clubs sich darüber im klaren, daß sie sich besonders um die Aufnahme jüngerer Mitglieder bemühen müssen, vor allem auch um Frauen. Aber auch das ist eine Aufgabe, vor der fast alle gewachsenen Gremien stehen.

Im Club of Rome wird sie tatkräftig angepackt. So gibt es inzwischen zwölf Frauen in seinen Reihen.

Entsprechend der Devise des Clubs «Global denken, lokal handeln» wird ein nicht unwesentlicher Teil der Arbeit von den inzwischen 26 (es sind tatsächlich nicht 30, wie es in den Statuten des Clubs heißt; Anm. J.S.) nationalen Sektionen geleistet. Diesen Gruppierungen gehören neben den jeweiligen Club-Mitgliedern weitere Persönlichkeiten aus den betreffenden Ländern an. Sie haben sich zum Ziel gesetzt, die Ideen und Arbeiten des Club of Rome der interessierten Öffentlichkeit in ihren Ländern nahezubringen, vor allem aber führende Vertreter aus Wissenschaft, Wirtschaft, Verwaltung und Politik zu einem konstruktiven Meinungsaustausch über die Zukunftsfragen der Menschheit zusammenzuführen. Darüber hinaus ergeben sich aus den Aktivitäten der nationalen Gruppen auch vielfältige Anregungen für die Arbeit des Club of Rome.

Die Deutsche Gesellschaft Club of Rome wurde 1978 von Eduard Pestel, einem der frühen Mitglieder des Clubs, in HAUS RISSEN – Internationales Institut für Politik und Wirtschaft – ins Leben gerufen. Eduard Pestel war damals Vorsitzender von HAUS RISSEN, das sich seit seiner Gründung im Jahre 1954 sehr intensiv mit globalen Zukunftsfragen der Menschheit beschäftigt. Die Deutsche Gesellschaft Club of Rome versucht mittels Fachkolloquien und einer Vielfalt von Informationsseminaren die Ideen des Club of Rome sowohl in die Fachwelt wie auch in die breite Öffentlichkeit zu tragen. Es findet vor allem eine enge Kooperation mit den nationalen Sektionen im östlichen Mitteleuropa statt.

Und was bewegt gegenwärtig die Deutsche Gesellschaft Club of Rome? Um welche Botschaft bemüht sie sich?

Zunächst gilt es wie immer deutlich zu machen, daß die begrenzten Ressourcen dieses Planeten es nicht zulassen, den von den westlichen Gesellschaften entwickelten Zivilisationsstandard auf die immer noch wachsenden Menschenmassen in der Dritten Welt zu übertragen. Was für gegenwärtig 1,5 Milliarden Menschen in den wirtschaftlich entwickelten Regionen Nordamerikas, Westeuropas und im pazifischen Raum selbstverständlich ist, kann so nicht Wirklichkeit werden für acht Milliarden Menschen, die im Jahre 2025 in der Dritten Welt leben werden. Allerdings werden auch sie Ansprüche anmelden, die sich am Lebensstandard der Reichen orientieren.

Wir benötigen daher revolutionäre technologische Durchbrüche – und zwar möglichst schnell –, die einen ressourcenschonenden Konsum zulassen. Aber nicht alle Probleme werden sich mit neuen Technologien, mit neuen Produkten und Verfahren lösen lassen. Wir benötigen auch eine neue Konsumethik.

Will die Menschheit überleben, bedarf es also einer neuen Ökonomie, die auf der Angebotsseite mit neuen ressourcen- und umweltschonenden Technologien aufwartet, auf der Nachfrageseite neue Werthaltungen hinsichtlich Konsum und Lebensstil verlangt. Und wir müssen möglichst schnell diese neuen Standards entwickeln. Vollziehen wir diesen fundamentalen Wechsel nicht, der angesichts des Zeitdrucks und seiner Dimension zu Recht das Prädikat «globale ökologische Revolution» erhalten hat, und bieten damit der Menschheit keine neuen gangbaren Wege, so marschieren wir in eine große Katastrophe.

Die Menschheit benötigt für diese gewaltige Aufgabe alle ihre geistig-wissenschaftlichen wie technologisch-wirtschaftlichen Ressourcen, um überhaupt eine nicht allzu harte Landung sicherzustellen, doch ist es äußerst bedenklich, daß für dieses große Unterfangen die unverzichtbaren friedlichen Rahmenbedingungen fehlen.

Die Weltkarte zeigt eine Vielzahl von Konflikten, die mit großer Härte und Brutalität geführt werden, die nicht nur Leid über viele Menschen bringen, sondern in vielen Regionen der Welt die ohnehin knappen, für den Aufbau so dringend benötigten Ressourcen an politisch-administrativen Strukturen, technisch-ökonomischen Potentialen sowie menschliches Knowhow zerstören. Wir müssen uns daher auf Schadensbegrenzung und Krisenszenarien einstellen.

Um solchen Entwicklungen etwas entgegenzusetzen, sind internationale Vereinigungen wie der Club of Rome als Mahner und Inspiratoren unverzichtbar. Seine Mitglieder sind sich dieser Verantwortung bewußt.

# Zeichen der Hoffnung in Sicht? Die Jahrestagung 1996

*Zusammentreffen*

Miami International Airport, Ende November 1996. Seit Tagen treffen hier kleine Gruppen und Einzelpersonen ein, die eines verbindet: ihr Zielort auf der Karibikinsel Puerto Rico.

Spätnachmittag des 28. November: Ein Jet aus Frankfurt am Main ist gelandet. Einige Reisende aus der Business-Class werden von einem Angestellten des deutschen Konsulats und einem leitenden Flughafen-Angestellten bereits erwartet. Die Besatzung der Maschine, die nach dem Langstreckenflug bevorzugt abgefertigt wird, ist noch nicht durch den Zoll, da ist die Gruppe aus Europa bereits durch einen speziellen Ausgang hinausgeleitet worden.

Sie werden mit anderen Ankömmlingen zusammengeführt – im gediegenen American Airlines Admirals Club. Dort werden sie bewirtet, erhalten ihre Dokumente zurück. Stunden vor der Weiterreise sind sie bereits eingecheckt, ist ihr Gepäck weitergeleitet. Man könnte den Eindruck haben, daß ein «wohlhabendes» Syndikat seine Beziehungen hat spielen lassen. Tatsächlich handelt es sich um Mitglieder des Club of Rome, die aus aller Welt über die Drehscheibe Miami auf dem Weg nach Ponce sind. Dort findet in diesen Spätherbst-Tagen die Jahreskonferenz des Clubs statt. Einer der Sponsoren ist die Fluggesellschaft American Airlines. Der Flughafen Miami ist sozusagen fest in deren Hand.

Mit der Maschine aus Frankfurt sind Uwe Möller aus Hamburg, Felix Unger aus Salzburg, Patrick Liedtke, deutscher Mitarbeiter eines Club-Mitgliedes, angekommen. Ich begleite den Troß, um für verschiedene Medien von der Tagung zu berichten. Am Tresen des American Airlines Admirals Club treffen wir mit den Briten Brian Locke und Martin Lees, dem Ungarn Laszlo Kapolyi und dem Chilenen Manfred Max Neef sowie dessen Frau zusammen. Alle bestellen zum Scherz Getränke aus ihren jeweiligen Heimatländern. Tatsächlich kann der Admirals Club mit solchen dienen – man hatte mit so etwas gerechnet. Die Club-Mitglieder und ihre Begleiter sind hier VIPs, es soll ihnen offenbar an nichts fehlen.

So auch in der puertoricanischen Hauptstadt San Juan. In dieser Stadt, die sich um die Ausrichtung der Olympischen Spiele 2004 beworben hat, trifft die Gruppe spätabends ein. Auch gegen Mitternacht ist es hier feuchtwarm. Es warten klimatisierte Autos vor der Eingangshalle. Sie gehören zum Service des Hotels Hilton, in dem die Konferenz stattfinden wird, sind Teil von dessen Sponsoring.

Die Gäste werden ans andere Ende der Insel, die ungefähr so groß wie Nordrhein-Westfalen, bergig und sehr grün ist, gefahren. Dann endlich – für die Reisenden, die via Frankfurt gekommen sind, nach über 24 Stunden, wird im Hotel eingecheckt; auch für die Begleiter der Club-Mitglieder zu beachtlichen Sonderkonditionen. «Welcome Club of Rome» steht auf den Buttons, die alle Mitarbeiter des Hotels in den folgenden Tagen tragen.

Das Schreiben des Hotel-Geschäftsführers, das alle Mitglieder des Club of Rome – und ihre Begleiter – nebst mittelamerikanischen Süßigkeiten und einem modellierten Laubfrosch, dem puertoricanischen Nationalsymbol, als Geschenk in ihren luxuriösen Zimmern vorfinden, erweckt den Eindruck, als konferiere hier der G7-Gipfel.

Von einem «enthusiastischen Willkommen» für alle Teilnehmer an dem «historischen Ereignis» ist die Rede. Man könnte meinen, hier gehe es um übertriebenes Werben um finanzkräftige und entscheidungsgewaltige Gäste seitens einer Fluglinie, eines Hotel-Managements oder anderer Interessenten bzw. Lobbyisten.

Es lohnt sich daher ein Blick in die Anwesenheitsliste. Sie enthält Namen von Elder Statesmen wie den des ehemaligen niederländischen Ministerpräsidenten Ruud Lubbers ebenso wie die von Wissenschaftlern unterschiedlicher Fakultäten und dem von Jefim Malitikow, der einen Konzern aufgebaut hat, in dem sich Unternehmen in sämtlichen ehemaligen Sowjet-Republiken mit insgesamt 800 000 Mitarbeitern zusammengeschlossen haben. Samuel Nana-Sinkam aus dem äthiopischen Addis Abeba ist vertreten, Maria Ramirez-Ribes aus dem venezuelanischen Caracas, Keith Suter aus Sydney, Pentti Malaska aus dem finnischen Turku, Kikujiro Namba aus Tokio und viele andere. Tatsächlich sind einflußreiche Personen von allen fünf Kontinenten, aus verschiedenen Branchen und Kulturkreisen vertreten. Daß der Club of Rome eine weltbür-

gerliche Vereinigung ist, behauptet er zu Recht von sich. «Die Welt an einem Wendepunkt – Zeichen der Hoffnung» lautet dieses Mal das Tagungsmotto.

Weite Teile des Hotels darf nur betreten, wer sich mit entsprechenden Karten als ordentliches oder assoziiertes Mitglied des Club of Rome, dessen puertoricanischer Sektion, als offizieller Gast des Clubs oder akkreditierter Journalist ausweisen kann. Bis man sich vom Sehen her kennt, werden Aktenkoffer und Fototaschen von Nicht-Mitgliedern beim Betreten des Konferenzsaales überprüft.

Auch im Tagungssaal ist das Ambiente gediegen. Die Präsidiumsmitglieder sitzen vor den Fahnen der Länder, aus denen die Club-Mitglieder kommen, zwischen den im Viereck angeordneten Tischreihen ist aus verschiedenfarbigen Blumen der Schriftzug Club of Rome geformt worden.

Die ersten anderthalb Stunden sind angefüllt mit Grußworten: Außer dem Bürgermeister von Ponce und dem Präsidenten der Interamerikanischen Universität redet der ehemalige Gouverneur von Puerto Rico und Vorsitzende der puertoricanischen Sektion des Club of Rome, Rafael Hernández Colón. Es folgt ein Statement von

Club-Präsident Ricardo Diez-Hochleitner, Grußadressen aus aller Welt werden vorgelesen. Dann hat der Schirmherr der Konferenz das Wort: der spanische Thronfolger Prinz Felipe. Ursprünglich sollte US-Vizepräsident Al Gore kommen, doch der mußte zum G7-Gipfel. Die Bodyguards achten sehr darauf, daß abgesehen von den Club of Rome-Oberen niemand der Königlichen Hoheit näher als vier Meter kommt. Der Prinz selbst nimmt das nicht so genau, lächelt freundlich in Kameras und reiht sich in den Folgetagen so unauffällig wie möglich in die Warteschlange am Salatbuffet ein. Die Konferenzsprache ist Englisch, Simultanübersetzungen in Spanisch und Französisch werden auf drahtlose Kopfhörer übertragen. Die gesamte Konferenz wird von einem professionellen Team mit fünf Kameras dokumentiert.

Während der ersten Kaffeepause findet der Textilindustrielle Klaus Steilmann aus Bochum: «Jetzt ist genug ‹Guten Tag› gesagt worden, haben wir uns genug gelobt. Jetzt wird es Zeit, daß wir die Ärmel hochkrempeln und uns an die Arbeit machen.»

Doch zunächst steht ein Rückblick auf der Agenda. Zur Einstimmung wird auf Großleinwänden ein Film aus der Frühzeit des Denkerzirkels gezeigt, den Club-Generalsekretär Bertrand Schneider bei einem kanadischen Sender aufgetrieben hat.


*In Klausur*


In der Mittagspause können sich die zahlreichen Journalisten erst einmal verabschieden. Die nachmittäglichen Arbeitsgruppen und das anschließende Plenum, während derer die Club-Mitglieder vorbereitete Thesenpapiere zu aktuellen Problemen diskutieren und die Sichtweise des Zirkels dazu präzisieren, sind intern. Der Sicherheitsdienst ist konsequent: «For members only!» Daran müssen sich auch Korrespondenten von Fernsehsendern und derjenige von der *Washington Post* halten.

Zwei Ausnahmen gibt es dennoch: Der *Spiegel*-Redakteur und Buchautor Hans-Peter Martin (unter anderem *Die Globalisierungsfalle*) aus Wien darf auf Einladung des Generalsekretärs teilnehmen, ich als Gast des Präsidenten.

Sprecher der Arbeitsgruppen tragen dem Plenum – ungefähr die
Hälfte der Club-Mitglieder sind anwesend – die Ergebnisse ihrer
Besprechungen vor. Es beginnt mit Energie- und Bevölkerungs-
fragen. Es werden Fragen gestellt: Was sind die Äußerungen des
Club of Rome vor dem Hintergrund der großen UN-Konferenzen
wert? Und wäre es nicht besser, sich auf Strategien zu konzentrieren? Fachleute für Einzelprobleme habe man schließlich genug. –
Eine Diskussion, die hinter den Kulissen des Club of Rome schon
seit einiger Zeit geführt wird.


*Zwischentöne*

Widerspruch gibt es kaum, Kontroversen überhaupt nicht. Die
Diskussion aktueller Themen hat schließlich auch den Sinn, ein Mei-
nungsbild zu erhalten, auf dessen Grundlage später weitergedacht
werden soll. Auf der Jahrestagung geht es vornehmlich um grobe
Denkrichtungen, Details werden später in kleineren Fachkonferen-
zen besprochen, die übers Jahr und den Globus verteilt stattfinden.
Besondere Aufmerksamkeit genießen daher diejenigen, die Anmer-
kungen anbringen, die sich nicht unmittelbar auf Referate oder
Statements beziehen, sondern grundsätzlichere Überlegungen zum
Inhalt haben.

Eine Nadel hätte man beispielsweise fallen hören können, als der
Rektor der Universität Santiago und zwischenzeitliche chilenische
Präsidentschaftskandidat, Manfred Max Neef, warnend den
Zeigefinger hob. Als er sich auf die Konferenz vorbereitet habe, sei
er bei seiner Suche nach Zeichen der Hoffnung nicht fündig geworden. Neef erzählte dazu eine Anekdote: Als er gerade in die Schule
gekommen sei, habe er seinen Lehrer gefragt, was eigentlich Menschen von Tieren unterscheide. «Die Seele», sei die Antwort gewesen. Später sei von der Intelligenz, anschließend von der Menschlichkeit die Rede gewesen. Doch alle Antworten hätten ihn nicht
befriedigt. Dann aber, als er bereits die Universität besuchte, habe er
mit seinem Vater über die Einzigartigkeit des Menschen gesprochen.
«Versuch's mit der Dummheit», habe der geantwortet. «Wir sind die
einzig dummen Wesen auf der Welt.»

Was sich wie eine überspitzte Satire anhörte, war vollkommen ernst gemeint. Manfred Max Neef hat aus der Beschäftigung mit der Dummheit den Wissenschaftszweig Stupidology gemacht. Als er 1975 an der Universität einen entsprechenden Kurs angeboten habe, seien die Studenten zunächst von humorvollen Vorlesungen ausgegangen. Vier Veranstaltungen lang sei auch viel gelacht worden, doch von da an habe die Beschäftigung mit der Dummheit besondere Dramatik erfahren.

Während es beispielsweise lange schon Schulmeinung ist, daß ein Alkoholiker erst erkennen muß, daß er süchtig ist, bevor die Krankheit zum Stillstand gebracht werden kann, habe es sich noch nicht besonders weit herumgesprochen, daß Intelligenz und Dummheit sich gegenseitig bedingen. Von Dummheit kann natürlich nur dort gesprochen werden, wo intelligenteres Verhalten möglich wäre. – Tatsächlich, eine Maus, die in einer Falle endet, hat sich nicht dumm verhalten, wohl aber ein erwachsener Mensch, der sich die Finger in einer solchen Vorrichtung quetscht. Die Möglichkeiten des Gehirns einer Maus sind weit davon entfernt, Sinn und Funktionsweise einer Mausefalle zu erkennen. Ein menschliches Hirn ist jedoch dazu in der Lage. Hinzu kommt, daß Menschen Wissen von anderen übernehmen, also lernen. Die Fähigkeit von Mäusen dazu ist aber ausgesprochen begrenzt – andernfalls würden heute wohl kaum noch Vertreter ihrer Art in für sie aufgestellte Fallen tapsen.

Doch immer wieder, so Neef, handeln Menschen «gegen das Wissen und gegen die Informationen, die wir haben. Unser Handeln basiert auf kollektiver Dummheit.» Während die Wahrscheinlichkeit, daß im Universum eine lebende Zelle entsteht, so der chilenische Wissenschaftler weiter, derart gering gewesen sei, daß es an ein Wunder grenze, daß dies doch geschehen sei, verhielten wir uns, als seien die Auswirkungen unseren Tuns jederzeit rückgängig zu machen. Neef rechnete vor, daß insbesondere in den 40 Jahren, in denen das Wirtschaftswachstum so stark wie nie zuvor angestiegen sei, die Armut extrem zugenommen und Umweltkatastrophen sich gehäuft haben. Worum geht es also vor diesem Hintergrund bei unserem kollektiven Verhalten? – «Um die Qualität des Lebens, nicht um Neoliberalismus», schloß Neef seinen Redebeitrag, der mit viel Applaus bedacht wurde. Der Salzburger Kardiologe Felix Unger schloß sich Neefs Ausführungen mit selbstkritischen Anmerkungen an. Während der Club of Rome sich im warmen Puerto Rico treffe, sei der Tagungsraum derart klimatisiert, daß die meisten Konferenzteilnehmer schon bald, nachdem sie ihn betreten haben, frören. Das eisgekühlte Wasser aber, mit dem man sich außerhalb der klimatisierten Räume erfrische, sei energieaufwendig aus dem fernen Frankreich nach Mittelamerika transportiert worden. Außerdem liege Puerto Rico für die meisten Anwesenden nicht gerade verkehrsgünstig, was große Flugstrecken erforderlich mache. Unger regte an, daß der Club bei der Planung künftiger Konferenzen stärker auf Umweltaspekte achten solle, damit man sich nicht mitverantwortlich für die Probleme mache, die man lösen wolle.

Sowohl Neefs als auch Ungers Ausführungen gaben Jim Botkin aus Santa Fe im amerikanischen Westen Recht, was seine Forderung betraf, daß man sich über die Wissenschaft hinaus wieder verstärkt mit dem Lernen befassen solle. Botkin war Ende der siebziger Jahre einer von drei Autoren des vom Club of Rome herausgegebenen Buches *Zukunftschance Lernen – Bericht für die achtziger Jahre* (siehe S.160). Vor nunmehr über zehn Jahren sei er unter anderem von Firmen wie IBM, AT&T, General Motors und Volvo zu Vorträgen eingeladen worden. Da offenkundig schon damals starkes Interesse am Thema Lernen bestanden habe, gründete Botkin gemeinsam mit Kollegen «InterClass», The International Corporate Learning Association. Eines der aktivsten Mitglieder dieses Konsortiums sei die Weltbank. Tatsächlich hat auch anderen Autoren zufolge innerhalb der Weltbank in der jüngeren Vergangenheit eine Art «Perestroika» stattgefunden. Dies habe ihm, so Jim Botkin, Insider-Kenntnisse darüber ermöglicht, welche Frischzellenkur Transformation auf der Basis von Lernen auch für eine wichtige internationale Organisation bedeuten könnte. Eine von der Weltbank gemeinsam mit der UNESCO und dem Entwicklungsprogramm der Vereinten Nationen ausgerichtete Konferenz mit dem Titel «Building the Global Knowledge Partnership» fand wenige Wochen vor Redaktionsschluß dieses Buches in Toronto statt. Botkin appellierte an seine Club-Kollegen, daß der Club of Rome eine lernende

Organisation werden solle. Er verteilte eine gedruckte Zusammenstellung seiner Argumente, die auch die Einleitung zu seinem noch unveröffentlichten Buch *Networked Intelligence: The Business of Building Knowledge Communities in a Global Age* enthielt. Darin beschreibt Botkin, wie er in Kontakt zum Club of Rome kam. Mitte der siebziger Jahre sei er während einer Europareise eigens zu einem Seminar in Salzburg gereist, um dort Aurelio Peccei seine Meinung zu sagen. Die lautete: «Ihre Vorhersagen werden niemals Wirklichkeit werden. Ihre Modelle berücksichtigen nicht die Kreativität. Das Lernen der Menschen wird eine Rolle spielen.»

«Sehr interessant, junger Mann», antwortete Peccei Botkins Rückblick zufolge. Der Präsident des Club of Rome habe sich über die «buschigen weißen Augenbrauen auf dem tief gebräunten Gesicht mit dem erfahrenen Ausdruck» gestrichen und gefragt: «Können wir uns in Algier treffen?» – Nachdem er, Botkin, tief durchgeatmet habe, sei seine halb scherzhafte Antwort gewesen: «Klar, das liegt auf meinem Weg. An welchen Termin dachten Sie?» Darauf Peccei: «Nächste Woche. Die Frage ist nicht, ob das Lernen der Menschen eine Rolle spielt, sondern welche Art des Lernens. Und die Frage, wann es beginnt.» Jim Botkin, Kritiker des Zirkels, reiste nach Algier und war bald darauf Mitglied des Club of Rome.


*Suche nach Zeichen der Hoffnung*


Knapp 25 Jahre nach Erscheinen der *Grenzen des Wachstums* hatte sich der Club vorgenommen, nach Zeichen der Hoffnung zu suchen. Wollte der weltberühmte Mahner etwa in die Rolle desjenigen schlüpfen, der Hoffnung verbreitet? So weit ging es nicht, Warnungen und die Beschäftigung mit Teilbereichen der Weltproblematik überwogen auch auf der Jahreskonferenz 1996. Doch waren sich die Club-Mitglieder einig darin, daß es sich lohne, auch auf positive Entwicklungen hinzuweisen. Falls es Zeichen der Hoffnung gebe, so Klaus Steilmann, sei es die Aufgabe des Club of Rome, den Menschen – und zwar den Individuen – Möglichkeiten aufzuzeigen, mit denen sie zu einer besseren Zukunft beitragen können. Dies sei besonders wichtig, weil «die Regierungen auf der

90

ganzen Welt» den Problemen «hilflos und hoffnungslos» gegenüberstünden. Die Hebel müßten infolgedessen anderswo angesetzt werden. Dazu beizutragen sei eine zentrale Aufgabe des Club of Rome.

Auch wurde es durchgängig als Zeichen der Hoffnung gewertet, daß sich weltweit immer mehr Nichtregierungsorganisationen in die Politik einmischen und Einfluß gewinnen. Ernst Ulrich von Weizsäcker drückte es so aus: «Inzwischen ist für Shell das, was Greenpeace macht, wichtiger als das, was die britische Regierung meint.» Dabei könne, das beteuerte Weizsäcker, die Effizienz bei halbem Material- und Energieeinsatz mit vorhandenen Mitteln verdoppelt werden, ohne daß jemand auf etwas verzichten müsse. Es gelte, diese Erkenntnis bekannt zu machen. Während eines Diavortrages gab der Klimaforscher Einblick in die Praxis: Die Wissenschaftler Hunter und Amory B. Lovins, mit denen er gemeinsam den Bericht an den Club of Rome *Faktor Vier* (siehe S. 212) geschrieben hat, versorgen ihr Rocky-Mountains-Institut, das auf über 2000 Metern Höhe liegt, vollkommen autark. Es ist so isoliert, daß es nicht beheizt werden muß und sogar tropische Pflanzen darin wachsen. So sei es einerseits ein Zeichen der Hoffnung, daß solche Technik bereits existiere, ihre Anwendung andererseits aber auch dringend und bitter nötig. Weizsäcker verwies darauf, daß manche Fachleute für die nächsten 50 Jahre eine weitere Verdopplung des klimaverändernden Kohlendioxids prognostizieren. Werde diese Vorhersage Wirklichkeit, sei das für ein schon jetzt viel zu dicht besiedeltes Land wie etwa Bangladesh im wahrsten Sinne der Untergang. Schon in der jüngeren Vergangenheit war das südasiatische Land Überschwemmungen ausgesetzt, die Hunderttausende von Menschenleben kosteten.

In den jeweils halbtägigen Diskussionen ging es weiterhin um Umwelt, Energie, Demographie, um globale Regierungsstrukturen sowie um inner- und zwischengesellschaftliche Konflikte und deren Moderation. Es wurde darüber hinaus eine Vorab-Fassung des Berichtes an den Club of Rome von Orio Giarini und Patrick Liedtke, *Das Beschäftigungs-Dilemma* (siehe S. 240), vorgestellt und diskutiert. Von Thema zu Thema wechselte der Vorsitz. Es wurden Grundsatzreferate gehalten, mitunter auch mehrere zu einem Komplex. Dabei kamen auch Fachleute zu Wort, die nicht dem Club angehören. Am Nachmittag des letzten Konferenztages wurde das Thema für die nächste Jahrestagung vorgestellt: Im Herbst 1997 wird in Washington über die Auswirkungen der neuen Medien auf die Gesellschaft diskutiert.

Als Club-Präsident Ricardo Diez-Hochleitner die Konferenz schloß, betonte er: «Wir alle gehen ein bißchen weiser weg von hier.» Prinz Felipe merkte an, daß er sich «zeitweise wie ein Student gefühlt» habe. Nun wisse er, daß der Club of Rome «ein Katalysator des Lernens» sei. Der Thronfolger wörtlich: «Ich nehme Hoffnung mit nach Hause.» – Als das letzte offizielle Wort gesprochen war, standen Mitglieder und Gäste auf und applaudierten anhaltend. Ricardo Diez-Hochleitner hatte noch eine Pressekonferenz hinter sich zu bringen, doch das ist für ihn Routine. Die Club-Mitglieder hatten in den zurückliegenden Tagen abgeschottet von allen anderen Konferenz-Besuchern miteinander zu Mittag gegessen, abends offizielle Einladungen wahrgenommen. Nun herrschte ungezwungenere Stimmung. Nicht alle Teilnehmer verließen schon am nächsten Tag Ponce. Manche der Gespräche, die viele noch während Spaziergängen im Hotelpark, im Restaurant oder an der Bar miteinander führten, dürften ähnlich wichtig gewesen sein, wie der Austausch im Plenum. Zurück in den Heimatländern beginnen ohnedies die Hausaufgaben.

## Mitglieder – eine Auswahl

Die Auswahl der Mitglieder des Club of Rome, die im folgenden vorgestellt werden, ist nicht repräsentativ. Es herrscht auf allen Ebenen eine nicht geringe Fluktuation. So ist Ex-US-Präsident Jimmy Carter von der Liste der Ehrenmitglieder verschwunden, der frühere Außenminister der Sowjetunion und heutige Präsident Georgiens, Eduard Schewardnadse, kürzlich hinzugekommen. Selbst Ehrenmitglieder, zu denen unter anderem Königin Beatrix der Niederlande, der spanische König Juan Carlos, der Wiener Kardinal Franz König, der tschechische Präsident Vaclav Havel und sein ungarischer Kollege Arpad Gönzc ebenso gehören wie der argentinische Präsident Carlos Menem und der Vorsitzende der Bertelsmann-Stiftung, Reinhard Mohn, sind dies nicht auf Lebenszeit.

Bei der nachfolgenden Zusammenstellung liegt der Schwerpunkt auf Mitgliedern aus dem deutschsprachigen Raum. Der Grund, daß ein Porträt, das von Frederic Vester, deutlich länger ausfällt als die anderen, liegt darin, daß der Werdegang des Biochemikers und Publizisten auf der Ebene eines Individuums verdeutlicht, worum der Club of Rome sich weltweit bemüht: ganzheitlichen Betrachtungsweisen und entsprechenden Lösungswegen Gehör zu verschaffen.

Eine vollständige Porträtsammlung der Mitglieder würde ein eigenes Buch füllen. Deshalb sind nur einige Beispiele für Mitglieder aus verschiedenen Regionen und Kulturkreisen enthalten. Mit Daniel Goeudevert wird auch jemand vorgestellt, der den Club of Rome in der jüngeren Vergangenheit verlassen hat. Aber auch nur die Aufzählung der «Ehemaligen» muß rudimentär bleiben: Tschingis Aitmatow, Thor Heyerdahl, Ervin Laszlo (Gründer und Präsident des Club of Budapest), Thorvald Stoltenberg, Prinz Saddrudin Aga Khan und Bruno Kreisky sind Beispiele hierfür.

Natürlich sind alle Mitglieder des Club of Rome neben ihren wissenschaftlichen und beratenden Funktionen auch als Publizisten in zahlreichen Medien tätig. Zur Vermeidung von endlosen Aufzählungen habe ich aber auf entsprechende Nachweise bei den folgenden Kurzporträts verzichtet.

**Gerhart Bruckmann,**
Statistiker, Österreich

Gerhart Bruckmann, 1932 in Wien geboren, studierte zunächst Bauingenieurwesen in Graz, 1951 erhielt er ein Stipendium für Volkswirtschaftslehre in den USA. Dort sammelte er praktische Erfahrungen in einem Stadtbauamt, für das er Vorausberechnungen des zukünftigen Strombedarfs erstellte – eine Arbeit, die richtungsweisend werden sollte. Es folgten noch mehrere Wechsel des Studienfaches (Mathematik, Versicherungsmathematik, Physik, Statistik).

Vier Jahre nach seinem USA-Aufenthalt erhielt er ein Stipendium an der Universität Rom, wo er 1956 mit einer Arbeit über Statistik in den Versicherungswissenschaften promovierte. Auf diesen Werdegang zurückblickend bezeichnet Gerhart Bruckmann sich selbst als «gelernten Generalisten».

Landesweit bekannt wurde Gerhart Bruckmann mit einem Schlag, als das österreichische Fernsehen 1966 eine Nationalratswahl mit einer von ihm konzipierten Hochrechnungsmethode kommentierte. Das von Bruckmann entwickelte mathematische Modell war weltweit das erste, mit dem bei zunehmendem Auszählungsgrad der Prognosespielraum immer weiter eingeengt werden konnte.

Nach seiner Habilitation wurde er 1967 als ordentlicher Professor für Statistik zunächst an die Universität Linz, im Folgejahr dann an die sozial- und wirtschaftswissenschaftliche Fakultät der Universität Wien berufen. 1972 wurde er Vollmitglied der österreichischen Akademie der Wissenschaften.

Von entscheidender Bedeutung für Gerhart Bruckmanns gesamtes weiteres Wirken wurde sein erstes Zusammentreffen mit Aurelio Peccei anläßlich eines Mittagessens, das der damalige österreichische Bundeskanzler Josef Klaus Anfang 1970 für das Exekutiv-Komitee des Club of Rome gab. Bruckmann: «Für mich stellte es ein Saulus-Paulus-Erlebnis dar: Ich beschloß, mein gesamtes wissenschaftliches Interesse dem damals noch völlig undefinierten,

94

unklaren und verschwommenen Gebiet der Zukunftsforschung, der Untersuchung längerfristiger Entwicklungen in ihrer wechselseitigen Verflochtenheit zu widmen.»

1973 gründete Gerhart Bruckmann die österreichische Gesellschaft für langfristige Entwicklungsforschung. Die Beschäftigung mit Weltmodellen wurde zu einem seiner Arbeitsschwerpunkte. Vor diesem Hintergrund wurde er 1976 in den Club of Rome berufen.

Aufgrund seiner Aktivitäten und einschlägigen Publikationen war ihm bereits drei Jahre zuvor der Vorsitz der neu gegründeten Zukunftskommission der österreichischen Volkspartei (ÖVP) anvertraut worden. 1986 bat Alois Mock, damals ÖVP-Vorsitzender, Gerhart Bruckmann, für den Nationalrat zu kandidieren. Zwei Legislaturperioden lang (bis 1994) gehörte der Vater zweier Söhne dem Parlament an.

## Wouter van Dieren,
Sozialpsychologe, Niederlande

Der 1941 geborene Wouter van Dieren war Anfang der siebziger Jahre in die Arbeit einbezogen, die zum ersten Bericht an den Club of Rome, *Die Grenzen des Wachstums*, führte. Zuvor hatte er an verschiedenen Universitäten in den USA Sozialpsychologie, Humanökologie und Systemanalyse studiert. Zunächst arbeitete van Dieren als Fernsehproduzent und -moderator. Zwischen 1968 und 1990 produzierte er circa achtzig Sendungen zur Umwelt- und Wachstumsproblematik.

1970 gründete er den Dutch Environmental Defence Fund, die niederländische Sektion der internationalen Umweltschutzorganisation Friends of the Earth. Heute ist der Vater zweier Töchter Vorsitzender des Institutes für Umwelt und Systemanalyse (IMSA) in Amsterdam. Dem internationalen Beraterstab des Wuppertal Institutes für Klima, Umwelt, Energie gehört er als stellvertretender

Vorsitzender an. Van Dieren ist zudem Mitglied der Weltakademie der Wissenschaften und Künste. Er berät große Firmen wie beispielsweise Unilever und Akzo sowie Regierungen in Europa und den USA in Umweltfragen. In den Club of Rome wurde er 1994 aufgenommen.

**Ricardo Diez-Hochleitner,**
Präsident des Club of Rome,
Spanien

Geboren 1928 in Bilbao, versteht sich Ricardo Diez-Hochleitner, der 1991 Präsident des Clubs wurde, heute als «Anwalt einer globalen Ethik». Sein spanischer Vater und seine in München geborene Mutter prägten früh sein Faible für ein vereintes Europa. Das noch heute gültige deutsch-spanische Wörterbuch ist eine Gemeinschaftsarbeit seiner Eltern. Die Grundschule besuchte Ricardo Diez-Hochleitner in Berlin und Jüterbog in der Mark Brandenburg, die Bombennächte verbrachte er im Berliner Bezirk Tiergarten – sein Vater war in der deutschen Hauptstadt in diplomatischen Diensten.

Der studierte Chemiker (Universität Salamanca) und Wirtschaftswissenschaftler (TH Karlsruhe und Georgetown) ist promoviert und habilitiert und besitzt eine Sammlung von acht Ehrendoktortiteln. Er war in leitender Stellung bei der Weltbank in Washington und Paris tätig, Vizeminister für Erziehung in Kolumbien, Bildungsexperte der UNESCO und Staatssekretär für Erziehung und Wissenschaft in Spanien. Er gehört seit den Zeiten Francos zu den engen Vertrauten des damaligen Kronprinzen und heutigen Königs, Juan Carlos.

Heute ist Ricardo Diez-Hochleitner Vizepräsident der Mediengruppe Timon, die auch die größte und einflußreiche spanische Tageszeitung *El Pais* herausgibt und dazu über Schulbuchverlage, TV- und Filmproduktionen und Rundfunkstationen in Spanien und Südamerika verfügt. Zu den zahlreichen Funktionen, die er ausübt,

gehören die Vizepräsidentschaft der Europäischen Akademie der
Wissenschaften und Künste sowie der Vorsitz des internationalen
Beraterstabes der EXPO 2000. Zudem ist er Mitglied des Aufsichts-
rates der Bertelsmann-Stiftung.

Ricardo Diez-Hochleitner lebt in Madrid und hat sieben Kinder – von der Designerin in Madrid bis zum spanischen Botschafter
in Wien.


**Daniel Goeudevert,**
Industriemanager, Frankreich

Nach dem Schulbesuch studierte der
1942 in Reims geborene Daniel
Goeudevert bis 1965 Literatur an der
Sorbonne in Paris. Anschließend
wurde er Automobilverkäufer und
dann Verkaufsmanager bei Citroën.
1969 siedelte er von Paris in die
Schweiz über, wo er zwei Jahre später Generaldirektor des französischen Autokonzerns wurde. 1974 ging Goeudevert zur Renault AG
in Brühl und später nach Paris.

1981 zog es Daniel Goeudevert zurück ins Rheinland – verbun-
den mit einem erneuten Firmenwechsel: in Köln wurde er für die
nächsten acht Jahre Vorstandsvorsitzender der Ford Werke AG.
Danach wurde die Volkswagen AG in Wolfsburg der vierte
Automobilkonzern, für den Goeudevert arbeitete: bis 1990 als
Vorstandsmitglied, bis 1991 als Vorstandsmitglied für Einkauf und
Logistik, ab 1993 als stellvertretender Vorsitzender des Vorstandes
der Volkswagen AG. Seit 1989 gehörte Daniel Goeudevert dem
Club of Rome an.

Im August 1993 erfolgte nach einem Zerwürfnis mit dem
Volkswagen-Vorstand ein tiefer Einschnitt: Daniel Goeudevert ging
erneut in die Schweiz. Dort wurde er erster Geschäftsführer und
Vizepräsident des von Michail Gorbatschow gegründeten Internationalen Grünen Kreuzes. Diese Organisation beschäftigt sich
mit umweltgerechter Entsorgung militärischer Gifte, Vorsorge ge-

gen und Alarmpläne für Chemiekatastrophen, Umwelterziehung, umweltverträglichem Tourismus sowie international einheitlicher Produktkennzeichnungen hinsichtlich ihrer ökologischen Verträglichkeit. Daniel Goeudevert ist Vorsitzender des Wirtschaftsrates der Gorbatschow-Stiftung und Ritter der Ehrenlegion Frankreichs.

Inzwischen engagiert der Vater dreier Kinder sich beim Aufbau der CAMPUS (Center for Advanced Management, Projects and Utility Studies) GmbH, Dortmund. Dort sollen Menschen auf einem ehemaligen Kasernengelände ganzheitlich für Aufgaben im nächsten Jahrtausend qualifiziert werden. Daniel Goeudevert hat seine Mitgliedschaft im Club of Rome 1996 aus Zeitmangel beendet.


### Eberhard von Koerber,
Manager, Deutschland

Der 1938 im norddeutschen Stade geborene Eberhard von Koerber studierte von 1958 bis 1962 in Heidelberg und Lausanne Jura und Wirtschaftswissenschaften und promovierte anschließend in Berlin. Von 1967 an war er fünf Jahre als Assistent des Vorstandes der Glanzstoff AG für internationales Recht zuständig. Dann wechselte er zur BMW AG nach München, wo er von 1973 an Leiter der Finanzplanungsabteilung war. 1975 wurde er Vizepräsident für Finanzen und Verwaltung des nordamerikanischen Zweiges des Automobilunternehmens, 1977 BMW-Management-Direktor in Südafrika.

1984 kehrte Eberhard von Koerber nach Deutschland zurück und wurde für zwei Jahre Vorstandsmitglied der BMW AG in München. Er war für den weltweiten Verkauf und das Marketing zuständig.

1986 ging er erneut in die Schweiz, diesmal als Vizepräsident der Brown Boveri & Co. Ltd. in Baden. Zwei Jahre später wechselte er in die gleiche Position bei Asean Brown Boveri (ABB) in Zürich.

98

Inzwischen ist Eberhard von Koerber Präsident der ABB Europa
Ltd. mit Sitz in Brüssel. Er wurde 1993 in den Club of Rome aufgenommen.


## Martin Lees,
Ingenieur, Großbritannien

Der Schotte Martin Lees, geboren
1941, studierte Ingenieurwissenschaften in Cambridge. Fünf Jahre
lang war er anschließend Direktor
eines Unternehmens, das zur britischen General Electric Group gehört. Nach einer Zwischenstation in
Brüssel wechselte er zur OECD nach Paris, wo er acht Jahre lang
blieb. Lees war dort zuständig für das 1974 von Japan initiierte
Interfutures Project, mit dem eine Harmonisierung der Volkswirtschaften der reichen und der Entwicklungsländer erzielt werden
sollte. 1978 ging Martin Lees zum Entwicklungsprogramm der
Vereinten Nationen, wo er für die Verhandlungen über die Etablie-
rung eines UN- Finanzierungssystems für Entwicklungswissen-
schaft und -technologie verantwortlich war. Über 200 Millionen
US-Dollar wurden im Zuge dieses Projektes in Ländern der Dritten
Welt investiert. Lees war außerdem Direktor des Inter Action Council of Former Heads of State and Government mit Sitz in Wien.
    1988 verließ er die Vereinten Nationen, um fortan als unabhän-
giger Berater zu arbeiten. Er wurde internationaler Koordinator des
Programmes «China und die Welt» in den neunziger Jahren. Die
Rolle und Entwicklung Chinas ist bis heute einer der Arbeitsschwerpunkte von Martin Lees. Darüber hinaus wurde er während
einer Konferenz im Juni 1993 in Kiew, an der Vertreter aller GUS-
Staaten und zahlreicher Länder Osteuropas teilnahmen, zum Generaldirektor des Internationalen Komitees für Wirtschaftsreformen
und Zusammenarbeit gewählt.
    Der Vater von vier Söhnen wurde 1989 in den Club of Rome
aufgenommen. Er engagiert sich zudem bei Earthwatch, wurde in

die Russische Akademie der Naturwissenschaften aufgenommen und berät zahlreiche Unternehmen in Europa, Kanada und Japan. Martin Lees lebt heute in der Nähe von Paris.

## Pentti Malaska,
Wirtschaftswissenschaftler, Finnland

Der 1934 geborene Pentti Malaska promovierte 1965 in Helsinki und wurde ein Jahr später Professor für Betriebsmathematik und Verwaltungswissenschaft an der Turku School of Economics and Business Administration. Seit 1992 ist er Direktor des finnischen Zentrums für Zukunftsforschung. Malaska spezialisierte sich insbesondere auf Fragen der Energiewirtschaft und hat auf diesem Sektor staatliche und private Institutionen beraten. Seit Anfang der siebziger Jahre betrifft das Forschungsinteresse des Vaters zweier Kinder zudem naturorientierte Technologie, Ethikfragen und Probleme der Entwicklungsländer. Malaska engagierte sich im Vorfeld der ersten internationalen Umweltgipfelkonferenz 1972 in Stockholm. Daraufhin wurde er von Aurelio Peccei persönlich zur Mitgliedschaft im Club of Rome eingeladen, dem er seit 1973 angehört.

Pentti Malaska organisierte die Jahreskonferenz des Club of Rome, die 1984 wenige Monate nach Pecceis Tod in Helsinki stattfand. Sie war von entscheidender Bedeutung, weil Tagesordnungspunkt Nummer eins war, ob der Club überhaupt weitermachen sollte. Doch nicht nur über das Ob, sondern auch über das Wie wurde damals entschieden.

Pentti Malaska ist Mitglied und Berater zahlreicher nationaler und internationaler Organisationen, die sich mit Zukunftsforschung beschäftigen. Von 1993 bis 1997 war er Präsident der World Future Studies Federation.

Pentti Malaska erhielt viele hohe Auszeichnungen, unter anderem die Medaille der Finnischen Technologie-Gesellschaft, den

Aurelio-Peccei-Preis der L'Eta Verde-Association, den Preis der Finnischen Gesellschaft für Zukunftsstudien, die N.D.-Kondratjeff-Medaille.

## Jefim M. Malitikow,
Konzernmanager, Rußland

Bea Celler vom Internationalen Handelsbüro beim Gouverneur des US-Staates Colorado schrieb 1993 über den Vorsitzenden des Olympus-Konzerns Jefim Malitikow: «Wenn es Rußland und den anderen Republiken glücken sollte, von der 75jährigen Zentralverwaltungs- zu einer Marktwirtschaft zu gelangen, dann werden es Menschen wie Herr Malitikow sein, die den Weg gewiesen haben.»

Seit 1988 ist der 1947 geborene Malitikow Chef des Olympus-Konzerns, unter dessen Dach Unternehmen aus dem Bereich des Schiff-, Flugzeug- und Maschinenbaus, der Herstellung elektronischer und  medizinischer Geräte sowie der Bergbauindustrie mit insgesamt 800 000 Mitarbeitern zusammengeschlossen sind. Diese sind über alle früheren Sowjetrepubliken verteilt. Umweltaspekte spielen als Grundlage für internationale Zusammenarbeit, Joint Ventures und mithin den Erfolg seines Konzerns eine wichtige Rolle.

Bereits mit 17 Lebensjahren sowjetischer Hochschulmeister und auch international erfolgreich in der «Königsdisziplin» der Leichtathleten, dem Zehnkampf, war Malitikow es gewohnt, zu führen. Nach seinem Studium der Angewandten Mathematik, Aeronautik und Fototechnik wurde er 1970 Direktor einer Maschinenbaufabrik bei Moskau mit 8000 Mitarbeitern – der jüngste Direktor der gesamten Sowjetunion. Auf allen weiteren beruflichen Etappen hatte er Führungspositionen inne, unter anderem als Generaldirektor einer Gesellschaft, in deren 32 Fabriken (mit 310 000 Mitarbeitern) sich mit produktionstechnischen Lösungen befaßt wurde. Inzwischen hatte Jefim Malitikow promoviert. Heute hat er den akademischen Grad eines Professors inne und gehört mehreren – teils internationalen –Wissenschaftsakademien an, darunter derjenigen der Vereinten Nationen.

Bevor er 1988 den Staatsdienst verließ, war Malitikow sowjetischer Vizeminister für Maschinenbau mit den Zuständigkeitsbereichen Planung, internationaler Handel und Verteilung.

Bea Celler: «Nur sehr wenige Menschen verließen in so turbulenten Zeiten wie 1988 die komfortable Position eines Vizeministers, um eine Aktiengesellschaft zu gründen.» Deren Produkte entsprechen nach Ansicht von Fachleuten dem Weltstandard. Besonderen Wert legt der Olympus-Konzern auf die Überführung von Fabriken aus dem militärisch-industriellen Komplex in die zivile Produktion.

Zahlreiche Reisen brachten Jefim Malitikow mit hohen Politikern und Wirtschaftslenkern in den USA, in Deutschland, Frankreich, Japan, Taiwan, China, Ex-Jugoslawien und anderen Ländern zusammen. Über seine Tätigkeit für Olympus hinaus ist Jefim Malitikow seit 1995 auch Präsident der Gesellschaft «Znanie» (dt.: Wissen.), die sich um die Verbreitung wissenschaftlicher Erkenntnisse unter Nicht-Wissenschaftlern wie zum Beispiel Industriemanagern bemüht. Jefim Malitikow ist Vizepräsident der russischen Sektion des Club of Rome und gehört dem Vorstand des Donau-europäischen Instituts an.


**Eleonora Barbieri Masini,**
Juristin, Sozialwissenschaftlerin,
Italien

Eleonora Barbieri Masini wurde 1928 in Guatemala geboren. Sie studierte in Rom Jura, befaßte sich insbesondere mit dem Verhältnis zwischen Kirche und dem italienischen Staat und spezialisierte sich auf vergleichendes Recht und soziologische Fragen. Seit 1976 befaßte sie sich als Professorin an der Fakultät für Sozialwissenschaften der

Pontifikalen Gregorianischen Universität mit den Trends sozialer Entwicklungen.

Von 1980 bis 1990 war Eleonora Barbieri Masini Präsidentin der World Futures Studies Federation, der sie auch später in verschiedenen Funktionen verbunden blieb. Sie beriet die päpstliche Rechts- und Friedenskommission und war von 1985 bis 1986 Professorin für Zukunftsforschung an der St. Cloud Universität in Minnesota, wo sie sich auch mit dem Zusammenhang von Frauenpolitik und Entwicklung beschäftigte. 1977 wurde sie in den Club of Rome aufgenommen.

Die Mutter dreier Kinder arbeitete in den achtziger Jahren unter anderem für die Vereinten Nationen und gehört dem Herausgeberstab der Zeitschriften *Futures* und *Technological Forecasting and Social Change* an.


**Mihajlo D. Mesarovic,**
Systemtechniker, Mathematiker,
USA

1928 im jugoslawischen Petrograd geboren, studierte Mihajlo Mesarovic in Belgrad, wo er 1955 promovierte. Zunächst blieb er als Assistent und bald darauf als Dozent an der serbischen Universität. 1958 wechselte Mesarovic zu einem Forschungsaufenthalt am Massachusetts Institute of Technology (MIT) in die USA über und blieb dort. Seit 1959 ist er an der Case Western University Professor für Systemtechnik und Mathematik.

Unterbrochen war diese Tätigkeit lediglich von einer einsemestrigen Gastprofessur in Zürich und zwei jeweils einjährigen Tätigkeiten bei der OECD in Paris und am MIT. Er hielt Vorlesungen in 48 Ländern.

Mihajlo Mesarovic, Vater dreier Kinder, ist Berater verschiedener US-Ministerien, zahlreicher Regierungen in Südamerika, Europa und Asien, der Weltbank sowie großer Firmen. Er gehörte der

Projektleitung des «Global 2000»-Teams an, die den Bericht an den Präsidenten erstellte. Mitglied des Club of Rome ist Mesarovic seit 1972.

**Uwe Möller,**
Vorsitzender der Deutschen
Gesellschaft Club of Rome,
Deutschland

Uwe Möller, am 18. Oktober 1935 in Hamburg geboren, Diplom-Volkswirt und Vater zweier Kinder, ist seit 1988 Mitglied des Club of Rome. Nach seinem Studium der Wirtschaftswissenschaften in Hamburg (1955-1959) ging er ans Internationale Institut für Politik und Wirtschaft, HAUS RISSEN in Hamburg, dessen Direktor er 1983 wurde und bis heute ist.

Seine Arbeits- und Interessenschwerpunkte liegen auf den Gebieten der Wirtschaftspolitik, der Integration osteuropäischer Länder in die Europäische Union, Ost-West-Beziehungen, Dritte-Welt-Fragen und globaler Ökologie. Er gehört dem Hamburger Übersee-Club, der Gesellschaft für internationale Entwicklung und dem Rotary-Club an, einer weltweiten Vereinigung von Männern, die sich das «Ideal des Dienens» als Leitmotiv gesetzt hat und von ihren Mitgliedern erwartet, daß sie dieses im beruflichen, gesellschaftlichen und privaten Leben in die Praxis umsetzen. Möller ist darüber hinaus Berater der Gesellschaft für Organisation in Bonn sowie der Leipziger Umweltmesse Terratec.

**Samuel C. Nana-Sinkam,**
Ökonom, Kamerun

Samuel C. Nana-Sinkam, 1945 geboren, studierte an französischen und amerikanischen Universitäten und ist Doktor der Wirtschaftswissenschaften. Nach einer leitenden Tätigkeit im Planungsministerium Kameruns wechselte er 1967 für drei Jahre zur Food and Agriculture Organization (FAO) der Vereinten Nationen nach Rom. Anschließend ging er zum Internationalen Währungsfonds (IWF) nach Washington.

Dort arbeitete er zunächst im Afrika-Referat und stieg bis zur Position eines Direktors auf. Bis 1982 war er beim IWF für die meisten afrikanischen Staaten verantwortlich. Danach nahm Samuel Nana-Sinkam für drei Jahre eine Professur für Entwicklung und Geldtheorie in Paris an, beriet die Chase Manhattan Bank in New York und wurde 1987 Repräsentant des Generaldirektors der FAO im Hungerland Äthiopien, wo er von 1994 an für ein Jahr der Regierung angehörte. Seither ist er Repräsentant der FAO in Brazzaville, der Hauptstadt von Belgisch Kongo.

Anfang der neunziger Jahre übernahm Samuel Nana-Sinkam verschiedene Sonderaufträge der Vereinten Nationen in Afrika. Die Liste seiner Auszeichnungen ist lang, er ist auch Offizier der französischen Ehrenlegion. In den Club of Rome wurde er 1991 aufgenommen.


**Eduard Pestel,**
Systemanalytiker, Deutschland

Eduard Pestel wurde 1914 in Hildesheim geboren, studierte dort an der Höheren Technischen Staatslehranstalt und später an der Technischen Hochschule Hannover. Nach

Assistententätigkeiten folgten Aufenthalte am Polytechnischen Institut in Troy im US-Staat New York und in Japan. Er promovierte 1947 in Hannover, die Habilitation erfolgte drei Jahre später. Von 1957 an war Eduard Pestel Ordinarius für Mechanik an der Universität Hannover. Bis in die sechziger Jahre hinein hielt er Gastvorlesungen an amerikanischen Universitäten. Dem Wissenschaftsausschuß der NATO gehörte er seit 1966 an. Er gehört zu den frühen Mitgliedern des Club of Rome, 1969 wurde er aufgenommen.

Im gleichen Jahr wurde Pestel Mitglied des Kuratoriums der Stiftung Volkswagenwerk und blieb dies zehn Jahre lang. Von 1971 bis 1977 nahm Pestel zudem die Position des Vizepräsidenten der Deutschen Forschungsgemeinschaft ein. Er war Vorstandsvorsitzender des Hamburger Internationalen Instituts für Politik und Wirtschaft, HAUS RISSEN. Weitere maßgebliche Positionen hatte er in der Fraunhofer- Gesellschaft und dem Stifterverband für die Deutsche Wissenschaft inne.

Von 1977 bis 1981 war Eduard Pestel Minister für Wissenschaft und Kultur des Landes Niedersachsen. Anschließend engagierte er sich unter anderem in der Deutschen Herzstiftung. Eduard Pestel starb im September 1988.


**Maria Ramirez Ribes,**
Kunstwissenschaftlerin, Publizistin,
Venezuela

Maria Ramirez Ribes wurde 1944 in Madrid geboren. Ihr Vater und viele ihrer Verwandten hatten während des spanischen Bürgerkrieges auf seiten der Republikaner gekämpft und waren teils starken Repressionen ausgesetzt. So ist sie nach eigener Aussage «in einer Haßliebe zu Spanien aufgewachsen.» Im Alter von 18 Jahren siedelte sie nach Venezuela über. Zuvor hatte sie ein Jahr lang Anglistik in London studiert.

Für kurze Zeit kam sie nach Europa zurück und studierte Germanistik in Frankfurt. Im venezuelanischen Caracas widmete sie sich den Kunstwissenschaften und beschäftigte sich mit südamerikanischen Problemen. Maria Ramirez Ribes ist Mitherausgeberin der Monatszeitschrift *Mundo Nuevo*. 1983 gründete sie die venezuelanische Vereinigung der UNESCO (United Nations Educational, Scientific and Cultural Organization) und ist heute deren Ehrenpräsidentin.

Sie beriet den Kulturminister José Antonio Abreu und wurde für vier Jahre in den Aufsichtsrat der Universal Peace Park Foundation berufen. Darüber hinaus gründete Maria Ramirez Ribes eine Menschenrechtsstiftung, deren Vizepräsidentin sie ist.

Anfang der achtziger Jahre koordinierte sie auf Bitten von Aurelio Peccei das Forum Humanum auf venezuelanischer Ebene. Zudem gründete Maria Ramirez Ribes die venezuelanische Gesellschaft für den Club of Rome, deren Treffen anfangs in ihrem Haus stattfanden. Ein Schwerpunkt der nationalen Vereinigung ist die Bekämpfung der Korruption. Ein anderes Projekt trägt den Arbeitstitel «Konkrete Utopie» und ist auf Verbesserungen im Gesundheitswesen ausgerichtet.

1993 wurde die Mutter dreier Kinder als assoziiertes Mitglied in den Club of Rome aufgenommen.


**Bertrand Schneider,**
Politologe, Generalsekretär des
Club of Rome, Frankreich

Bertrand Schneider, 1929 in Grenoble geboren, studierte in Paris und ist promovierter Politologe. Nach seiner Ausbildung trat er in den diplomatischen Dienst ein und war für verschiedene französische Ministerien tätig. Zunächst gehörten die französischen Kolonien zu seinem Verantwortungsbereich, später die dreizehn Millionen Menschen, die während des zweiten Weltkrieges aus von Deutschland besetzten Gebieten geflohen waren. Dabei habe ihm, betont er, die deutsch-französische Freundschaft besonders am Herzen gelegen.

Später lehrte Schneider, Vater dreier Kinder, an der Sorbonne. Heute verdient er sein Geld als Vorsitzender des internationalen Beratungs-, Beteiligungs- und Akquiseunternehmens SYCOR, das außer in Europa, den USA und Kanada in Indien, China und Südostasien aktiv ist. Mitglied des Club of Rome wurde Schneider 1982, seit Juli 1984 ist er dessen Generalsekretär.

Darüber hinaus ist er unter anderem Gründungspräsident der Französisch-marokkanischen Gesellschaft, Mitglied der Welt-Akademie der Künste und Wissenschaften, Präsident des Indisch-französischen Forums und Präsident des Zentrums für französisch-chinesischen Kultur-Austausch.

**Klaus Steilmann,**
Textilproduzent, Deutschland

Der 1929 im brandenburgischen Neustrelitz geborene und auf der Ostseeinsel Rügen aufgewachsene Klaus Steilmann wurde 1992 in den Club of Rome aufgenommen. Steilmann war als 15jähriger aus der damals von den Sowjets besetzten  Zone Deutschlands geflohen. Anschließend holte er parallel zu seiner Lehre zum Einzelhandelskaufmann das Abitur im Abendstudium nach.

Mit einem Startkapital von 40 000 DM gründete er 1958 sein Textilproduktionsunternehmen, das er fortan aus selbsterwirtschafteten Mitteln vergrößerte: Mitte der neunziger Jahre bewegte sich der Jahresumsatz der Klaus Steilmann GmbH & Co. KG mit ihren 14 Tochterunternehmen um 1,5 Milliarden DM. Aus den anfangs 40 Mitarbeitern sind weltweit 20 000 geworden.

Steilmann ist seit 1991 Präsident der von ihm gegründeten Dachorganisation der europäischen Textil- und Bekleidungsindustrie ELTAC (European Largest Textile and Apparel Companies). In dieser Funktion engagiert er sich insbesondere gegen die anhaltende Abwanderung europäischer Industriebetriebe in Billiglohnländer. Ökonomie, Ökologie, Soziales, Kultur und Freizeit sind seiner Ansicht nach untrennbar miteinander verbunden.

1991 gründete er das Klaus Steilmann Institut für Innovation, das seine Tochter Cornelia leitet, und stiftete einen Lehrstuhl für Umwelt- und Ordnungspolitik an der Privatuniversität Witten/ Herdecke. In seiner Wahl-Heimatstadt Bochum fördert Klaus Steilmann, Dr. Ing. h.c., das Technologiezentrum EcoTextil e.V.

Von Steilmann für die Textilbranche entwickelte Umweltentlastungsstrategien – angefangen beim Pestizideinsatz beim Baumwollanbau über unbedenkliche Farben und andere Textil-Zusatzstoffe bis hin zu Fragen der Verrottbarkeit bzw. der Recyclingfähigkeit von Stoffen – stoßen nach anfänglicher Skepsis auf immer mehr Akzeptanz. Hierbei spielt Steilmanns Tochter Britta mit ihrem Unternehmen «It's One World» eine wesentliche Rolle.

Klaus Steilmann berät Regierungen und Parlamentarier in den Ländern Ost-Europas und vertritt die Ukraine als Ehrenkonsul in Düsseldorf. Er hat einen ökologischen Muster-Bauernhof bei Kiew finanziert. Darüber hinaus engagiert Steilmann sich in der Sport-Förderung.


**Keith Suter,**
Publizist, Australien

Der 1948 in England geborene Keith Suter (Übersiedlung nach Australien 1973), Schriftsteller und Rundfunkjournalist, ist Präsident des Zentrums für Friedens- und Konfliktforschung an der Universität Sydney. Das erste Mal promovierte er 1976 mit einer Arbeit über internationales Recht im Zusammenhang mit Guerilla-Kriegführung. Er recherchierte dafür unter anderem in vietnamesischen Kampfgebieten und im vom Bürgerkrieg geschüttelten Nordirland. Zehn Jahre später erlangte Keith Suter mit einer Dissertation über die internationalen wirtschaftlichen Auswirkungen des Rüstungswettlaufs einen zweiten Doktortitel.

Nach seiner Berufung in den Club of Rome im Jahr 1992 wurde Keith Suter bald Vorsitzender der australischen Gesellschaft für den Club of Rome, die bereits 1973 auf Initiative des Geschäftsmannes John Stokes gegründet wurde.

Von der Club-Arbeit seit Mitte der neunziger Jahre ist ihm das Thema globale Regierungsstrukturen am wichtigsten. Der Club müsse dazu ermutigen, die gesamte Spannbreite der Möglichkeiten zu untersuchen und auf die internationale Tagesordnung zu bringen. Suter hält es für unabdingbar, daß, ebenso wie lokale Verwaltungen für lokale Angelegenheiten, Länderregierungen für Länderfragen und nationale Regierungen für nationale Fragen zuständig sind, globale Regierungsstrukturen eingerichtet werden sollten, die geeignet sind, transnationale und weltweite Probleme bewältigen zu können – wie beispielsweise Umweltverschmutzung oder Flüchtlingsströme.

Darüber hinaus ist Suter Präsident der Neu Süd-Wales-Gruppe der Australischen Gesellschaft für die Vereinten Nationen (zuvor war er nationaler Präsident der Gesellschaft) sowie Vorstandsmitglied der australischen Sektion der Gesellschaft der Weltföderalisten.

Die derzeitige pessimistische Grundhaltung in Australien begründet Keith Suter unter anderem damit, daß Wirtschaftslenker und Politiker nicht auf die Warnungen des Club of Rome hinsichtlich der Auswirkungen neuer Technologien auf die Beschäftigung gehört hätten. Diese Erfahrung zeige, daß insbesondere Regierungen auf solche Hinweise oft nur sehr langsam reagieren.

**Felix Unger,**
Arzt, Österreich

Der 1946 geborene Felix Unger ist
seit 1985 Leiter der Herzchirurgie in
Salzburg sowie Gründer und Präsident der Europäischen Akademie
der Wissenschaften und Künste.
Nach Schul- und Universitätsbe-
such, Promotion und ärztlicher
Praxis in Wien folgten Dozententätigkeiten in Wien und Innsbruck
sowie Forschungsaufenthalte in den USA. 1983 wurde der Vater
zweier Kinder Professor für Chirurgie an der Universität Innsbruck.
Seit 1990 ist er zudem Vorsitzender des Europäischen Herz-Insti-
tutes.

Von 1988 bis 1990 war Felix Unger Präsident der Guggenheim-
Gesellschaft Salzburg, heute ist er deren Ehrenmitglied. Seit 1978
gehört er dem Rotary-Club an. In den Club of Rome wurde der
Ehrendoktor der Universitäten Budapest und Temesvar 1993 aufgenommen.


**Frederic Vester,**
Biochemiker, Publizist, Deutschland

«Ein Problem isoliert zu betrachten,
hat keinen Sinn. Man muß immer die
Zusammenhänge mit einbeziehen,
um zu einer zukunftsorientierten
Lösung zu gelangen. Das gilt für
medizinische Fragen genauso wie für
die Architektur (siehe Bonner
Schürmann-Bau, Anm. J.S.) oder Aspekte der Unternehmens-
führung», betont Frederic Vester. Womit sein wissenschaftlicher
Ansatz – die Ganzheitlichkeit – beschrieben wäre. «Auf der Ebene
der Entscheidungsträger stößt diese Art des Denkens», so Vester
weiter, «oft auf Unverständnis. So mußte die Einsicht in die

Notwendigkeit, anders an Probleme heranzugehen als bisher, meist erst geweckt werden.» Vor diesem Hintergrund ist es nur folgerichtig, daß der Biochemiker 1993 in den Club of Rome aufgenommen wurde.

Der 1925 in Saarbrücken geborene Vester nahm ein Stipendium aus dem Kreis der Verwandtschaft wahr, als er sein Chemiestudium begann. Weil es in Deutschland 1946 noch keine Experimentiermöglichkeiten gab, zog er nach zwei Semestern in Mainz nach Frankreich, um an der Pariser Sorbonne sein Studium abzuschliessen. Seinen Unterhalt besserte er mit Akkordeon- und Gitarrespielen auf. Vester promovierte 1953 in Hamburg «mit Mühe und Not» mit einer Arbeit über bakterielle Farbstoffe.

Weil seine Mutter an Krebs litt, widmete Vester sich am Institut für experimentelle Krebsforschung in Heidelberg der Erforschung dieser Krankheit. Seine systemische Herangehensweise sei damals «komplett ketzerisch» gewesen. Es folgten Forschungsaufenthalte an der Yale University in New Haven, USA, und Cambridge, England. Doch weder dort noch an den amerikanischen Atomforschungszentren Oakridge und Brookhaven konnte er seine Vorstellungen von einer fachübergreifenden Erforschung der Lebensvorgänge hinreichend verwirklichen.

Zurück in Deutschland, wurde er 1958 zunächst Assistent, dann Lehrbeauftragter für Biochemie an der Universität Saarbrücken. Seine Habilitationsschrift erhielt er mit der Bitte, sie weiter auszuführen, zurück. Die erweiterte Version, die Untersuchungen aus verschiedenen Disziplinen bis hin zu philosophischen Überlegungen enthielt, wurde, weil es weiterhin Kritiker in der Fakultät gab, nach und nach zwölf weiteren auswärtigen Gutachtern vorgelegt, von denen sich elf positiv äußerten. Trotz dieses Votums wurde die Habilitation verweigert. Als Vester einen der Gutachter per Zufall kennenlernte und so erst von dem Verfahren erfuhr, war bereits mehr als ein Jahr verstrichen und der Rechtsweg versperrt. Dr. habil. wurde er fünf Jahre später als erster Habilitant der neu gegründeten Universität Konstanz, die ein Signal gegen die «Ungeheuerlichkeit des Saarbrücker Verfahrens» setzen wollte. Doch zunächst setzte ihn die Saarbrücker Universität 1965 auf die Straße. Denn nachdem Vester, so der Senat der Universität des Saarlandes, «die hervorragenden Leistungen des (Saarbrücker) Universitätssystems in Zweifel zog», wurde sein Vertrag nicht mehr verlängert. Kurioses Happy End: 25 Jahre später erhielt er in Anwesenheit von Universitätsvertretern den Saarländischen Verdienstorden «in Anerkennung seiner besonderen Verdienste für das Saarland» überreicht. Damals jedoch sagte er seiner Heimat ade und zog mit seiner Familie nach München, wo er vier Jahre am Max-Planck-Institut für Eiweißforschung eine eigene Arbeitsgruppe für Krebsforschung leitete. Er war von der Hoffnung geleitet, dies ohne bürokratischen Apparat tun zu können. Doch bald stand er vor der Entscheidung, «den Systemgedanken zu vergessen und wissenschaftlich ‹exakt›, das heißt in einem spezifischen Fachgebiet, zu arbeiten oder aber ständig Vorwürfe zu ernten, die sich auf mein Vorhaben, unterschiedliche Fachbereiche zu verbinden, bezogen.» Das Ergebnis seiner persönlichen und wissenschaftlichen Zukunftsplanung war die Gründung der unabhängigen Studiengruppe für Biologie und Umwelt GmbH, die er seither leitet.

Seit 1970 werden dort Systemzusammenhänge auf dem Gebiet der Biokybernetik erforscht und Strategien in den verschiedensten Bereichen entwickelt. Vester über die Zeit nach Gründung der Studiengruppe: «Das war zu Beginn schon recht schwierig, wir mußten einen größeren Kredit aufnehmen, ein Schweizer Bankier half uns mit einem zinslosen Darlehen, das wir mit Beratungen und Gutachten zurückzahlten. Aber es hat sich gelohnt. Endlich war es möglich, wirklich fachübergreifende Forschung zu betreiben, wobei die Quelle, aus der ich schöpfte, immer die Molekularbiologie und die Biokybernetik geblieben ist.» In der Zellforschung, so Vester, gebe es sozusagen «hautnahen Kontakt zu den Organisationsformen lebender Systeme», beispielsweise Analogien zu Ökosystemen, aber auch zur Wirtschaft, zum Verkehr, zur Technik.

Um den Systemansatz jederzeit überprüfen zu können, legte Vester großen Wert auf die Arbeit in der Praxis. So hat er beispielsweise von 1961 bis 1971 die radiobiochemischen Kurse am Kernforschungszentrum Karlsruhe, wo er Gastdozent war, mit aufgebaut. Von 1974 an war er für vier Jahre Präsident des Bayerischen Volkshochschulverbandes. Darüber hinaus ist er Gründungspräsident der Deutschen Energiegesellschaft.

1981 wurde er Ordinarius für Interdependenz von technischem und sozialem Wandel an der Universität der Bundeswehr in München und blieb das, obwohl er sich als «Antimilitarist» bezeichnet, bis 1989. Es folgten zwei Jahre als ständiger Gastprofessor für Betriebswirtschaft an der Hochschule St. Gallen und immer wieder Tätigkeiten als Fachbeirat und Kuratoriumsmitglied verschiedener Gesellschaften und Institutionen.

Auf den ersten Blick scheint Frederic Vester in einem wesentlichen Punkt mit der Politik des Club of Rome über Kreuz zu liegen: Er ist der Ansicht, daß es nicht möglich ist, Prognosen über längere Zeiträume zu erstellen. «Zukunftsgerichtete Strategien für Unternehmen können niemals auf der Grundlage von Hochrechnungen entwickelt werden», sagte er einmal. «Jedes System hat nur einen kurzen definierten Zeithorizont, innerhalb dessen es sich wie eine Maschine verhält, Prognosen lassen sich nur für diesen Zeitraum erstellen», so der Kybernetiker. «Beim Wetter wären das wenige Stunden, bei einer Firma acht Tage, bei einer anderen vielleicht ein paar Wochen. Alles, was über diesen Punkt hinausgeht, ist reine Spekulation. Auch ist die Annahme irrig, der Zeitraum sei erweiterbar, wenn man nur genauer arbeitet und entsprechend mehr Daten zur Verfügung hat.»

Tatsächlich hat er aber schon lange vor seiner Aufnahme in den Club of Rome Kontakt zum wissenschaftlichen Leiter der Zukunftsstudie *Die Grenzen des Wachstums*, Dennis Meadows, aufgenommen. Meadows bezeichnete das von Vester entwickelte Simulationsspiel *Ökolopoly* als eine der besten Möglichkeiten, grundlegende Prinzipien über das Verhalten von System zu vermitteln. Meadows empfand, das ließ er Vester wissen, seine «Systems Dynamics» Modelle a priori falsch verstanden, wenn sie als Zukunftsvoraussagen interpretiert werden, anstatt als Wenn-dann-Prognosen. Frederic Vester wiederum hält sie in dieser Form – nach wie vor – für ein äußerst wichtiges Instrument, um davor zu warnen, was passieren könnte, wenn wir unser Verhalten in vielen Bereichen nicht einschneidend ändern.

«Die Optimierung der Überlebensfähigkeit ist ein wichtiges Prinzip der Natur», betont Vester. Den Schwerpunkt seiner Club of Rome-Mitarbeit legt er daher auf den Systemansatz und «die neuen

Möglichkeiten, mit ‹unscharfer Logik› Komplexität besser zu erfassen.» Und «wieder mehr Publizistik», meint er, «täte dem Denkerzirkel auch nicht schlecht, weil es schließlich um die Schaffung von Bewußtsein geht, wenn unsere Zivilisation durch Destruktion der sie tragenden Ökosysteme nicht wie ein Krebsgewebe scheitern soll, das mit dem Wirt auch sich selbst vernichtet.»

Inzwischen haben Konzerne wie IBM und Siemens Vesters Methoden teilweise übernommen, hat die Wirtschaftshochschule in Köln ein biokybernetisches Controlling entwickelt. Daimler-Benz, die Hoechst AG, Sachversicherungen, Ministerien und immer mehr Universitätsinstitute arbeiten mit dem von Frederic Vester entwickelten Sensitivitätsmodell, einem computergestützten Instrumentarium für den Umgang mit komplexen Systemen.

Dennoch ist die Studiengruppe für Biologie und Umwelt nie über zehn Mitarbeiter hinaus gewachsen und arbeitet im Bedarfsfall mit freien Mitarbeitern zusammen. Hauptkriterium für die Übernahme von Aufträgen: «Sinnliche Bejahung des Lebens.»

Und sein eigenes Leben? – Wochenende und Urlaub im eigentlichen Sinne sind Begriffe, die Frederic Vester nicht kennt – Arbeit, Leben, Liebe, Erholung, unterstreicht er, sind bei ihm zu einer Einheit des Daseins integriert. Seine Kraftquelle sei der «ungeheure Spaß», den ihm auf der einen Seite die Arbeit bereitet. Und auf der anderen Seite seine Familie, zu der mittlerweile fünf Enkel gehören. Berufliche Entscheidungen betreffend ist seine Frau sein wichtigster Berater. Vester: «Zusammen treiben wir Yoga, sind vom Auto aufs Fahrrad umgestiegen, schwimmen täglich, saunieren und sind viel mit unseren Kindern – die beiden Töchter sind Schauspielerinnen, der Sohn ist Musiker – zusammen. Das hält den Geist jung.»

Mit Blick auf die wichtige Bewußtseinsbildung arbeitet Vester intensiv als Publizist. Er hat nicht nur zahlreiche Bücher geschrieben, die zum Teil Bestsellerauflagen erreichten, sondern auch Wanderausstellungen konzipiert. Für den Fernsehfilm *Denken, Lernen, Vergessen* wurde Frederic Vester, Autor zahlreicher Bücher, 1974 mit dem Adolf Grimme-Preis ausgezeichnet. Er erhielt zahlreiche weitere Ehrungen.

## Ernst Ulrich von Weizsäcker,
### Naturwissenschaftler, Deutschland

Ernst Ulrich von Weizsäcker wurde
1939 in Zürich geboren. Sein Physik-
Diplom erlangte er 1965 an der Universität Hamburg, zum Dr. rer. nat.
promovierte er vier Jahre später an
der Universität Freiburg. Drei Jah-
re lang war er anschließend wissenschaftlicher Referent der Evangelischen Studiengemeinschaft Heidelberg. Danach wechselte er an
die Universität Essen, wo er den Lehrstuhl für Interdisziplinäre Biologie übernahm. 1975 wurde er Präsident der Gesamthochschule
Kassel. Von 1983 an war von Weizsäcker für drei Jahre Direktor am
Zentrum für Wissenschaft und Technik im Dienste der Entwicklung
bei den Vereinten Nationen. Von 1984 bis 1991 leitete er das Institut
für Europäische Umweltpolitik in Bonn, das Schwesterinstitute in
Paris, London, Brüssel und Arnheim unterhält. Seither ist er Präsident des Wuppertal Instituts für Klima, Umwelt, Energie.

Dieses renommierte Institut beschäftigt sich wissenschaftlich
und praxisbezogen sowohl mit den weltweiten ökologischen
Herausforderungen, als auch mit der komplexen Aufgabe eines ökologischen Strukturwandels. Es übernimmt eine Mittlerfunktion zwischen Wissenschaft, Wirtschaft, Politik und Medien, wodurch wissenschaftliche Erkenntnisse in die Politik und politische Frage-
stellungen in die Wissenschaft eingebracht werden sollen. Das
Institut ist Teil des Wissenschaftszentrums Nordrhein-Westfalen,
eines Rings interdisziplinärer wissenschaftlicher Institute, zu seinen
Arbeitsschwerpunkten gehören: Analyse der Klimaänderungen,
Mithilfe und Initiative bei der Entwicklung einer klima- und
umweltverträglichen Energie- und Verkehrspolitik, Analysen von
weltweiten und lokalen Stoffströmen «von den Bodenschätzen bis
zum Abfall», Analyse der Auswirkungen einer ökologischen
Steuerreform auf Umwelt und Wirtschaft sowie die Mithilfe bei der
Entwicklung neuer, umweltverträglicher Wohlstandsmodelle für
einen Industriestaat wie Deutschland.

In den Club of Rome wurde der Vater von fünf Kindern 1991 aufgenommen. 1989 erhielt Ernst Ulrich von Weizsäcker gemeinsam mit der norwegischen Ministerpräsidentin Gro Harlem Brundtland den damals erstmalig verliehenen italienischen «Premio De Natura», 1996 vom Worldwide Fund for Nature die «Duke of Edinburgh»-Medaille.

## Menschheit am Wendepunkt
2. Bericht an den Club of Rome zur Weltlage
von Mihajlo Mesarovic und Eduard Pestel
Erschienen 1974

«Die Welt als ein homogenes Ganzes anzusehen, das Bevölkerungswachstum in der ganzen Welt, das Pro-Kopf-Einkommen im Durchschnitt der ganzen Welt und so weiter zu betrachten, wie es in früheren Weltmodell-Untersuchungen geschehen ist, ist eine unzulässige Vereinfachung und kann außerdem zu irreführenden Resultaten führen», konstatierten Mihajlo Mesarovic und Eduard Pestel 1974. Mit einer Fußnote machten sie unmißverständlich klar, daß sie damit auch und vor allem *Die Grenzen des Wachstums* meinten. Die Verfasser des zweiten Berichtes an den Club of Rome kritisierten die des ersten.

Ungeachtet dessen war *Menschheit am Wendepunkt* nichts anderes als eine verfeinerte Fassung der *Grenzen des Wachstums*. Die Autoren teilten die Erde in zehn voneinander abhängige Regionen auf und differenzierten so weit, daß Entwicklungen auf nationaler Ebene beurteilt und diese wiederum in internationalem Kontext bewertet werden konnten. Zudem gingen Mesarovic und Pestel davon aus, daß die Menschheit, bevor sie die materiellen Grenzen des Wachstums erreichen würde, bereits an soziale, politische und psychologische Grenzen stoßen werde.

Die Regionen sind, wie ihre Aufteilung zeigt (Nordamerika / Westeuropa / Japan / Australien, Südafrika sowie der Rest der marktwirtschaftlich entwickelten Welt / Osteuropa einschließlich der damaligen UdSSR / Lateinamerika / Nordafrika, Mittlerer Osten / Tropisch Afrika / Südasien / China, Nordkorea, Mongolei, Nordvietnam), nicht nur geographisch definiert, sondern auch unter ideologischen, entwicklungspolitischen und anderen Aspekten. Mesarovic und Pestel waren der Ansicht, daß ihr Modell ein Werkzeug sei, um «die entworfenen Szenarien, also seine hier niedergelegten Versionen, für die Zukunft (zum Beispiel eine regionale ‹Regierungserklärung›) an den im ‹objektiven› Computermodell dargestellten ‹Realitäten des Lebens› zu testen, so daß er (der Benutzer, Anm. J.S.) vom Computer deren verästelte Konsequenzen mitgeteilt erhält, die während des betrachteten Zeitraums eintreten können.»

Aus dieser Passage geht zweierlei hervor. Erstens glaubten die Autoren des zweiten Berichtes an den Club of Rome, politische und gesellschaftliche Entwicklungen würden mit Computer-Hilfe künftig zu prognostizieren sein. Zweitens ist die zitierte Passage ein Beispiel für die teilweise schlechte Verständlichkeit des Berichtes. Gleichwohl kamen Mesarovic und Pestel zu sehr konkreten Ergebnissen, denen mit Blick auf die tatsächliche Entwicklung seit der Publikation von *Menschheit am Wendepunkt* Respekt gezollt werden muß. Die Ungleichheit der Einkommensverteilung, prognostizierten sie, werde sich bis weit ins 21. Jahrhundert hinein noch verstärken. Dies entspricht dem Trend seit 1974 und auch neueren Voraussagen.

Je früher in großem Maße Investitionshilfen seitens der Industrieländer für die Entwicklungsländer gewährt würden, desto geringer werde die Einkommens-Schere in Zukunft auseinanderklaffen. Eine These, die heute – auch nach Ansicht von führenden Club of Rome-Mitgliedern – mit Vorsicht zu genießen ist, denn Investitionshilfen sind demzufolge nur dann sinnvoll, wenn sie Hilfe zur Selbsthilfe ermöglichen. Werden mit ihnen statt dessen Prestigeprojekte wie Staudämme etc. verwirklicht, können sie große Schäden in den betroffenen Ländern anrichten, von der Schuldenfrage ganz abgesehen.

An einem anderen Beispiel wird klar, daß rein materielle Hilfe der reichen an die armen Länder keine Lösung des Problems bringt: Soll es gegen 2025 nicht zu Hungerkatastrophen in Südasien und weiten Teilen Afrikas kommen, so Mesarovic und Pestel, müßten jährlich 500 Millionen Tonnen Getreide in diese Regionen eingeführt werden. Hierzu stellen sich zwei wesentliche Fragen: Wie können diese Lieferungen finanziert und wie logistisch realisiert werden?

Ein Szenario beinhaltete eine Variante, mit der das Hungerproblem in großen Teilen der Dritten Welt ohne Nahrungsmittelimporte zu lösen wäre. Die Grundannahme hierfür war, daß es 1990 eine stabile Weltbevölkerung gäbe. Daß dies nicht so war und noch lange nicht so sein wird, ist eine bekannte Tatsache.

Mesarovic und Pestel muß man in diesem Zusammenhang zugute halten, daß sie 1974 deutlich gesagt haben, wie dringend die Bevölkerungsexplosion allein aus Gründen der Ernährung gestoppt werden muß. Auch haben die Autoren des zweiten Berichtes an den Club of Rome die Notwendigkeit eines globalen Nahrungsmittel-Managements, mithin die einer Welt-Ressourcenverwaltung, erkannt.

Im wesentlichen kommen Mesarovic und Pestel zur gleichen Schlußfolgerung wie das MIT-Team um Dennis Meadows: Zur Neige gehende Rohstoffe und das Wachstum der Weltbevölkerung werden zu Konflikten führen, die, je später diese Tendenzen gebremst werden, um so drastischer ausfallen. Auch die Autoren von *Menschheit am Wendepunkt* mahnen, daß manches unter dem Aspekt der kurzfristigen Gewinnmaximierung betrachtet wird, obwohl dies oftmals im Gegensatz zu langfristig vorteilhaften Entwicklungen steht. Andererseits könne es auch zu Problemen führen, wenn kurzfristige Phänomene als langfristige fehlinterpretiert würden. Als Beispiel hierfür nennen Mesarovic und Pestel den Nahrungsmittelüberfluß in manchen Weltregionen. Daß allein Klimaveränderungen immense Einbrüche für die Landwirtschaft bedeuten werden, gilt inzwischen als gesicherte Erkenntnis.

Der zweite Bericht an den Club of Rome erschien ein Jahr nach dem Ölschock. Mesarovic und Pestel haben daher anhand des Öls zu erwartende Auseinandersetzungen zwischen Rohstoff-Produzenten und -Konsumenten erörtert. Sie prognostizierten eine immer weitergehende Entwicklung des Käufermarktes hin zu einem Verkäufermonopol. Dabei bringt der sich permanent erhöhende Ölpreis nur auf den ersten Blick Vorteile für die Exporteure. Die Begrenztheit der Ressourcen, Substitutionsmöglichkeiten und Weiterentwicklung anderer Energienutzungsformen wirken sich statt dessen negativ auf die Einkommenssituation der Lieferländer aus. Bezogen auf einen Prognose-Zeitraum von 1975 bis 2025 kommen die Autoren zu dem Ergebnis, daß es durchaus eine «ertragreichste» Preisspanne gibt. In weitergehenden Szenarien stellte sich gar heraus, daß diese Preisspanne auch für die Abnehmer als optimal anzusehen ist. Liege der Preis darunter, so werde Raubbau an den Ressourcen betrieben, was zu abruptem Wachstumsrückgang und

120

Einkommensverlusten führe. Bei überhöhten Ölpreisen, argumentieren Mesarovic und Pestel, führt die Entwicklung von Alternativen zu hohem Aufwand. Es existiere also eine Rohstoffpreisstrategie, die es ermögliche, auf globaler Ebene ökonomischen Dauerkrisen infolge von Rohstoffverknappungen vorzubeugen. Sie mahnen jedoch, daß sich alle beteiligten Parteien auch daran halten müssen und keine aufgrund kurzfristiger Vorteile davon abweicht.

Mesarovic und Pestel kommen zu dem Schluß, daß scheinbar unausweichliche weltweite Krisen nur in enger Kooperation der Staatenwelt zu lösen sein werden. Daher auch sei eine umfassende Betrachtungsweise notwendig, «in der, von individuellen Wertvorstellungen, Traditionen und Verhaltensweisen angefangen bis hin zur Umweltbeeinflussung, alle Aspekte berücksichtigt werden, die in den verschiedenen Ebenen der hierarchischen Struktur unseres Weltmodells ihren Niederschlag gefunden haben.»

# Ergebnisse und Wirkungen

## Die Berichte

In den nunmehr dreißig Jahren seines Bestehens hat der Club of Rome über zwanzig Berichte vorgelegt. Der erste, *Die Grenzen des Wachstums*, begründete seinen Weltruhm. Andere erzielten große, wieder andere wenig Aufmerksamkeit. Längst nicht alle wurden ins Deutsche übersetzt. Ungeachtet dessen ließe sich mit Zusammenfassungen der Berichte an den Club of Rome ein eigenes Buch füllen.

Manche Berichte, zum Beispiel *Mikroelektronik und Gesellschaft*, der Anfang der achtziger Jahre erschien, machten zum Zeitpunkt ihres Erscheinens durchaus Sinn, sind mittlerweile aber von der Entwicklung überholt worden. Sie sind noch in Universitätsbibliotheken zu finden, vom Buchhandel zumeist aber nicht mehr lieferbar, allenfalls für Fachleute einzelner Branchen, die sich für die Geschichte bestimmter Entwicklungen interessieren, relevant.

Andere Berichte an den Club of Rome enthalten jedoch auch mitunter nach vielen Jahren, die ihr Erscheinen schon zurückliegt, Beurteilungen, Prognosen und Vorschläge, die nach wie vor bedenkenswert sind. Zusammenfassungen von einigen dieser Berichte sind an verschiedenen Stellen in diesem Buch zu finden (*Die Grenzen des Wachstums* S. 63, *Menschheit am Wendepunkt* S. 118, *Zukunftschance Lernen* S. 160, *Die Zukunft der Weltmeere* S. 267, *Revolution der Barfüßigen* S. 196).

Seit Mitte der neunziger Jahre hat die Berichtstätigkeit des Club of Rome deutlich zugenommen. Dies entspricht seinen eigenen Vorhersagen: Die Weltproblematik wird immer komplexer, was nicht ohne Folgen auf die Weltlösungsstrategie bleiben kann. Globalisierung, Neue Medien, Konfliktmanagement, Zukunft der Arbeit, Regierungsfähigkeit, Bekämpfung der Armut oder Umweltgefahren sind nur einige Felder, mit denen die Menschheit und mithin auch eine Organisation, die sich mit deren Zukunft beschäftigt, konfrontiert ist. Den aktuellsten Arbeiten des Club of Rome ist daher ein eigener Teil dieses Buches gewidmet (S. 201)-

Ein in zweifacher Hinsicht besonderer Bericht erschien 1991: *Die erste globale Revolution.* Wenngleich das in den Titeln nicht immer deutlich hervorgehoben wurde, so waren die Berichte davor und danach Berichte an den Club of Rome: bei Fachleuten, die durchaus aus den eigenen Reihen stammen konnten, in Auftrag gegeben und nach Diskussionen in Ausschüssen vom Exekutiv-Komitee als Bericht an den Club of Rome akzeptiert; nur selten wurde die Anerkennung versagt. Nun aber wurde erstmals ein Bericht vollständig von Gremien des Clubs erarbeitet. Ehrenpräsident Alexander King und Generalsekretär Bertrand Schneider sind die Autoren der Endfassung.

*Die erste globale Revolution* ist zudem ein umfassender *Bericht zur Lage der Welt* (Untertitel), in dem die Autoren die wesentlichen Aspekte der Weltproblematik darstellen und analysieren sowie Handlungsempfehlungen im Sinne der Weltlösungsstrategie präsentieren. In der Einleitung heißt es: «*Die erste globale Revolution* ist für alle jene geschrieben, die den Geist des Forschers, des Entdeckers, des risiko- und lernbereiten Menschen in sich tragen. Für alle, die einen Sumpf durchqueren oder einen Berg besteigen, weil sie so beschaffen sind. Auf sie müssen wir zählen, wenn es darum geht, sich den hier beschriebenen immensen Problemen zu stellen, sich Ziele zu setzen und zu versuchen, sie zu erreichen, aus Erfolgen und Mißerfolgen zu lernen und nicht aufzugeben, sondern weiterzulernen.» Man hoffte, mit dem Buch die Betroffenheit derjenigen «weiter zu schärfen, denen die Zukunft des Planeten Erde und der Menschheit am Herzen liegt.» Es richte sich daher besonders an die Jugend, damit diese den Zustand der Welt, die sie von früheren Generationen erbt, besser beurteilen könne und dazu ermutigt wird, am «Aufbau einer überlebensfähigen Gesellschaft» mitzuarbeiten, «die ihren Kindern und den späteren Generationen ein lebenswertes Leben in bescheidenem Wohlstand bieten kann.»

## Der Club of Rome über seine Weltsicht: Die erste globale Revolution

«Noch keine Generation hat ihre Propheten geliebt, am allerwenigsten jene, die auf die Folgen von schlechtem Urteilsvermögen und mangelndem Weitblick hingewiesen haben. Der Club of Rome darf sich etwas darauf zugute halten, daß er nun schon seit zwanzig Jahren unpopulär ist. Ich hoffe, daß er noch viele weitere Jahre damit fortfährt, unangenehme Tatsachen auszusprechen und den Selbstzufriedenen ebenso wie den Gleichgültigen ins Gewissen zu reden.» Das übermittelte Prinz Philip, Herzog von Edinburgh, 1988 nach Paris, wo sich die Mitglieder des Club of Rome anläßlich des zwanzigjährigen Bestehens des Zirkels versammelt hatten. Um dem Image, das der Club sich nicht nur beim Ehemann der Queen erworben hatte, treu zu bleiben und Entscheidungsträger wie Bürger auf dringend notwendige Schritte aufmerksam zu machen, beschloß der Club während seiner Jahreskonferenz in Hannover ein Jahr später, zwölf Monate lang sehr gründlich über die Weltlage und die sich daraus ergebenden Aufgaben des Club of Rome nachzudenken, diese zusammenzufassen und aus dem so zusammengetragenen Material einen neuen, umfassenden Bericht zu erarbeiten.

Mihajlo Mesarovic hatte dazu einen Fragebogen an alle Mitglieder verschickt. Ausgestattet mit der Zusammenfassung der Antworten zog sich der Rat des Clubs zu einer Klausur zurück. Dieser ersten Versammlung im Februar 1990 in Räumen des Ministerrats der Sowjetunion bei Moskau folgte ein halbes Jahr später eine weitere im spanischen Santillana. Das von Alexander King und Bertrand Schneider vorbereitete Manuskript wurde bei diesen Gelegenheiten diskutiert, überarbeitet und dann als erster Bericht *des* Club of Rome verabschiedet. Die Ratsmitglieder kommentierten diese Vorgehensweise so: «Dies bezeugt, daß die Mitglieder des Club of Rome mehr denn je bereit sind, über unterschiedliche Beurteilungen in Einzelfragen hinwegzusehen, sich auf eine gemeinsame Analyse zu verständigen und gemeinsame Ziele zu proklamieren.» Innerhalb eines Jahres kam
*Die erste globale Revolution* in 37 Ländern und 19 Sprachen auf den Markt. Der Bericht stellt die Weltsicht des Club of Rome dar.

Drei vorrangige «Dringlichkeiten» werden im ersten Teil erörtert, während im zweiten dringende Handlungsempfehlungen präsentiert werden. Die zentrale These ist, daß die Menschheit «trotz vieler unbekannter Aspekte zu einem Vorverständnis der Welt von morgen kommen» und sich auf einen «Wirbelsturm der Veränderung» einstellen muß, der Züge einer globalen Revolution trage. Dieser Sturm habe in der Zeit seit Gründung des Clubs bereits eingesetzt. Die Autoren des Berichts erinnern an den Zusammenbruch des kommunistischen Blocks, die Auflösung des Warschauer Pakts, die Wiedervereinigung Deutschlands und den Zerfall der Sowjetunion. Dies alles berge Chancen, aber auch große Gefahren. Schneider/King wörtlich: «Es ist kaum zu erwarten, daß uns die Geschichte noch einmal eine so offene, vielversprechende Gelegenheit bietet wie jetzt (Anfang der neunziger Jahre, Anm. J.S.), und alles kommt darauf an, daß die Menschheit sie mit Weisheit nutzt.»


*Die erste Dringlichkeit: Schwerter zu Pflugscharen*


Als der jahrzehntelange Kalte Krieg endete, ließ dies die Menschen auf allen Kontinenten aufatmen. Schließlich hätte ein atomarer Weltkrieg Hunderte Millionen von Toten und wohl das Ende der Zivilisation, wie wir sie kennen, bedeutet, vielleicht gar das Ende der Menschheit. Nun aber schien das Damoklesschwert eines globalen Atomkrieges auf dem Schrotthaufen der Geschichte gelandet zu sein. Michail Gorbatschow, der zunächst als Staats- und Parteichef der UdSSR, später als deren erster und letzter Präsident, erheblichen Anteil daran hatte und dafür 1990 den Friedensnobelpreis erhielt, ist Ehrenmitglied des Club of Rome.

Doch trotz dieser positiven Entwicklung warnen Bertrand Schneider und Alexander King vor allzuviel Euphorie hinsichtlich weiterer Abrüstungsbemühungen. Rußland tut sich auf dem Weg zur wirklichen Demokratie weiterhin schwer und ist nicht gewillt, seine weltweiten Machtansprüche völlig hinter die der USA bzw. der NATO zurückzustellen. Der Westen wird seinerseits ein gewisses Abschreckungspotential zurückbehalten. Aus einem weiteren

Grund werden die Waffenarsenale der nördlichen Industriestaaten noch lange ein relativ hohes Niveau behalten: Überall auf der Welt streben Staaten nach Massenvernichtungsmitteln, zu denen außer den atomaren schließlich auch noch biologische und chemische Waffen gehören. Einige Länder sind auf diesem Weg bereits bedenklich weit gekommen. Die Industriestaaten werden weiterhin sicherstellen wollen, ihnen jederzeit militärisch überlegen zu sein.

Die Autoren des Club of Rome halten es für möglich, daß die Gefahr atomarer Vernichtung so lange bestehen bleibt, wie es auf der Erde Menschen gibt. Klar ist, daß das Wissen darüber, wie nukleare Waffen herzustellen sind, selbst bei völliger atomarer Abrüstung nicht mehr aus der Welt zu schaffen ist und daher solche Massenvernichtungsmittel jederzeit wieder produziert werden können.

Gerade deshalb ist es ein wichtiges Ziel internationaler Politik, die Weiterverbreitung von Atomwaffen in noch mehr Länder zu verhindern. Nach Ansicht des Club of Rome erfordert eine wirksame Nichtverbreitungspolitik «eine neue weltweite Strategie, die sich von der bipolaren Ausrichtung während des Kalten Krieges deutlich unterscheidet. Die Menschheit muß auf der Hut sein vor dem Aufstieg wahnsinniger, charismatischer Führer, die ganze Nationen hypnotisieren und lieber die Welt zerstören, als klein beizugeben.» Der Atomwaffensperrvertrag (der 1995 unbefristet verlängert worden ist) müsse daher unbedingt eingehalten werden. Seit er 1970 in Kraft getreten ist, konnte er gleichwohl nicht verhindern, daß mit Israel, Indien und Pakistan mindestens drei weitere Atommächte zu den fünf «offiziellen», im Sicherheitsrat der Vereinten Nationen vertretenen, hinzugekommen sind. (Zwischenzeitlich war auch Südafrika Atommacht, hat seine Kernwaffen aber noch unter Ministerpräsident de Klerk demontiert.)

Wie wichtig die Forderung des Clubs – womit auch eine Verbesserung des Vertragswerks hinsichtlich dessen Überprüfbarkeit verbunden wäre – ist, zeigte sich 1990. Ein Jahr, bevor *Die erste globale Revolution* erschien, bemerkte der amerikanische Geheimdienst CIA anhand von Satellitenbildern, daß zwischen Indien und Pakistan eine erneute Krise um den Dauer-Zankapfel Kaschmir zu eskalieren drohte und beide Seiten Kernwaffen in Einsatzbereitschaft brachten. Daß auch ein regional begrenzter Atomkrieg eine Katastrophe für die ganze Welt wäre, steht außer Frage. «Das war viel beängstigender als die Kubakrise»,* kommentierte CIA-Mitarbeiter Richard Kerr. Nur auf massive diplomatische Intervention der USA hin, so der Pulitzer-Preisträger Seymour Hersh, der alles ans Tageslicht brachte, sei die Krise entschärft worden.

Um mehr Sicherheit für alle Länder zu schaffen, argumentiert der Club of Rome, ist neben der Kontrolle und Begrenzung der Rüstung mit nuklearen Waffen auch eine deutliche Eindämmung des internationalen Handels mit den sogenannten konventionellen Waffen unabdingbar. Dies zu erreichen ist aber ausgesprochen schwierig, weil der Verkauf von Waffen, die auf dieser Welt offenbar zu jeder Zeit in großen Mengen gebraucht werden (seit Gründung des Club of Rome haben weltweit über fünfzig Kriege stattgefunden), für die Lieferanten sehr einträglich ist. Außerdem wird mit den Entscheidungen, welches Regime welche und wieviele Waffen erhält, geostrategische Politik im Interesse der Verkäufer betrieben.

Der Falkland- und der zweite Golfkrieg haben bewiesen, daß solche Politik gleichwohl zum Bumerang für die Lieferländer werden kann. Im Konflikt um die südatlantischen Inseln wurden britische Schiffe mit von Frankreich an Argentinien gelieferten Exocet-Raketen versenkt, am Golf war der Kriegsgegner der internationalen Allianz jahrelang von vielen der diesem Bündnis angehörenden Länder als Bollwerk gegen den fundamentalistischen Iran aufgerüstet worden. So stand man selbst den in großen Mengen gelieferten Waffen gegenüber. Die Alliierten bombardierten den Irak besonders heftig, um dessen Arsenale und Produktionsstätten weitestgehend zu zerstören. Die Zahl der Toten lag weit über Hunderttausend.

Waffenverkäufe sind ein Paradebeispiel für das unter Individuen und Institutionen weit verbreitete Verhalten, immer nur an das Nächstliegende und nicht an dessen Folgen zu denken. Die Club-Autoren dazu in *Die erste globale Revolution*: «Es erscheint als Gipfel des Wahnsinns, um eines augenblicklichen finanziellen Vorteils willen Waffen an jemanden zu verkaufen, der vielleicht daran denkt,

---

* Seymour Hersh in: Die Woche, Ausgabe 13 vom 24. März 1993.

den Verkäufer selbst zu töten.» Davon abgesehen: Soll die Welt in den Genuß einer Friedensdividende kommen, an Kapital also, das der Rüstungsproduktion und dem Unterhalt von Militär entzogen wird, muß unverzüglich mit der möglichst weitgehenden Umstellung der entsprechenden Industrien auf zivile Produktion begonnen werden. Internationale Zusammenarbeit ist dabei unabdingbar. Gerade die Länder des ehemaligen Warschauer Paktes benötigen bei der Rüstungsumstellung Hilfe, weil ihre Waffenschmieden nur in seltenen Fällen zivile Standbeine hatten. Insbesondere auf dem Gebiet der ehemaligen Sowjetunion sind ganze Städte um solche Fabriken herum aus dem Boden gestampft worden und drohen nun zu verelenden. Es liegt im Interesse des Westens, dem Osten bei der Umstellung zu helfen. Schließlich sind menschenwürdige Lebensverhältnisse eine wichtige Grundlage für Demokratie.

Bertrand Schneider und Alexander King weisen in ihrem Buch auf einen Vorschlag hin, den King, damals Präsident des Club of Rome, 1986 US-Präsident Ronald Reagan und dem sowjetischen Staats- und Parteichef Michail Gorbatschow unterbreitet hatte: Die Supermächte sollten gemeinsam eine Initiative zur Eindämmung des Waffenhandels starten. Das Weiße Haus in Washington bestätigte seinerzeit lediglich formal den Eingang des Schreibens. Gorbatschow aber antwortete persönlich und fügte ein Memorandum mit weiteren Vorschlägen bei. Außerdem wurde der Briefwechsel in den sowjetischen und osteuropäischen Medien ausführlich dargestellt. Die Club of Rome-Autoren: «Es scheint uns an der Zeit, diesen Vorschlag zu erneuern und ihn nicht nur an die USA und die Sowjetunion (*Die erste globale Revolution* wurde vor deren Zerfall verfaßt, Anm. J.S.) zu richten, sondern an alle wichtigen Länder, die Waffen exportieren.» Tatsächlich lägen weite Teile des ehemaligen Jugoslawien nicht in Schutt und Asche, hätten die dortigen Kriegsparteien nicht immer weiter Nachschub erhalten.

Die erste Dringlichkeit läßt sich mit einem Motto der Friedensbewegung der frühen achtziger Jahre zusammenfassen: Die Welt braucht Produkte für das Leben statt Waffen für den Tod.

Um die natürlichen Lebensgrundlagen zu erhalten, sind nach Ansicht des Club of Rome zwei parallele Anstrengungen notwendig: Bewahrung und Vorbeugung. Dies läßt sich auf unzählige Bereiche der Ökologie beziehen. Die Club of Rome-Autoren konzentrieren sich daher in ihrer Prioritätenliste auf einen Einzelaspekt, dessen globale Tragweite gleichwohl mittlerweile unumstritten ist: Die sich längst vollziehende Temperaturerhöhung bedroht das gesamte Wirtschafts- und Sozialsystem der Erde. Die Klimakatastrophe zu verhindern, sei «eine der größten Herausforderungen, die die Menschheit je erlebt hat. Sie ruft nach größter internationaler Anstrengung.»

Die Forderungen, die der Club of Rome erhebt, sind nicht neu, aber gleichwohl richtig:

- Um den für den Treibhauseffekt maßgeblich mitverantwortlichen Kohlendioxidausstoß spürbar zu verringern, muß der Verbrauch fossiler Brennstoffe deutlich eingeschränkt werden.
- Dazu müssen Nutzungsmöglichkeiten erneuerbarer Energiequellen mit Nachdruck weiterentwickelt werden.
- Es müssen Methoden zur Speicherung und effizienteren Nutzung von Energie geschaffen werden.
- Weil Pflanzenmasse Kohlendioxid speichert, muß insbesondere in Tropengebieten intensive Wiederaufforstung betrieben werden.

Im Zusammenhang mit diesen Forderungen löste der Club of Rome eine weltweite Kontroverse aus. Er empfahl nämlich, die Nutzung der Kernenergie als Option für den Fall offenzuhalten, daß der Ausstoß klimaverändernder Gase nicht schnell und weitgehend genug gesenkt werden könne. (Siehe dazu auch den nachfolgenden Abschnitt.)

Der Club of Rome schlägt vor, daß unter Federführung des Umweltprogramms der Vereinten Nationen und in Zusammenarbeit mit der Weltorganisation für Meteorologie sowie der UNESCO, der UN-Organisation für Erziehung, Wissenschaft und

Kultur, ein Klimaschutzprogramm gestartet wird. Zu den ersten praktischen Schritten müsse die Einrichtung von Räten für effiziente Energienutzung in allen Ländern gehören. «Noch dringender», so Schneider und King, «ist das Erfordernis, ein hochrangiges, kompetentes Gremium einzurichten, welches eingehend und über einen langen Zeitraum hinweg die Auswirkungen der globalen Verschmutzungseffekte auf die Wirtschaft, die Gesellschaft und den einzelnen untersucht. Da dieses Problem äußerst vielschichtig ist und viele Disziplinen berührt, die wiederum in komplexer Weise ineinandergreifen, ist es undenkbar, daß diese Aufgabe im konventionellen Rahmen – also durch eine Gruppe von Politikern, die in New York tagen – wirkungsvoll bewältigt werden kann. Wir machen deshalb den Vorschlag, diese Gelegenheit zum Bruch mit einer institutionellen Tradition zu nutzen und eine Gruppe hervorragender Politiker, verstärkt durch Persönlichkeiten aus Industrie, Wirtschaft und Wissenschaft, zusammenzuführen. Es reicht nicht aus, diese Aufgabe, die so entscheidend wichtig für die Zukunft der Menschheit ist, einer rein aus Politikern zusammengesetzten Gruppe zu übertragen.» Winston Churchill habe, als er sagte, «Wissenschaftler müssen verfügbar sein, aber sie sollen nicht verfügen», nicht ganz Recht gehabt. Als *Die erste globale Revolution* 1991 erschien, hofften Club of Rome-Mitglieder, daß ein Jahr später während des Umweltgipfels in Rio die Einrichtung eines Umwelt-Sicherheitsrates der Vereinten Nationen beschlossen werden würde. Bekanntlich ist es dazu nicht gekommen. Besonders die USA (damals noch unter Präsident George Bush) blockierten heftig. Die Clinton-Regierung jedoch hat eine andere Haltung zu Umweltfragen.


*Die dritte Dringlichkeit: Von der Unterentwicklung zur Entwicklung*

Die Weltbank schätzte 1991, daß damals auf der Südhalbkugel eine Milliarde Menschen unterhalb der absoluten Armutsschwelle lebten, also mit einem Einkommen von weniger als einem Dollar pro Tag und Person. Zehn Jahre zuvor waren es noch halb so viele. Ein Ende dieser erschreckenden Entwicklung ist nicht absehbar.

Nun ist es bekanntermaßen oft zweierlei, Recht zu haben und Recht zu bekommen – immer öfter vor allem dann, wenn es um die Menschenrechte geht. Die garantieren schließlich das Recht auf Leben und Freiheit. Mit einem Einkommen von einem Dollar oder weniger pro Tag indessen ist das Überleben nicht gesichert und Freiheit nichts als ein Traum.

Dabei ist der Dollar beim Kampf um die nächste Mahlzeit nichts anderes als eine abstrakte Maßeinheit für Getreide, Wasser, vielleicht auch Brennholz. In der Sahel-Zone und anderen Hungerregionen gibt es aber nun mal keine Lebensmittelläden. Hinsichtlich brandgerodeter ehemaliger Urwälder, zu Kloaken verkommener Flüsse und leergefischter Meeresregionen müssen sich die Menschen nachdrücklich auf den von Greenpeace nicht erst seit gestern verbreiteten Satz hinweisen lassen: «Erst wenn der letzte Baum gerodet, der letzte Fluß vergiftet, der letzte Fisch gefangen, werdet ihr feststellen, daß man Geld nicht essen kann.» In manchen Gegenden der Welt ist ein Krug Wasser längst mehr wert als noch so viele Dollarscheine, würde niemand im Tausch gegen Goldbarren Eßbares hergeben. Daß ihm ein mit Zahlen bedruckter Schein auf dem Markt von Adis Abeba zur Befriedigung seiner wichtigsten Bedürfnisse verhelfen könnte, nützt einem auf dem äthiopischen Land Verhungernden schließlich wenig, wenn er weder Kraft noch die Möglichkeit hat, in die vielleicht gar nicht so weit entfernte Metropole zu gelangen.

Daß die Armut auf der Welt solche Formen und Ausmaße angenommen hat, ist dem Club of Rome zufolge das Ergebnis der Entwicklungspolitik der sechziger und siebziger Jahre, die wenig dazu geeignet gewesen war, die dringlichsten Bedürfnisse der Menschen in der Dritten Welt zu befriedigen. Gigantische Staudämme, Eisen- und Stahlwerke, Werften oder Raffinerien brachten nicht mehr Lebensmittel, sondern zerrüttete Staatshaushalte und riesige Schuldenberge. Solche Versuche, einen gewissen Grad der Industrialisierung zu erreichen, um sich von Importen unabhängiger zu machen und Exporterlöse zu erzielen, führten oft dazu, daß die betreffenden Länder gerade das zur Schuldentilgung ausführen mußten und müssen, worauf sie am wenigsten verzichten können: Agrarprodukte. Dabei ist das Recht auf Leben und mithin ausreichende Ernährung zweifellos das höhere Menschenrecht als das auf Rückerhalt verliehenen Geldes. Derlei an die tatsächlichen Bedürfnisse vor Ort unangepaßte Industrialisierungsprogramme begünstigten darüber hinaus die Landflucht, weil die Menschen als billige Arbeitskräfte in die Städte wanderten.

Das Wachstum der Städte ist indessen längst selbst zu einem schwerwiegenden Problem geworden. Lebten Anfang des 20. Jahrhunderts noch neunzig Millionen Menschen in den Städten der heutigen Entwicklungsländer, so überschritt ihre Zahl in den achtziger Jahren die Milliardengrenze. Seither erhöht sie sich jährlich um vierzig Millionen Menschen. Zur Jahrtausendwende rechnen die Vereinten Nationen mit zwei Milliarden Menschen in den Städten der Dritten Welt. Schneider und King zitieren die Autoren des 1988 erschienenen Buches *A World of Giant Cities*, Mattei Dogan und John D. Karada: «Die Städte wirken wie ein gigantisches Las Vegas. Der Großteil ihrer Bewohner sind Spieler, wenn auch die Spiele von anderer Art sind. Sie heißen nicht Roulette oder Black-Jack, sondern Jobsicherheit, soziale Mobilität, bessere Bildungschancen für die Kinder und Krankenhäuser für die Kranken. Man erzählt sich märchenhafte Geschichten über die paar wenigen, die das große Glück gemacht haben.»

Ein besonders drastisches Beispiel dafür, in welchen Massen Menschen in den zurückliegenden Jahren vor allem in den besonders armen Ländern in die Städte geströmt sind, führte die UN-Kommission für Umwelt und Entwicklung (WCED) in ihrem 1987 erschienenen Bericht *Unsere gemeinsame Zukunft* an: Die an der westafrikanischen Küste gelegene Hauptstadt von Mauretanien, Nouakchott, hatte 1950 gerade einmal 5800 Einwohner. Bis 1982 war deren Zahl um das 43fache auf eine viertel Million gestiegen. Wenn die WCED mit ihrer Prognose von 1,1 Millionen Menschen, die im Jahr 2000 in Nouakchott leben werden, Recht behält, bedeutete das die Mutation eines Dorfes zur Millionenstadt innerhalb eines halben Jahrhunderts.

Daß solches Wachstum kaum in geregelten Bahnen verlaufen kann, versteht sich fast von selbst. «Bisher waren die Stadtverwaltungen ohnmächtig gegenüber dem Menschenstrom, sie konnten keine angemessenen Eingliederungsstrukturen, keinen

Gesundheitsdienst, kein Bildungsangebot für die neuen Parias schaffen, die für jede Krankheit anfällig sind und als Randgruppe nur allzu leicht in Prostitution oder Drogenhandel abgleiten», heißt es in *Die erste globale Revolution*. Von einer «Landschaft, die aus den Müllbergen Calcuttas entstanden ist und sich durch den Andrang des Mülls täglich verändert», sprach der Schriftsteller Günter Grass im Juni 1989 vor den versammelten Mitgliedern des Club of Rome. «Im Müll, vom Müll», so Grass, «leben Tausende von Menschen. Als Kastenlose sind die meisten von ihnen gleichfalls Müll, Müll einer Kastengesellschaft.»* Kurz: Leben in den ausufernden Städten der Dritten Welt bedeutet für hunderte Millionen Menschen triste Hoffnungslosigkeit und Elend. Auch hier herrscht der Kampf ums Überleben, er findet lediglich in anderer Umgebung statt als auf dem Land.

Ob in den Metropolen oder anderswo, überall in den Entwicklungsländern wirkt der von Schneider und King beschriebene Teufelskreis: «Eine gewisse Verbesserung in der Wirtschaft, erzielt durch ein gewisses Maß an Bemühung, wird durch die wachsende Bevölkerung wieder aufgezehrt.»

Die von Schneider und King gestellte Frage, wo denn «von der Natur so gut ausgestattete» Länder wie beispielsweise Indien heute stünden, wenn ihre Bevölkerungen seit Anfang des 20. Jahrhunderts nicht mehr oder nur geringfügig gewachsen wären, ist ein interessanter Denkanstoß.

Tatsächlich lassen sich die Armut und sämtliche daraus resultierende Probleme auf drei Punkte zuspitzen: Die Ressourcen sind – erstens – nicht unerschöpflich und werden – zweitens – ungerecht verteilt. Drittens müssen mit ihnen die Grundbedürfnisse von immer mehr Menschen befriedigt werden. Knapper werdende Güter aber werden teurer, mithin für immer weniger Menschen erschwinglich. Die Versorgung einer immer größer werdenden Zahl von Individuen mit begrenzten Ressourcen stößt unvermeidlich an Grenzen. Oberstes Gebot ist daher die Eindämmung der Bevölke-

---

* Günter Grass, Tschingis Aitmatow, Alptraum und Hoffnung. Zwei Reden vor dem Club of Rome, Göttingen 1989

rungsexplosion. Dazu der Club of Rome: «Eines der sichersten Mittel, um niedrigere Fruchtbarkeitsziffern zu erreichen, sind die spontanen Prozesse, die durch wirtschaftliche Verbesserungen ausgelöst werden. Dies ist jedoch vielerorts nichts weiter als eine schemenhafte Hoffnung, die durch hohe Zuwachsraten der Bevölkerung nur noch weiter in die Ferne rückt, wodurch ein wahrer Teufelskreis entsteht.» Wenige Seiten weiter heißt es in *Die erste globale Revolution*: «Der Druck der Tatsachen ist so groß, daß wir uns verändern oder von dieser Erde verschwinden müssen.»

Der Wissenschaftspublizist Hoimar von Ditfurth verglich die Erde einst mit einem Menschen und die Menschheit mit Cholerabakterien, die diesen befallen haben. Die Krankheitserreger vermehren sich per Zellteilung in Verdopplungsschritten und erreichen bereits nach 33 Stunden die hundertste Generation. Schon bald vermehren sie sich über die Zahl hinaus, die ihre Welt, der menschliche Körper, verkraftet. Die scheinbar so erfolgreiche Population stirbt mit ihrer Umwelt. Sie hat die Grenzen des Wachstums überschritten.


*Wie weiter? Schritte einer Lösungsstrategie*

Niemand, der die täglichen Nachrichten verfolgt, könnte behaupten, daß solch düstere Prognosen an den Haaren herbeigezogen und die Warnungen übertrieben sind. Der Club of Rome läßt kaum eine Gelegenheit aus zu beteuern, daß er nicht verängstigen, sondern zum Handeln animieren will. Insbesondere um junge Menschen zu motivieren, sich aktiv mit der Zukunft der Erde und der Gesellschaft auseinanderzusetzen, ist es wichtig, Auswege zu diskutieren und aufzuzeigen.

**Gerechtigkeit:** Manche Aktivitäten und Strategien zur Überwindung der Probleme, die in *Die erste globale Revolution* zusammengefaßt dargestellt werden, sind Gegenstand eigener Berichte an den Club of Rome. Dazu gehören Initiativen in der Dritten Welt, bei denen die Menschen ihr Schicksal, angepaßt an die Bedingungen vor Ort, selbst in die Hand nehmen und dabei beachtliche Verbesserungen ihrer Lebenssituation erreichen. In *Die Revolution der Barfüßigen* nennt Bertrand Schneider Beispiele und plädiert nachdrücklich für dieses Prinzip. *Krieg den Hütten* (siehe S. 205), einer der neueren Berichte an den Club of Rome, stammt ebenfalls aus Schneiders Feder. Der Generalsekretär des Clubs argumentiert darin, daß die Ausbeutung der armen Länder durch die reichen einem Krieg gleichkomme, der dringend beendet werden müsse.

Da Möglichkeiten und Handlungsvorschläge in den jeweiligen Kapiteln detailliert vorgestellt werden, soll an dieser Stelle der Hinweis genügen: Da die Ressourcen, die die menschliche Gesellschaft zum Überleben braucht, nicht unerschöpflich sind, muß endlich das Bewußtsein verstärkt werden, daß es auf dieser Welt nur einen Kuchen zu verteilen gibt. Leben die einen auf Kosten der anderen, werden auch die Reichen die Folgen dieses Mißverhältnisses mehr oder minder deutlich zu spüren bekommen, denn die Auswirkungen der Armut sind globaler Natur. Alle Wege, die zu mehr Gerechtigkeit führen, sind daher auch im Sinne der Wohlhabenden.

**Fähige Regierungen:** Um diese und andere dringende Problemlösungen voranzutreiben, sind fähige, funktionierende Regierungen notwendig. Hierzu hat das israelische Club-Mitglied Yehezkel Dror 1995 den Bericht *Ist die Erde noch regierbar?* vorgelegt. Der Politologe Dror hat in einem Beitrag für das vorliegende Buch seine Kritik an den Regierungen und seine Verbesserungsvorschläge erörtert (siehe S. 232).

Dror, der mit den früheren israelischen Ministerpräsidenten Yitzchak Rabin und Schimon Peres zusammengearbeitet hat und im Auftrage der Vereinten Nationen Regierungen berät, ist der Ansicht, daß zahlreiche Probleme nicht von außen gelöst werden können. Gleichwohl hält er zunehmend globale Regierungsstrukturen für anstrebenswert. Zudem sei Politik eine Tätigkeit, die erlernt werden müsse; Politiker müßten aus- und weitergebildet werden, wenn sie den hohen Anforderungen noch gerecht werden sollen.

**Das Lernen lernen:** Um den Boden für künftige Problemlösungen zu bereiten, hält der Club of Rome das Lernen für eine wichtige Herausforderung. Hierzu hat er bereits 1979 den Bericht *Zukunftschance Lernen* vorgelegt.

Dessen zentrale Aussagen hält der Amerikaner Jim Botkin, einer der drei Autoren und Club-Mitglied, für nach wie vor relevant. Noch auf der Jahrestagung 1996 in Puerto Rico appellierte er an seine Club-Kollegen, daß der Club of Rome selbst eine Learning Organization werden müsse.

Es geht, heißt es in *Die erste globale Revolution*, darum, zu «lernen, wie man lernt». Erziehung sei «der Schlüssel zu den wahren Schätzen des Menschen». Diese Erkenntnis gelte aber nur, «wenn Erziehung als ein Bündel von Prozessen verstanden wird, die nicht bloß berufliche Qualifikation vermitteln, sondern den Menschen befähigen, sein Potential zu nutzen, indem er jene Kulturgegebenheiten aufnimmt und sich jene Kulturtechniken aneignet, die er zur intelligenten Teilnahme am gesellschaftlichen Prozeß, zur Übernahme von Verantwortung und wahrer Menschenwürde braucht».

Doch drei «Plagen» behindern inzwischen das Bildungssystem: Überfülle des Wissens, Anachronismus und Praxisferne. So habe die Anzahl aller wissenschaftlichen und technischen Veröffentlichungen allein des Jahres 1986 die Summe der Schriften sämtlicher Gelehrten der Welt vom Anfang schriftlicher Übertragung bis zum Zweiten Weltkrieg noch übertroffen.

Wie, so fragen die Club of Rome-Autoren, kann vor diesem Hintergrund noch entschieden werden, welches Wissen sinnvollerweise weitergegeben werden soll? – «Neues Wissen verleiht altem andere Perspektiven, Begriffe und Ideen verschieben sich, passen sich an», merken sie an, doch unterrichtet werde zumeist das, was Lehrer teilweise mehrere Jahrzehnte zuvor «in einer völlig anderen Umwelt» gelernt haben; Fortbildung sei selten praktizierter Luxus. – Zudem empfänden Kinder und Jugendliche immer stärker, wie wenig ihr Lernstoff mit den tatsächlichen Lebensbedingungen zu tun hat. Der Club of Rome mahnt mehr Praxisbezug an.

Für die wichtigsten Ziele von Lernprozessen hält der Denkerzirkel die Fähigkeit

- zu kommunizieren;
- anderen zu helfen, sich an Veränderungen anzupassen oder sich auf sie vorzubereiten;
- die Welt unter einem globalen Aspekt zu sehen und auch andere dazu zu befähigen;
- den Einsatz für die Gesellschaft zu fördern und die Voraussetzungen zu schaffen, an der Lösung ihrer Probleme mitzuwirken.

Um diese Anforderungen zu erfüllen, müsse die Gesellschaft die Bedingungen dafür schaffen, daß «die besten Geister» für den Lehrerberuf gewonnen werden. Statt dessen aber seien Lehrer vielerorts gering geachtet und schlecht bezahlt. Dies zu ändern und Bildungsreformen mit dem Ziel, Lehrer als wichtige Multiplikatoren optimal aus- und permanent weiterzubilden, seien Erfordernisse mit höchster Priorität. Bertrand Schneider und Alexander King: «Vom Beruf des Lehrers hängt die Zukunft ab.»

Für einen weiteren wichtigen Aspekt des Lernens halten sie die Befähigung zu fachübergreifendem Arbeiten. – Für den Club of Rome geradezu ein Pflichtthema: Die komplexe Weltproblematik ist nicht durch Korrekturen in Einzelbereichen zu lösen, die Durchsetzung einer Weltlösungsstrategie vielmehr eine interdisziplinäre Aufgabe.

**Wissenschaft, Verständnis, Weisheit:** Wissenschaft und Technik, heißt es in *Die erste globale Revolution*, «werden oft ein wenig oberflächlich als zwei Aspekte der gleichen Sache hingestellt.» Tatsächlich aber unterscheide sie ein wesentlicher Aspekt: Während Wissenschaft ein offenes System sei, den Wissensdrang befriedige und in Form von Daten den Rohstoff für Informationen liefere, werde Technik von wirtschaftlichen Erwägungen bestimmt, ihre Ergebnisse seien zumeist «streng gehütetes Firmeneigentum».

Wissen allein liefert den Autoren zufolge kein Verständnis, die größte Datenmenge nicht zwangsläufig brauchbare Informationen. So habe man es mit einem Kontinuum zu tun: Rohdaten werden in bestimmten Kombinationen zu Informationen, kommen Erfahrungen hinzu, können diese eingeordnet – verstanden – werden. Als weiterer Schritt stellen Bertrand Schneider und Alexander King die Erlangung von Weisheit hin: «Heute besitzen wir unendlich größere Informationsmengen über den Menschen und das Weltall als unsere Vorfahren, aber es hat kaum den Anschein, als sei die menschliche Weisheit in den letzten 5000 Jahren merklich gewachsen. Erst in unserer komplexen Zeit beginnen wir zu ahnen, daß die Suche nach Weisheit die eigentliche Herausforderung für die Menschheit ist.» Die Autoren regen an, daß über den rationalen Geist hinaus viel stärker auch «die emotionalen und intuitiven Aspekte des Seins» erforscht werden, denn schließlich spielten diese «im menschlichen Leben eine so bedeutende Rolle». – Hierin stimmen sie völlig mit Edgar Mitchell überein, der nach den Eindrücken während seines Mondfluges die Beschäftigung mit der Noetik, die Lehre vom Denken, Begreifen und Erkennen (im Unterschied zur reinen Logik), zu seiner Lebensaufgabe gemacht hat.

Auch zum Bereich Wissenschaft und Technik hat der Club of Rome eine Prioritätenliste aufgestellt:

- Über Grundlagenforschung hinaus, die Basis aller Wissenschaft und späterer technischer Anwendungen der Erkenntnisse ist, sollte besonderer Wert auf die «Erforschung der Wirkungsweise des natürlichen planetarischen Systems» gelegt werden. Es sei immer noch zu wenig über die Toleranzgrenzen des Systems und die Anfälligkeit für die Einwirkungen durch den Menschen bekannt. Als Beispiel wird wieder das Klimaproblem angeführt, über das die Menschheit viel zu wenig wisse. In diesem und anderen Fällen bestehe die Gefahr, daß wir das Toleranzsystem «und uns selbst durch schiere Unwissenheit zerstören».
- «Zielgerichtete Forschung im Hinblick auf technische Neuerungen» sei zur Lösung und Abmilderung von Problemen und zur Prävention notwendig. Hierzu enthält der Club of Rome-Bericht *Faktor 4* (siehe S. 212) wichtige, praxisnahe Ausführungen.
- Darüber hinaus fordert der Club of Rome «Wissenschaft und Technik im Interesse der Entwicklung». Entsprechende Förderung in den Entwicklungsländern sei nötig, um die wissenschaftliche Arbeit im Süden aufzuwerten. Allerdings müsse die Forschung dort eng mit den Produktionsprozessen ver-

knüpft werden, um Beiträge zur Entwicklung leisten zu können. Wissenschaftliche und technische Infrastruktur bedingen sich gegenseitig, kosten beide Geld. Die entsprechenden Produktivmittel bereitzustellen, argumentieren die Club-Autoren, ist daher eine vorrangige Aufgabe der internationalen Gemeinschaft.

**Verantwortungsbewußter Journalismus:** Daß die Macht der Massenmedien nicht bloß Einbildung ist, steht für den Club of Rome außer Frage. Neben dem algerischen Unabhängigkeitskampf, in dem die Gemüter über Transistor-Empfänger aufgeheizt worden sind, führen Schneider und King die Enthüllungen der *Washington Post* über die Watergate-Affäre an, die 1974 zum Rücktritt von US-Präsident Richard Nixon führten. Wenngleich sie in Demokratien im Sinne von Kontrolleuren der Legislative, Exekutive und Judikative als «Vierte Gewalt» wirken, sind sie doch immer auch manipulierbar. In *Die erste globale Revolution* werden politischer Druck, wirtschaftliche Interessen, restriktive Informationspolitik und auch redaktionelle Selbstzensur als Gründe genannt. Mit Blick auf die immense Macht, die insbesondere das Fernsehen in den zurückliegenden Jahrzehnten erlangt habe, kritisiert der Club of Rome, daß die Medien gleichwohl «noch nicht die Reife und das Verantwortungsbewußtsein» besitzen, «das eine solche Machtstellung erfordert.»

Als einen Grund hierfür sehen auch Schneider und King die altbekannte Tatsache an, daß schlechte Nachrichten für die Medienmacher gute sind, weil sie sich besser verkaufen lassen. Das Auswahlkriterium Aktualität, so der Club of Rome, tue sein übriges dazu: Aus der Überfülle der Meldungen vom ganzen Planeten haben nur die neuesten, eiligsten Informationen Chancen auf Veröffentlichung in den Weltnachrichten. So «entsteht der Eindruck eines wahllosen, kaleidoskopischen Allerleis».

Der Club beklagt in seinem *Bericht zur Lage der Welt*, daß «der globale Aspekt der Weltproblematik fast immer fehlt.» Während der Katalog der Probleme «heruntergespult» werde, fehle jeglicher Versuch einer Analyse, von «bescheidenen Andeutungen von Lösungsmöglichkeiten» ganz zu schweigen. Es werde «das in der

Öffentlichkeit vorherrschende Gefühl unterstrichen, wir lebten in einer so problemgeschüttelten Welt, daß jedes Handeln von vornherein aussichtslos ist. Dies führt zu einer allgemeinen Lähmung, zur Demobilisierung. Die Menschen wenden sich ihren persönlichen Problemen zu, weg von denen ihrer Umwelt. Mögliche Lösungswege werden nicht bekannt, und die Öffentlichkeit erlebt sich als nutzlosen Zuschauer.»

Dem Club of Rome schwebt als Gegenentwurf vor, daß die Medien, insbesondere die Fernsehsender, zwar weiterhin über das Geschehen informieren, darüber hinaus aber viel mehr Hintergründe und Zusammenhänge erörtern. Umfassende und qualifizierte Bildungsprogramme gehören zudem zu den Wunschvorstellungen des Clubs. «In dem Prozeß zunehmender Anpassung an den Wandel eines ständigen Lernens in einer Übergangsgesellschaft, langsamer Gewöhnung an Unsicherheit und Komplexität», das steht für den Club außer Frage, «spielen die Medien eine überaus wichtige Rolle.»

Um diese Rolle neu zu definieren, kündigte der Club of Rome an, «eine breit angelegte Diskussion» mit Journalisten und führenden Vertretern der Medien zu initiieren. Massen- und neue Medien wie auch und vor allem das Internet werden Schwerpunktthema der nächsten Jahreskonferenz nach Erscheinen dieses Buches sein.

**Ein geändertes Werteverständnis:** «Die Gesellschaft als Ganzes und auch der einzelne sind aus dem Gleichgewicht geraten», argumentieren Schneider und King. Zwar habe die Wissenschaft den Wohlstand gesteigert, die Gesundheitssituation verbessert, mithin die Lebenserwartung erhöht und den Menschen mehr Freizeit beschert. Doch nun sei das dringende Erfordernis, «die Technik auf den Menschen auszurichten», und zwar dergestalt, daß materielle Fortschritte durch die Förderung «sozialer, moralischer und spiritueller Aspekte ergänzt werden.» Und das müsse in den reichen wie den Entwicklungsländern geschehen.

Die Club of Rome-Autoren gehen davon aus, daß «die Probleme, die der einzelne und die Gesellschaft heute haben, tief in der menschlichen Natur begründet» sind, die es daher besser zu verstehen gelte. Andernfalls werde die Menschheit über eine Ebene nicht hinauskommen, «auf der wir Symptome einer nicht diagnostizierten Krankheit erkennen. Beispielsweise werden wir nie den Krieg endgültig verhindern können, ehe wir nicht verstanden haben, wo es in jedem von uns zur Entstehung von Konflikten kommt.»

Hier sei angemerkt, daß das frühere Club of Rome-Mitglied Ervin Laszlo aus Ungarn sich mit dieser Materie intensiv befaßt und das Buch *Die inneren Grenzen der Menschheit* geschrieben hat. 1995 hat er den Club of Budapest gegründet, der sich seither mit den psychologischen Problemen der Menschheit beschäftigt. Laszlo, der nicht bereit war, seine Vereinigung dem Club of Rome anzugliedern, verließ diesen daher.

Doch auch seine früheren Club-Kollegen legen einen Schwerpunkt auf Überlegungen zum Egoismus. Einerseits wurzelten in ihm «Lebenswille, Fortpflanzungstrieb und der Drang, zu wachsen und zu gedeihen», sei er die «treibende Kraft hinter Neuerungen und Fortschritt.» Andererseits manifestiere er sich auch «ununterbrochen in selbstsüchtigem Handeln, Habgier, unsozialem Verhalten, Brutalität, Machthunger auch im Kleinen, Ausbeutung und Herrschaft über andere». Der Kampf zwischen diesen Aspekten sei das «ewige faustische Drama, bei dem wir alle mitwirken». Es gelte, ein dynamisches Gleichgewicht zwischen beiden Seiten herzustellen.

«Jahrhundertelang wurden die Völker durch die Religion diszipliniert», heißt es in *Die erste globale Revolution*, «und negative Charaktereigenschaften wurden teilweise durch die Hoffnung auf das Paradies und die Angst vor der Hölle unter Kontrolle gehalten. Mit dem weitverbreiteten Verlust des Glaubens an die Religion und auch an politische Ideologien und Institutionen sind die Schranken gefallen; der Respekt vor dem Gesetz ist gesunken, Terrorismus und Kriminalität nehmen zu. Die heutige Generation hat keine Identität, und sie weiß auch nicht, wo sie danach suchen soll.» – Ein nachdrückliches Plädoyer für Visionen, die motivieren können. Doch dazu müssen solche auch entworfen werden.

Dabei sind über konsumorientierte Motti wie «Ich bin, was ich habe» oder «Ich bin, was ich tue» nach Ansicht des Club of Rome fundamentalere Aspekte des Lebens vergessen worden. Übersteigerte Individualität, Selbstsucht, übermäßiger Konsum und exzessiver Hunger nach Zerstreuung beispielsweise durch Fernsehen oder

Drogenkonsum, seien oftmals die Folgen. Nach Ansicht der Club-Autoren «muß dringend eine Haltung gefunden werden, in der Werte wieder Ziele setzen und dem Individuum ein Gefühl von Sinnhaftigkeit geben. Veränderungen werden allzu häufig nur als Bedrohung des Selbst gesehen.» Zunehmend werde deutlich, daß «hinter der Zerstörung des alten Wertesystems immer stärker das Bedürfnis nach einem neuen Wertesystem artikuliert» werde. Das Leben des einzelnen bedürfe einer stabilen Grundlage, um eine neue Weltordnung auf einer festen Basis aufbauen zu können.

Bei der Bewältigung der Probleme dürfe keine Zeit verloren werden, weshalb es auch eine «Ethik der Zeit» gebe. Von dieser und der «Ethik des Handelns» müsse sich jeder Bürger angesprochen fühlen. Da sich einzelne dennoch oftmals ohnmächtig fühlen, versuchen sie, in Gruppen und Organisationen die nötige Stärke zu erreichen. Der Club of Rome dazu: «Eine kollektive Ethik hängt vom ethischen Verhalten des einzelnen ab, aber natürlich kann auch umgekehrt der einzelne durch kollektive Ausrichtung zu ethischem Verhalten angeregt und ermutigt werden.» Die Autoren nennen ein nachvollziehbares Beispiel: den Waffenhandel. Einerseits ist er Einnahmequelle für ganze Nationen und gibt zahlreichen Menschen Arbeit, «andererseits steht er im Widerspruch zum Friedensbedürfnis der gleichen Nation.» Vor diesem Hintergrund gewinnt die Sichtweise, daß angebliche kollektive Entscheidungen selbst in Demokratien zumeist Entscheidungen von oben sind, eine besondere Qualität. Koexistenz widerstreitender Systeme sei oftmals nichts anderes, als unterschiedliche Auslegung der gleichen Werte. «Fähigkeit zum Dialog, zur Kommunikation» ist nach Ansicht des Club of Rome der Schlüssel zum Verständnis.

«Aufruf zur Solidarität» lautet die letzte Überschrift in *Die erste globale Revolution*. Solidarität und die Biologie des Menschen könnten, heißt es dort, «mächtige Verbündete sein. Der Egoismus der meisten Menschen ist nicht auf ihre eigene Lebensspanne beschränkt, sondern erstreckt sich auch auf ihre Kinder und Enkel, mit deren Dasein sie sich identifizieren. Es müßte daher möglich sein, ‹egoistisch› auf Verhältnisse hinzuarbeiten, die künftigen Generationen eine würdige und wahrhaft menschliche Existenz ermöglichen. Dieses Streben wird von der gegenwärtigen Generation viele materielle Opfer fordern, aber es dürfte auch ungeahnte Verbesserungen der Lebensqualität mit sich bringen. Wenn wir die Solidarität der ganzen Welt erfolgreich als höchste Ethik des Überlebens gewinnen wollen, dann ist der erste Schritt dazu, Verständnis zu wecken.»

Diese Zeilen lesen sich, als seien sie – umformuliert – aus H. G. Wells' *Die offene Verschwörung – Aufruf zur Weltrevolution* abgeschrieben. Das ist keine Kritik am Club of Rome, denn Wells (1866 bis 1946), der möglichst genaue Kenntnis der Geschichte als beste Voraussetzung für Zukunftsprognosen und -gestaltung ansah, hat mit seinen zentralen Aussagen Recht behalten. Der Club of Rome befindet sich mithin in bester Gesellschaft.

## Suche oder Schlingerkurs?
Der Club of Rome und die Atomenergie

«Zu welchem Endziel führt der technische Fortschritt die Menschheit? In welchem Zustand wird sie sich befinden, wenn der Prozeß zu Ende ist?»*

Diese Fragen, die der englische Philosoph und Volkswirt John Stuart Mill bereits Mitte des 19. Jahrhunderts formulierte, stellte Dennis Meadows an den Beginn seines Kapitels *Technologie und die Grenzen des Wachstums*. «Während der letzten drei Jahrhunderte war der Mensch erfolgreich bemüht», heißt es in dem Kapitel weiter, «serienweise durch technische Neuerungen die ehemals dem Wachstum von Bevölkerung und Wirtschaft gesetzten Grenzen zu durchbrechen. Ein großer Teil der Menschheit hatte so in der jüngsten Geschichte beständig Erfolge errungen, daß es nur natürlich scheint, wenn viele erwarten, daß der technologische Fortschritt die Grenzen bis ins Unendliche ausdehnen werde. Diese Leute blicken mit unerschütterlichem Vertrauen auf die Technik der Zukunft.» Meadows fügte eine Reihe bemerkenswerter Zitate an, die diese zu Beginn der siebziger Jahre immer ausgeprägter vorherrschende Geisteshaltung untermauern.

Als *Die Grenzen des Wachstums* 1972 erschien, herrschte Kernenergie-Euphorie. Die Kernspaltung war in der Tat das beste Beispiel für große Wirkung einer winzigen Ursache: Ein freies Neutron, das auf den Kern eines spaltbaren Atoms trifft, diesen zertrümmert und damit weitere Neutronen freisetzt, die ihrerseits Kerne treffen, kann bei entsprechender Anordnung eine nukleare Kettenreaktion bis hin zur Explosion auslösen. Zwischen Stromgewinnung, Super-GAU und Atomexplosion ist dabei alles möglich. Doch zurück zu den Siebzigern: Die Welt war durch Großraumflugzeuge wie den Jumbo Jet noch näher zusammengerückt, Überschall-Passagiermaschinen befanden sich in der Testphase, Astronauten fuhren inzwischen mit Autos auf dem

---

* Zitiert nach Dennis Meadows, Die Grenzen des Wachstums. Bericht des  Club of Rome zur Lage der Menschheit, Stuttgart 1972

146

Mond herum, die US-Sonde Marnier 9 sandte Fotos vom Mars, Pioneer 10 startete zum Jupiter. Auf der Erde hatte das Farbfernsehen längst seinen Siegeszug angetreten. Nichts mehr schien unmöglich, aufwendig hergestellte Science-fiction-Produktionen, von denen manche zu Kultfilmen und -serien wurden, taten ein übriges zu diesem Zeitgeist. In dieser Zeit wurden Befürchtungen hinsichtlich der friedlichen Nutzung der Kernenergie von den meisten Politikern, von dem Großteil der Bevölkerung und von Industrievertretern nicht ernst genommen. Atomkraftgegner galten als technikfeindliche Personen, die die Menschheit «zurück auf die Bäume» bringen wollten.

Die Atomwaffentests fanden nach Abschluß des «Begrenzten Teststoppabkommens» weitgehend unter der Erde statt und waren damit aus dem Blick der Medien und der Öffentlichkeit verschwunden.

War es nicht ohnedies viel vernünftiger, den Pioniergeist von Wissenschaftlern und Technikern zu nutzen, den Wohlstand der Menschheit zu erhöhen, die Armut zu überwinden? – Daß die Atomenergie dazu ein wichtiges Instrument sein würde, das war damals die am weitesten verbreitete Meinung. Die zivile Nutzung der Kernkraft galt als ein Segen für die Menschheit.

So war auch der Atomwaffen-Nichtweiterverbreitungsvertrag – kurz: Atomwaffensperrvertrag –, der 1968 abgeschlossen und in den Folgejahren von den meisten Staaten unterzeichnet und ratifiziert wurde (von der Bundesrepublik Deutschland 1974) darauf ausgerichtet, einerseits zu verhindern, daß über die damaligen Atommächte USA, UdSSR, Großbritannien, Frankreich und China hinaus weitere Länder in den Besitz nuklearer Massenvernichtungswaffen gelangten. Die Festschreibung dieses Status quo ließen sich aber insbesondere die Entwicklungsländer nur mit der Zusicherung abkaufen, daß die Atommächte ihnen bei der friedlichen Nutzung der Kernenergie helfen würden.

Es wurde damals noch als Randproblem abgetan, daß es nicht zwei Arten von Nuklearenergie gibt, sondern es vielmehr lediglich entsprechender politischer Entscheidungen oder krimineller Energie bedarf, zivile Anlagen militärisch zu mißbrauchen. Bis heute haben zumindest Israel, Indien und Pakistan der Weltöffentlichkeit demonstriert, wie Staaten mit angeblich zivilen Programmen nuklear aufrüsten können.

Doch Ende der sechziger, Anfang der siebziger Jahre war die Völkergemeinschaft überzeugt, auch das Problem der militärischen nuklearen Weiterverbreitung in den Griff bekommen zu können – nicht zuletzt mit modernen Methoden wie beispielsweise Satellitenüberwachung.

Gerade weil der Wohlstand in den Industrieländern in der Wirtschaftswunderzeit kurz vor dem Ölschock von der ungehemmten Nutzung fossiler Brennstoffe abhing, war die Frage in vieler Munde, wie lange die Lagerstätten den Nachschub noch sichern würden.

Es ging schließlich um nicht weniger als die Frage: Weiter so? – Daß diese Frage in dieser energiedurstigen Zeit zumeist mit «Na klar!» beantwortet wurde, hing insbesondere damit zusammen, daß die Menschen daran glaubten, daß, nachdem die Ölquellen versiegt und Zechen sowie der Tagebau ausgekohlt sein würden, die Kernkraft die Energieversorgung auf alle Zeiten sichern würde.

Ungeachtet dessen schlugen Dennis Meadows und seine Mitarbeiter damals atomkraftkritische Töne an, wenn auch noch sehr zurückhaltend. «Wenn der Gebrauch natürlicher Brennstoffe eines Tages durch die Freisetzung von genügend Kernenergie ersetzt werden sollte, hört auch die Freisetzung von Kohlendioxid auf, vielleicht, wie man hofft, ehe es meßbare ökologische und klimatologische Wirkungen hinterlassen hat», heißt es in den *Grenzen des Wachstums*.

Und weiter: «Wenn die Energiequelle nicht die Sonnen-strahlung ist, sondern Brennstoffe irgendwelcher Art einschließlich Kernbrennstoffe, erwärmt diese freigesetzte Wärme die Atmosphäre direkt oder indirekt, zum Beispiel über das bei Kühlvorgängen erwärmte Wasser.»

Tatsächlich haben Meadows und sein Team die Kernenergie in ihrem Bericht an den Club of Rome weder verteufelt noch als Ausweg aus der schon damals absehbaren Klimakrise angepriesen. Im Gegenteil, Meadows und sein Team sind mit den Möglichkeiten, die die Atomkraft aus damaliger Sicht bot, sehr sachlich umgegangen. Einem Szenario legten sie die Annahme zugrunde, daß mit

Hilfe der Atomenergie die natürlichen Ressourcen doppelt so effizient genutzt und wiederverwendet werden könnten. Das ernüchternde Ergebnis dieser Computersimulation: Durch die ins Unermeßliche steigende Umweltverschmutzung wird das Bevölkerungswachstum gestoppt und die Zahl der Menschen anschließend drastisch zurückgehen. Bereits in den *Grenzen des Wachstums* war also die Warnung enthalten, daß die Nutzung der Kernenergie keineswegs ein Segen für die Menschheit ist.

Zwei Jahre nach dem ersten Bericht an den Club of Rome folgte 1974 mit *Menschheit am Wendepunkt* (siehe S. 118) der zweite. Dessen Autoren, der Amerikaner Mihajlo Mesarovic und der Deutsche Eduard Pestel, widmeten der Atomkraft ein eigenes Kapitel. *Kernenergie: ein faustischer Pakt?* fragten sie provokant bereits in der Überschrift. Nach Ausführungen darüber, welchen – wohl kaum leistbaren – Aufwand es bedeuten würde, wollte eine stark gewachsene Menschheit ihren Energiebedarf in der zweiten Hälfte des 21. Jahrhunderts vollständig mit Kernkraft decken, gingen die Autoren zunächst auf den Stoff ein, der bei der nuklearen Stromerzeugung unabdingbar anfällt: Plutonium. Das Element «hat eine extrem lange Halbwertzeit von mehr als 24 000 Jahren und ist, ganz abgesehen von seiner Radioaktivität, die wohl giftigste Substanz, die existiert», betonten sie. Und weiter: «Das Einatmen von zehn Millionstel Gramm Plutonium verursacht mit großer Wahrscheinlichkeit tödlichen Lungenkrebs.

Eine Plutonium-Kugel in der Größe einer Pampelmuse würde genügen, um alle heute (1974, Anm. J.S.) auf der Erde lebenden Menschen zu töten, würde man ihren Inhalt gleichmäßig auf alle Menschen verteilen.» Da es gleichwohl relativ sicher zu handhaben ist, solange es nicht in den Körper gelangt, sei für jemanden, der beispielsweise durch Diebstahl in den Besitz von genügend Plutonium komme, der Atombomben-»Eigenbau» unter relativ primitiven Umständen möglich. – Eine Tatsache, der niemand, der sich näher mit Atomwaffen befaßt hat, noch ernsthaft widerspricht.

Im Zusammenhang mit der Sicherheit der nuklearen Anlagen warnten Pestel und Mesarovic, daß das Leben «von Millionen von einem einzigen Individuum abhängen» könne, «von einem leichtsinnigen ebenso wie von einem wahnsinnigen.» Entscheidungen, gaben sie zu bedenken, die rein technologischen Kategorien entspringen, «könnten sich sehr wohl als ‹faustischer Pakt› erweisen, aus dem sich keine der nach uns kommenden Generationen mehr zu lösen vermag. Geradezu absurd aber ist die Tatsache, daß diese Entscheidung fast unbemerkt getroffen wird, ja, vielleicht schon getroffen wurde.» Nach einer Argumentation für die beschleunigte Weiterentwicklung und Nutzung der Sonnenenergie in großem Stil schlossen die Autoren das Kapitel mit eindringlichen Worten: «Wir stehen in diesem Augenblick der Geschichte vor einer beispiellosen Entscheidungssituation. Zum erstenmal, seit der Mensch überhaupt existiert, wird er herausgefordert, sich gegen das vom wirtschaftlichen und technologischen Standpunkt aus Machbare zu entscheiden und sich dafür einzusetzen, was seine Moral und seine Verantwortung für alle kommenden Generationen von ihm verlangen.»

Klare Worte. Eduard Pestel, 1914 in Hildesheim geboren, hatte 1957 die Leitung des Institutes für Mechanik in Hannover übernommen und war 1966 in den Wissenschaftsausschuß der NATO berufen worden, seit 1969 gehörte er dem Exekutiv-Komitee des Club of Rome an. 1977, drei Jahre nach der Publikation des oben zitierten Berichtes an den Club of Rome, *Menschheit am Wendepunkt*, folgte ein weiterer Karriereschritt: Pestel wurde parteiloser Wissenschafts- und Kulturminister des Landes Niedersachsen in der Regierung des CDU-Ministerpräsidenten Ernst Albrecht. Kurz vor der nächsten Landtagswahl im April 1978 trat er der christdemokratischen Partei bei. Und die steuerte zu diesem Zeitpunkt einen engagierten Pro-Kernenergie-Kurs. Im April 1981 gab der Professor das Amt des Wissenschafts- und Kulturministers auf, blieb aber als Minister ohne Geschäftsbereich im Kabinett. Einen Monat später verzichtete er auch hierauf; ihm war das Autotelefon gestrichen worden.

Die Entwicklung, die Pestel in dieser Zeit genommen hat, ist überaus bemerkenswert. Das Prinzip, daß Club of Rome-Mitglieder ihre Mitgliedschaft ruhen lassen müssen, solange sie eine herausragende politische Funktion ausüben, bewährte sich hier. Andernfalls hätte Pestel dem Club ausgerechnet in der Zeit, in der die Auseinandersetzungen zwischen Befürwortern und Gegnern der

Nutzung der Kernenergie besonders hitzig geführt wurde, schweren Schaden zugefügt. Dennoch bleibt es eine Tatsache, daß er als Minister Aussagen, die er im Namen des Club of Rome gemeinsam mit einem anderen Mitglied gemacht hatte, widersprach. Die «wohl giftigste Substanz, die existiert», Plutonium (Mesarovic/Pestel), hielt er 1980 vor CDU-Mitgliedern in Hanau für «kaum giftiger als Quecksilber oder Blei».

Da Quecksilber und Blei selbst hochgefährliche Gifte sind, mag diese Aussage lediglich eine sprachliche Verharmlosung sein, nicht mehr und nicht weniger. Weiter geht da schon die Behauptung, daß die Gefährlichkeit von Plutonium für die Auslösung von Krebs überschätzt werde. Kernenergiegegner sind für Eduard Pestel 1980 Menschen, «die von frühester Kindheit an den Weg zum Neurotiker gegangen sind.» Dieser gewandelten Position entsprechend war das Kapitel *Kernenergie – ein faustischer Pakt?* im zweiten Bericht an den Club of Rome also von Neurotikern verfaßt, einer von beiden Pestel selbst.

Pestel dürfte im Kabinett starkem Druck ausgesetzt gewesen sein. Doch wo, fragte im Frühjahr 1981 die anthroposophische Zeitung *Jedermann*, war seine Verantwortung gegenüber dem Club of Rome geblieben? – Unmittelbar nach seinem Rückzug aus der Politik engagierte Pestel sich dort erneut bis zu seinem Tod im Jahr 1988. Und wo die gegenüber seinem Club-Kollegen und Co-Autor Mihajlo Mesarovic? «Wir wissen heute, das dies nicht stimmt», hatte Pestel vor der CDU-Versammlung bezogen auf die Aussagen über die Giftigkeit des Plutoniums in *Menschheit am Wendepunkt* abgetan.

Von mir hierzu befragt, betonte der Professor für Ingenieurwissenschaften Mihajlo Mesarovic, daß er auch knapp ein Vierteljahrhundert nach der Publikation des Berichtes an den Club of Rome nichts von den darin enthaltenen Aussagen zur Kernenergie zurückzunehmen habe.

Im Club of Rome wurde diese Affäre nicht thematisiert. Eduard Pestel blieb ein angesehenes Mitglied, dessen Ruf intern keineswegs beschädigt war. Er verfaßte sogar noch den Bericht *Jenseits der Grenzen des Wachstums*. Unangenehme Sachverhalte in den eigenen Reihen werden im Club of Rome nicht einfach totgeschwiegen.

Wahrscheinlicher ist, daß die Politik eines deutschen Bundeslandes im Club damals gar nicht wahrgenommen worden ist. Mit dem inzwischen verstorbenen Gerhard Merzyn gab es neben Pestel seinerzeit lediglich ein weiteres Club-Mitglied aus Deutschland. Mittlerweile hat sich die deutsche Gruppe zu einer der zahlenmäßig stärksten und aktivsten innerhalb der Vereinigung entwickelt. Ein Verhalten wie das beschriebene würde heute sicherlich zu engagierten Diskussionen mit ungewissem Ausgang führen.

Solche hat der Club of Rome knapp zwanzig Jahre nach der Publikation von *Menschheit am Wendepunkt* durch Aussagen zur Kernenergie in seinem ersten selbst verfaßten Bericht, *Die erste globale Revolution* (siehe S. 126), selbst ausgelöst. Darin heißt es: «Es sieht so aus, als müßten wir uns für die kommenden Jahre auf eine kritische Situation einstellen, wenn wir durch die Risiken der Erderwärmung zur drastischen Einsparung fossiler Brennstoffe gezwungen werden, ohne eine Alternative an der Hand zu haben. Unter diesen Umständen könnte allein noch die Kernspaltung als Mittel übrigbleiben, unsere Situation wenigstens zum Teil zu entschärfen. Viele von uns betrachten die Verbreitung von Atomkraftwerken seit langem mit Skepsis in Anbetracht der offenkundigen Gefahren, die von ihnen und von der Lagerung des Atommülls ausgehen.

Heute jedoch räumen wir widerwillig ein, daß die Verbrennung von Kohle und Öl wegen des dabei entstehenden Kohlendioxids für die Gesellschaft wahrscheinlich noch gefährlicher ist als die Atomkraft. Deshalb sprechen triftige Gründe dafür, die nukleare Option offenzuhalten und Schnelle Brüter zu entwickeln. Es sei jedoch die Warnung ausgesprochen, daß diese Option in jedem Fall nur eine Teillösung bringen kann. In der kurzen Zeit, die uns verbleibt, um den $CO_2$-Gehalt zu reduzieren, ist es kaum noch möglich, die notwendigen Anstrengungen für den Bau einer ausreichenden Zahl von Kernkraftwerken zu unternehmen und das benötigte Kapital zu beschaffen.» An anderer Stelle wird betont, daß die Empfehlung, die Option der Kernspaltung offenzuhalten, «nur schweren Herzens» ausgesprochen werde.

Nun geschahen in der Zeit zwischen dem Erscheinen von *Menschheit am Wendepunkt* und *Die erste globale Revolution* der

Kernreaktorunfall im amerikanischen Harrisburg und der Super-GAU von Tschernobyl. Allein die Reaktorhavarie in der Ukraine kostete bis heute Tausenden von Menschen das Leben, das volle Ausmaß der Katastrophe ist auch über zehn Jahre nach der Explosion des Atommeilers nicht absehbar. Immer wieder kam es zu Störfällen, einer davon, der im hessischen Biblis 1988, gehörte in die schwerere Kategorie. Es zeigte sich, daß der hochgepriesene Sicherheitsstandard deutscher Atomtechnik keine Versicherung gegen Unfälle ist. In der Umgebung des schleswig-holsteinischen Kernkraftwerks Krümmel kam es zu einer Häufung von Leukämiefällen bei Kindern. Das Vertrauen in die Sicherheit von Atomanlagen hat in der Zeit seit Mitte der siebziger Jahre manchen Dämpfer einstecken müssen.

Im gleichen Zeitraum geriet allerdings auch die Energieerzeugung durch Verbrennung fossiler Stoffe wie Kohle und Öl wegen der davon ausgehenden Klimagefahren immer stärker in die Kritik. Die Kernenergielobby erkannte darin ihre Chance. Klimarelevante Gase, das war ihr Hauptargument, würden bei der Stromerzeugung mittels Kernspaltung nicht ausgestoßen. Doch dieses fiel auf kaum fruchtbaren Boden. Atomkraftwerks-Neubauten waren spätestens seit dem Super-GAU von Tschernobyl in den meisten Industriestaaten politisch nicht mehr durchsetzbar. Zu vieles sprach gegen eine solche Wende zurück.

Da war und ist zum einen die bis heute ungelöste Entsorgungsfrage. Immer stärker gerieten zudem die weltweiten Atomtransporte in die Kritik. Als Ende 1990 durch den Überfall des Iraks auf Kuwait die Golfkrise ausgelöst wurde und 1991 in einen Krieg mündete, war ein wichtiges Argument der internationalen Allianz für den Angriff auf den Irak dessen möglicherweise bevorstehender Durchbruch bei der Produktion von Atomsprengköpfen. Die Angst vor der Weiterverbreitung nuklearer Massenvernichtungswaffen hatte einen neuen Schub erhalten.

In dieser Zeit erkannte die Kernenergielobby im Club of Rome einen unerwarteten Bündnispartner. Der Bundesverband der deutschen Stromerzeuger ging mit dessen Aussagen – in verkürzter Form freilich – gar in die Werbung. Zahlreiche Atomkraftgegner fühlten sich verraten, es folgte Widerspruch von vielen Seiten. Auch in den Reihen des Clubs rumorte es, Prinz Saddrudin Aga Khan kündigte seine Ehrenmitgliedschaft auf. Auch aus dem Umfeld des Denkerzirkels hagelte es Kritik. Der lauteste Beifall war von der falschen Seite gekommen. Mihajlo Mesarovic gab auf Nachfrage zu bedenken: «Meine größte Sorge ist, daß, wenn man die Nutzung der Kernenergie als Option zum Ersatz für die Verbrennung fossiler Energieträger offenhält, es zu Verzögerungen bei der Fortentwicklung der Sonnenenergietechnik kommt, was wiederum Auswirkungen auf deren Wirtschaftlichkeit hat.»

Kurz vor Redaktionsschluß dieses Buches meldete das Fachblatt *New Scientist*, daß Wissenschaftler, die im April 1997 in San Francisco an einem Materialforschungs-Kongreß teilgenommen hatten, aus amorphem Silizium hergestellte Solarzellen an der Grenze eines «Druchbruchs zur Wirtschaftlichkeit des Solarstroms»[*] wähnten.

Amorphes Silizium ist weit billiger und leichter zu verarbeiten als das bisher für Sonnenzellen verwendete kristalline Silizium. Durch eine neue Bearbeitungsmethode sei das schnellere Nachlassen des Wirkungsgrades deutlich gebremst worden. Solche Durchbrüche bei der Nutzung erneuerbarer Energiequellen könnten die Kernenergie obsolet machen.

Ebenfalls wenige Tage vor Fertigstellung des Manuskriptes dieses Buches berichtete der Londoner *Guardian*, ein hoher Vertreter der US-Regierung habe dem Blatt anvertraut, daß es 1994 beinahe zu einem neuen Koreakrieg gekommen sei. Nordkorea hatte damals Inspektoren der Internationalen Atomenergie-Organisation den Zugang zur Wiederaufarbeitungsanlage Yongbyon verweigert. Anschließend sei mit den Vorbereitungen zur Plutoniumherstellung begonnen worden. Amerikanischen Erkenntnissen zufolge hätten schon bald fünf Atombomben produziert werden können. In Washington seien daraufhin Angriffspläne ausgearbeitet worden. Ein Raketenangriff mit konventionellen Sprengköpfen sei so ernsthaft diskutiert worden, daß Präsident Clinton «den Angriff beinahe angeordnet hätte.» Doch Nordkorea lenkte ein. Ungeachtet dessen

---

[*] Der Spiegel, Nr. 18/97 vom 28. April 1997.

154

steigt die Gefahr regionaler Atomkriege mit der Verbreitung von Kernkraftwerken.

Anfang 1997 entgleiste ein Eisenbahnwaggon mit einem Behälter, der abgebrannte Brennstäbe enthielt, in Frankreich – der Aufmarsch von Polizeikräften gegen Protestierende, die den Transport von Atommüll in das Zwischenlager Gorleben verhindern wollten, kostete im Frühjahr 1997 hundert Millionen Mark – in einem japanischen Atomkraftwerk ereignete sich eine Explosion, zahlreiche Mitarbeiter wurden verstrahlt.

Vor dem Hintergrund der Diskussion und der Ereignisse hat der Präsident des Club of Rome, Ricardo Diez-Hochleitner, die Haltung des Clubs zur Atomenergie in der Kritischen Würdigung dieses Buches (siehe S. 295) präzisiert.

# Der Club of Rome und die Öffentlichkeit
Von Wolfgang Schellberg

Wolfgang Schellberg, 1941 in Berlin geboren, lebt als Journalist, Autor und PR-Berater in Köln. Seit 1992 berät er den Präsidenten des Club of Rome, Ricardo Diez-Hochleitner, in Fragen der Öffentlichkeitsarbeit.

Den Namen Club of Rome kennen viele – noch. Doch nach Inhalten befragt, sagen fast ebenso viele: «Was war das noch? Ist aber schon lange her! Haben die nicht etwas mit Greenpeace zu tun?» Aufmerksamere stellen fest: Das sind die Umweltwarner von Anno Tobac.

Zynische Kritiker des Verhaltens des Clubs gegenüber der breiten Öffentlichkeit, den Massenmedien und alten und neuen Publikationsinstrumenten beurteilen häufig seine Mitteilsamkeit, Diskussionsbereitschaft und Breitenwirkung wie ein «Terzett aus päpstlicher Geheimdiplomatie, trappistischen Schweigeübungen und Freimaurerei der Vor-Goethe-Zeit».

Doch halt: So einfach darf sich keiner das Urteil machen, wenn auch – vorab gesagt – die Fähigkeit des Club of Rome, mit Eliten in Wissenschaft, Kultur, Wirtschaft zu kommunizieren stärker ausgeprägt ist als der Versuch, komplexe und komplizierte Vorgänge einer breiten, weltweiten Öffentlichkeit zu präsentieren.

Eindeutig widerspricht die Mehrzahl der Club-Mitglieder dem Gedanken, in eine stärkere Kommunikationsoffensive zu gehen, um breitere Effizienz zu erreichen. Man befürchtet eine Politisierung des Club of Rome. Auf den Punkt bringt es Club-Mitglied Klaus Steilmann: «Es ist ja immer so, daß Leute, die über Veränderungen nachdenken, die nicht unmittelbar mit dem politischen Tagesgeschäft zu tun haben, weniger Interesse in der Öffentlichkeit finden als die, die sich Tag für Tag das Mikrophon vor die Nase halten lassen können.» Und als Mahnung an die Welt der Massenmedien fügt Steilmann hinzu: «Prozesse, die mittelfristig oder langfristig zu lösen sind, treten leider in den Hintergrund des Interesses der Medien. Und Gehör findet man eben nur, wenn man das Interesse der öffentlichen Meinungsmacher findet.» So ging es letztlich auch mit dem «Urknall des Club of Rome», den oft zitierten *Grenzen des Wachstums* von 1972 – finanziert übrigens, woran kaum jemand mehr denkt, von der Wolfsburger Volkswagen-Stiftung. Hier zeigte sich der Club in der Lage, über Politik, Ideologien, Weltanschauungen hinweg eine latente Sorge anzusprechen, die in den Herzen der Menschen überall auf der Welt wuchs. Das Leben schien in den Sechzigern ungefährdeter als zuvor zu verlaufen.

Viele Menschen begannen aber daran zu zweifeln, ob ein derart extravaganter Lebensstil ewig fortdauern könnte. Bei kapitalistischen wie kommunistischen Machthabern stieß das Buch auf wenig wohlwollendes Interesse.

Sie waren davon überzeugt, daß es zu keiner wesentlichen Umweltkrise kommen könnte. Die Kapitalisten gingen davon aus, daß der Markt in der Lage sei, jedes Umweltproblem zu lösen. Sollten die Ressourcen zu schnell verbraucht werden, würden die Preise steigen und der Verbrauch sinken. Die Kommunisten hielten sich andererseits an die naive These, derer zufolge man die Probleme mit Hilfe der Technik lösen würde.

Der Hauptgrund für den bisher nicht wiederholten Medienerfolg von 1972 aber scheint zu sein: Vor 25 Jahren waren die Hypothesen, die zu einer weltweit aufsehenerregenden Aussage führen konnten, einfacher. Bevölkerung, Umwelt und Entwicklung hießen die Schlagworte. Heute sehen wir täglich neue Varianten. Ob Gesundheit, Umwelt, Arbeitslosigkeit, Lebensstil, Erziehung, Demographie, Sicherheit, Bildung, Regierungsfähigkeit, neue Kriegsherde, neue Technologien, Rassismus, Migrationen, neue Medien: Alle Probleme versucht der Club of Rome, wie sein Präsident Ricardo Diez-Hochleitner zu betonen nicht müde wird, mit wissenschaftlicher Untermauerung und aufgrund ernsthafter Erfahrungen seiner Mitglieder mit soliden Argumenten – nicht dem Zeitgeist oder reißerischer Aufmachung folgend – zu berücksichtigen. Daß diese Vielfalt sich nur schwerlich und nie ungezwungen zu einer geschlossenen Club-Aussage zusammenfassen läßt, ist ein wichtiger Grund für die mangelnde Präsenz in den Massenmedien.

Häufig wird der «Mut zur Zuspitzung» von ernsthaften, journalistisch verantwortungsvollen und profilierten Medien eingeklagt; vor einiger Zeit etwa von der *Frankfurter Rundschau*. Doch wenn der

Club of Rome, vielleicht auch im Gegensatz zu vergangenen Jahrzehnten, heute nicht mehr mit seiner Sprache schockieren will, so hat das seine Ursachen auch darin, daß er nicht als Mahner der Katastrophen, sondern als Mahner der Probleme agieren möchte.

Auf seine Wunsch-Schlagzeile angesprochen, sagt Diez-Hochleitner spontan: «Club of Rome warnt: Alles ist ungewiß.» Denn er weiß, daß sein Club auf einem schwierigen Grat wandert. Auf der einen Seite steht die Verantwortung – antizyklisch zum Verhalten der Massenmedien –, die Menschen, vor allem die Jugend, nicht zu erschrecken. Andererseits habe der Club die Pflicht, die Entscheidungspersonen in Wissenschaft, Wirtschaft, Politik und Kultur aufzuschrecken. Fazit: «Und wenn wir die richtige Sprache nicht sprechen, was ich nicht glaube, so bin ich doch überzeugt davon, daß wir zumindest die richtigen Inhalte ansprechen.»

Sicher trifft der Club of Rome seine Warnungen und Aussagen konträr zum Zynismus mancher Auflagenklopfer und Einschalt-quoten-Fetischisten. Denn daß nur «bad news good news» seien, weist er als Teil denaturierter Geldmacherei kämpferisch zurück. Auch wenn er dadurch oft auf die trügerische Chance zu ebenso spektakulärer wie kurzfristiger Zitierung in Massenmedien bewußt verzichtet.

Sicher liegt auch in der Stärke des Club of Rome ein Hindernis für ausreichende Medienpräsenz: in seiner Bedeutung nämlich, die dadurch begründet ist, daß sich im Club of Rome im Unterschied zu anderen zukunftsorientierten Institutionen 100 Persönlichkeiten aus allen Kontinenten, aus vielen unterschiedlichen Kultur- und Zivilisationskreisen sowie aus zahlreichen Disziplinen und Berufen in einem Diskussionsforum zusammenfinden, in dem sich jedes Mitglied jenseits seiner intellektuellen Prägung oder institutionellen Einbindung «nur» der gemeinsamen Weltsicht des Club of Rome verbunden weiß. In den Spezialthemen kann es damit nie ein 100:0 geben, sondern meist nur knappe Mehrheiten.

Vorrangig bleibt also die Informationsarbeit der nationalen Club of Rome-Gruppierungen, von denen es weltweit 26 gibt. Sie ent-spricht dem Wandel des Leitmotives. Denn während man vor 25 Jahren unter dem Motto «Global denken, lokal handeln» antrat, lautet jetzt das Gebot «Lokal denken, global handeln». Was fehlt, ist

die Koordinierung der Aktivitäten und die multimediale Vernetzung
der Ergebnisse der Arbeiten der nationalen Gruppierungen. Das ist
das eigentliche Versäumnis; eine ungenutzte verlegerische Chance
ohnehin.

Um seine Arbeit einer breiteren Öffentlichkeit darzustellen,
bedient sich der Club of Rome im deutschsprachigen Raum vornehmlich dreier Periodika. So erscheint seit Ende 1996 dreimonat-
lich das *Club-Forum*, herausgegeben von der Deutschen Gesellschaft Club of Rome. Darin stellt die nationale Sektion ihre
Aktivitäten dar, verbreitet allgemeine Informationen über den Club
of Rome und publiziert Beiträge, in denen die Autoren sich mit
Zukunftsfragen der Menschheit befassen.

Das «Hausblatt» des internationalen Club of Rome sind die
*I.P.I-News*. Das ebenfalls viermal im Jahr erscheinende Heft ist das
Verbandsorgan der International Partnership Initiative (I.P.I), mit
der der Club eng verbunden ist. Seit Anfang der neunziger Jahre
wird darin regelmäßig über das Geschehen in und um den Club of
Rome berichtet. Die *I.P.I-News* erreichen zahlreiche wichtige
Entscheidungsträger in Wirtschaft und Politik.

Auch die Europäische Akademie der Wissenschaften und
Künste mit Sitz in Salzburg kooperiert eng mit dem Club of Rome,
was sich wiederum in deren Publikation *Litterae* niederschlägt.

**Zukunftschance Lernen**
Bericht für die achtziger Jahre
Herausgegeben von Aurelio Peccei, verfaßt von James W. Botkin,
Mahdi Elmandjra und Mircea Malitza
Erschienen 1979

Wenn der Homo sapiens überleben und daher seine großen Probleme in den Griff bekommen wolle, so Aurelio Peccei in seinem Vorwort zu *Zukunftschance Lernen*, müsse man «davon ausgehen, daß er über noch unzureichend genutzte visionäre und kreative Fähigkeiten sowie über eine moralische Kraft verfügt, die, wenn sie freigesetzt werden, die Menschheit aus ihrer mißlichen Lage befreien können». Peccei beendet seinen Buchbeitrag so: «Wir alle müssen, an diesem Punkt der menschlichen Entwicklung angekommen, erfahren, wie schwer es ist zu lernen, was wir lernen sollten, und es dann lernen.»

Um hierzu einen Leitfaden zu erstellen, arbeiteten James W. Botkin, Mahdi Elmandjra und Mircea Malitza, unterstützt durch zwei achtköpfige Teams in Bukarest und Cambridge sowie ein zehnköpfiges in Rabat, zwei Jahre lang an dem Bericht *Zukunftschance Lernen*, den sie 1979 während einer Club of Rome-Konferenz in Salzburg offiziell vorlegten.

Die Autoren legen zunächst dar, weshalb die Optimierung des Lernens eine Grundvoraussetzung für die Lösung der Weltproblematik ist: «Wir müssen wenigstens zwei Dinge verstehen lernen. Das erste ist, daß die Menschheit sich einem Scheideweg nähert, an dem kein Fehler mehr gestattet ist. Das andere ist, daß wir den Teufelskreis von zunehmender Komplexität und unzureichendem Verständnis durchbrechen müssen, solange es noch möglich ist, unser Schicksal und unsere Zukunft zu beeinflussen und ein wenig zu steuern. Daß etwas Fundamentales an unserem ganzen System nicht stimmt, ist längst offenkundig, denn die menschliche Spezies ist selbst heute in der Lage, allen ihren Mitgliedern ein Existenzminimum zu sichern und mit sich selbst in Frieden und mit der Natur in Harmonie zu leben.» Botkin, Elmandjra und Malitza nen-

160

nen eine Reihe von Fakten, die dieser vorhandenen Möglichkeit widersprechen. Ein Jahr vor Beginn der Arbeit an *Zukunftschance Lernen* habe die Menschheit beispielsweise sechzigmal so viel Geld für die Ausrüstung eines Soldaten wie für die Schulausbildung eines Kindes ausgegeben. Zudem werde es dringend nötig, «die Technologie in den Dienst der Menschheit, nicht die Menschheit in den Dienst der Technologie» zu stellen.

Die Autoren kreieren in ihrem Bericht den Begriff des menschlichen Dilemmas. Dieses besteht ihrer Ansicht nach aus der «Diskrepanz zwischen der zunehmenden Komplexität unserer Verhältnisse und unserer Fähigkeit, ihr wirksam zu begegnen». In den vorangegangenen Zeitaltern hätten die Menschen sich ebenfalls ständig bemüht, ihr Wissen zu erweitern und ihre Handlungen entsprechend zu verbessern. Doch seien die Konsequenzen, die erforderlich waren, der auch früher schon immer weiter zunehmenden Komplexität gewachsen zu sein, vornehmlich aus natürlichen Phänomenen abgeleitet worden. Hierbei gebe es einen entscheidenden Unterschied zu unserer Zeit und der bestehe darin, «daß die gegenwärtige Art der Komplexität durch menschliches Handeln verursacht wird». Während diese wachse, entwickelten sich die Fähigkeiten der Menschen nur schleppend.

Die Autoren unterstreichen, daß ihre Definition von Lernen weit über die konventionelle Bedeutung des Wortes im Sinne von Erziehung, Ausbildung und Schulwesen hinausgeht. Sie mahnen Lernen «im weitesten Sinne» an: «Für uns bedeutet Lernen ein Sich-Annähern sowohl an das Wissen als auch an das Leben, bei dem der Nachdruck auf der menschlichen Initiative liegt. Es bedarf der Erwerbung und der Anwendung neuer Methoden, neuer Fertigkeiten, neuer Verhaltensweisen und neuer Werte, um in einer sich verändernden Welt bestehen zu können. Lernen ist der Prozeß der Vorbereitung auf neue Situationen.» Botkin, Elmandjra und Malitza kritisieren: «Praktisch erfährt jeder Mensch auf der Welt, ob ausgebildet oder nicht, den Lernprozeß – aber wahrscheinlich lernt niemand von uns derzeit auf dem Niveau und mit der Intensität und Geschwindigkeit, die das moderne Leben mit seinen Schwierigkeiten von uns erfordert.» Die Autoren, die auch und insbesondere «gesellschaftliches Lernen» einfordern, sind gleichwohl keine

Schwarzseher: «Es scheint so, als gebe es für fast jedes Ziel keine Grenzen des Lernens.» Doch tradiertes Lernen oder auch solches, daß durch einen Schock ausgelöst wird, werde den Anforderungen kaum noch gerecht. So garantiere die lange Zeit, die tradiertes Lernen in Anspruch nimmt, quasi «die Ausklammerung von Alternativen, die notwendig sind, um eine ganze Serie sich wiederholender Krisen abzuwenden». Die kurze Zeit, die das Lernen nach einem Schock beläßt, werde «immer mehr Menschen zu Außenseitern abstempeln und untereinander entfremden». Zudem werde die Unfähigkeit, Wertkonflikte beizulegen, zu immer weiteren Verlusten der Menschenwürde führen.

Tatsächlich hat beispielsweise der Schock, den die Reaktor-katastrophe von Tschernobyl auslöste, kaum zu wesentlichen Änderungen in der Energiepolitik und bei der Reaktortechnik geführt. Die einzige Konsequenz scheint zu sein, daß der zuvor auch von westlichen Ingenieuren für sicher erklärte sowjetische RBMK-1000-Reaktor fortan als veraltet und unsicher bezeichnet wurde. Daß es in der Folgezeit zu schweren und gefährlichen Unfällen in modernen westlichen Atomkraftwerken gekommen ist, wurde so gut es ging verschwiegen. Der Verlust an Menschenwürde aufgrund ungelöster Wertkonflikte indessen zeigt sich immer wieder und in unterschiedlichen Formen im Zusammenhang mit Flüchtlingen und Asylanten. Die Prognosen der Club of Rome-Autoren habe sich also längst bewahrheitet. Beim Versuch, die Frage nach der Lösung des menschlichen Dilemmas zu beantworten, unterstreichen sie, müsse es eines der Hauptziele wirksamer Partizipation sein, «die Forderung nach Rechten mit der Übernahme von Verpflichtungen zu verknüpfen.» Sie fordern, daß diejenigen, die über Macht verfügen, das innovative Lernen nicht behindern. Wirkliche Teilhabe an der Gestaltung einer Gesellschaft bedeute, «die Kommunikation lebendig zu erhalten, die Normen und Werte ständig zu überprüfen und dabei diejenigen davon beizubehalten, die relevant sind, und diejenigen zu vernichten, die irrelevant sind». – In der Praxis ist es allerdings oft so, daß Machthaber an solchen Veränderungen kein Interesse haben, vielmehr das Bestehende konservieren wollen.

Dabei ist Lernen, betonen Botkin, Elmandjra und Malitza, längst «eine Angelegenheit auf Leben und Tod» geworden, und zwar nicht nur für diejenigen, die täglich um das Existenzminimum kämpfen müssen, sondern auch für diejenigen, denen es besser geht. Daß es vielen Menschen auch in den Industrieländern immer schlechter geht, daß immer mehr arbeitslos werden, ihnen allenfalls Bildung aus ihrer persönlichen Krise helfen kann, von der oftmals nicht nur sie selbst, sondern ganze Familien betroffen sind, streitet inzwischen niemand mehr ab. Aber auch ganze Gesellschaften sind von dieser Entwicklung betroffen. Bei Redaktionsschluß dieses Buches verminderten mehrere mitteleuropäische Staaten ihre Arbeitslosigkeit deutlich, während sie in Deutschland weiter anstieg. Parallel zu dieser Entwicklung steckt der deutsche Schulbetrieb in einer tiefen Krise, beklagen selbst die Arbeitgeberverbände den schlechten Bildungsstand der Auszubildenden, die sie von den Schulen übernehmen. Viele Jahre lang war die Bildungspolitik immer weiter in den Hintergrund geraten, wurden Aus- und Weiterbildung Opfer von Sparmaßnahmen. Inzwischen warnen profilierte Ökonomen, daß Deutschland aufgrund dieser Entwicklung in wesentlichen Zukunftsbereichen den Anschluß bereits verpaßt haben könnte. Das wiederum führt auch im reichen Deutschland zu Verarmung weiter Bevölkerungsteile.

In *Zukunftschance Lernen* werden Probleme, aber auch Chancen zukunftsgerichteter Bildungsmethoden gut verständlich und übersichtlich dargestellt. So werde das Lernen aufgrund immer weitergehender Sinnbezüge komplizierter. Vor diesem Hintergrund sei der Rückfall hin zu althergebrachten Formeln zwar verständlich, aber falsch. Denn die «Suche nach dem Sinn – der Wunsch, ein Problem zu erfassen, seine Bedeutung zu verstehen und Lösungsmöglichkeiten zu ersinnen, ist für die Welt von heute von zentraler Bedeutung.»

Daher legen die Autoren auch einen weiteren Schwerpunkt auf die Antizipation, die Fähigkeit, sich neuen Situationen zu stellen. Individuen können diese erlangen, nun gehe es darum, zu gesellschaftlicher Antizipation zu gelangen. Diese wird nach Botkins, Elmandjras und Malitzas Meinung zu den «wichtigsten Charakteristika des 21. Jahrhunderts» gehören. Den Massenmedien, zweifellos mit die wichtigsten Lerninstrumente, werfen die Autoren vor, innovatives Lernen oftmals mehr zu behindern als zu fördern, weil sie zumeist nur Puzzlestücke der Wahrheit liefern.

In einem ausführlichen Teil des Buches setzen sie sich mit weiteren Gegenströmungen auseinander. So neige die Gesellschaft dazu, «abzuwarten, bis eine Krise das innovative Lernen stimuliert». Sie warnen, daß die Folgen dieser Haltung fatal und unwiderruflich sein können. So sei es im Zusammenhang mit globalen Problemen wichtiger, anhand zukunftsgerichteter Aufgabenstellungen statt von der Vergangenheit zu lernen. Außerdem müsse sich «lebenslanges Lernen» stärker durchsetzen.

Ein weiteres Lernhindernis sehen die Autoren in der Irrelevanz der zu vermittelnden Stoffe. Daß Menschen nur schwer zu motivieren sind, Dinge zu lernen, deren Sinn sie für sich nicht erkennen, steht außer Frage. Dadurch komme es zu unnötig langen Lernverzögerungen, die die Möglichkeiten der Menschheit, globale Probleme zu bekämpfen, verringern. «Wären beispielsweise die wichtigsten Themen», heißt es in *Zukunftschance Lernen*, «die die Atomenergie betreffen, bereits in den fünfziger Jahren in die Lehrpläne der Schulen aufgenommen oder in den Massenmedien publiziert worden, dann hätten in den sechziger und siebziger Jahren sachlich fundierte öffentliche Diskussionen stattgefunden – noch bevor man sich für den Bau von Atomkraftwerken entschied und bevor Probleme hinsichtlich der nuklearen Entsorgung entstanden.»

Zwei der stärksten Strömungen gegen innovatives Lernen sind natürlich das zunehmende Analphabetentum und der schwierige Zugang insbesondere von Mädchen und Frauen in der Dritten Welt zu Bildungseinrichtungen. Der Club of Rome fordert, daß die Völkergemeinschaft alles in ihrer Macht Stehende unternimmt, um diesen Tendenzen entgegenzuwirken. Die nötigen Mittel, «dem Bildungsmangel unter dem Fünftel der Weltbevölkerung, das nicht lesen oder schreiben kann, abzuhelfen», stünden zur Verfügung. Es komme lediglich auf den politischen Willen dazu an. Daß mehr Bildung für Frauen beispielsweise das Bevölkerungswachstum bremst, ist eine bekannte Tatsache. Entsprechende Anstrengungen wären also für die ganze Welt von Vorteil.

Besonders ernst werde es dort, «wo der Mangel an politischer Veränderungswilligkeit mit dem Versuch verknüpft ist, die Macht zu behalten». Dies zeigt sich heute unter anderem in Ruanda und Zaire, wo Millionen Menschen nahezu hilflos den Auswirkungen brutaler

Machtkämpfe ausgesetzt sind und zu Hunderttausenden sterben. Dabei ist Bildung eine Grundvoraussetzung für Strukturen, die wenigstens im Ansatz demokratisch sind.

Lange, bevor Globalisierung zu einem der meistverwendeten politischen Begriffe wurde, wiesen die Club of Rome-Autoren darauf hin, daß «die globale Dimension ein wesentlicher Faktor für das innovative Lernen ist». Sie thematisierten Ende der siebziger Jahre Zusammenhänge, die erst an der Schwelle zum 21. Jahrhundert Gegenstand intensiver Betrachtungen und Diskussionen wurden.

Den Lernprozeß zu verstehen bezeichnen Botkin, Elmandjra und Malitza als eine Herausforderung für das Jahr 2000. Zehn Jahre nach der Veröffentlichung von *Zukunftschance Lernen* wiederholten Club-Generalsekretär Bertrand Schneider und Ehrenpräsident Alexander King diesen Anspruch sinngemäß in ihrem Club of Rome-Bericht *Die erste globale Revolution* (siehe S. 126).

Auch in einem anderen Punkt waren die Verfasser des Berichtes über das Lernen ihrer Zeit voraus: Sie warnten davor, daß das Verschwinden kultureller Identität ein doppeltes Risiko beinhalte, nämlich «globale Homogenisierung und lokalen Zerfall». Dies werde immer häufiger Ursache für internationale Konflikte sein. *Die Grenzen der Gemeinschaft* ist der Titel des Berichtes an den Club of Rome (siehe S. 257), der unmittelbar vor Redaktionsschluß dieses Buches erschien. Ein Team der Bertelsmann-Stiftung setzt sich darin ausführlich mit dem von Botkin, Elmandjra und Malitza beinahe zwanzig Jahre zuvor angeschnittenen Problem auseinander.

Zum Schluß ihres Buches *Zukunftschance Lernen* betonen die Autoren, daß es eine Selbsttäuschung wäre, ein vorgefertigtes Konzept zur Überwindung der Bildungskrise anzubieten. Mit Blick auf das düstere «Bild für das Jahr 2000» und vor dem Hintergrund, daß das 20. Jahrhundert «durch das Trauma sukzessiver Torheiten gekennzeichnet» sei, müsse die Menschheit jedoch innovatives Lernen als einen Schlüssel zu «mehr Frieden, Würde und Glück» begreifen. Nicht einige Experten allein würden die Probleme der Menschheit lösen – dies sei, so die Club-Autoren, erst durch die Teilhabe möglichst vieler Menschen an den entsprechenden Prozessen möglich. Und dafür ist Bildung nötig.

# Urteile und Wünsche

## Gedanken über die Denker

Spätestens seit Frühjahr 1972 steht der Club of Rome im Blickpunkt einer weiten – weltweiten – Öffentlichkeit. Speziell in der Umweltbewegung genießt er, zumindest bei den Älteren, immer noch hohes Ansehen, doch er konnte von Beginn an nie einfach in eine Schublade gesteckt werden. Seine Aussagen betrafen und betreffen Naturwissenschaftler wie Ökonomen, Politiker wie Industrielle, Schüler wie Lehrer, Beamte wie Soziologen. Wenn der Club of Rome sich zu einer Problemstellung äußert, kann das auch dreißig Jahre nach seiner Gründung von Entscheidungsträgern in unterschiedlichsten Positionen nicht einfach außer acht gelassen werden. Das Image des Club of Rome als einer unabhängigen Moralinstanz, die viel Sachkenntnis in ihren Reihen und in ihrem Dunstkreis vereint, hat sich bis heute kaum geändert.

Es muß scheinbar so sein, daß diejenigen, die sich engagieren, in der öffentlichen Kritik stehen, während Passive von Anfechtungen weitgehend unbehelligt bleiben. Das ist wohl auch sinnvoll, denn der Passive wird auch dann, wenn sein Verhalten unvernünftig oder gar schädlich ist, in den allermeisten Fällen weniger Schaden anrichten, als einflußreiche Personen und große, anerkannte Organisationen, die zu bestimmten Verhaltensweisen ermutigen oder aufrufen. Es geht, auch und insbesondere beim Club of Rome, um die Vorbildfunktion.

Vor diesem Hintergrund habe ich einige Personen des öffentlichen Lebens gebeten, Stellung zum Club of Rome zu beziehen.

Einige stellten Bedingungen. In manchen Fällen hätte ich die Texte nach bestimmten Vorgaben selbst verfassen sollen, was wohl kaum der Intention des Buches entsprach. Der Pressesprecher des Kölner Erzbischofs wollte weite Teile des Manuskriptes lesen, bevor er überhaupt bereit gewesen wäre, mit dem Anliegen auf seinen Chef zuzugehen. Auch das paßte nicht ins Konzept der unbefangenen Beurteilung einer streitbaren Institution. Es ging schließlich um das, was die angesprochenen Personen selbst über den Club of Rome wissen, mit ihm verbinden, an ihm kritisieren. Wieder andere sagten Beiträge zu und lieferten nicht, argumentierten mit Zeitproblemen, weil eine Beurteilung des Club of Rome aufwendiger sei, als sie zunächst gedacht hätten. Klar war jedenfalls, daß kaum jemand etwas über den Club of Rome schreiben wollte, ohne sich noch einmal eingehend mit ihm befaßt zu haben.

Diejenigen, die die Mühe auf sich genommen haben, gingen recht unterschiedlich an den Gegenstand der Betrachtung heran. Neben nüchternen Texten steht ein kurzes Märchen als Ausgangsgedanke, neben eigenen Erinnerungen wird die Lyrik eines zeitgenössischen Schriftstellers herangezogen. Zwischen lobenden Ausführungen finden sich kritische Sätze, aber auch Wünsche. Ein Exkurs führt scheinbar vom Thema weg, aber eben nur scheinbar.

# Jakob von Uexküll
Publizist, Philatelist, Stifter des Right Livelihood Award
(«Alternativer Nobelpreis»)

Geboren in Uppsala, Schweden. Nach Schulbesuch in Schweden und Deutschland (von Uexküll besitzt die Staatsangehörigkeiten beider Länder) gewann er ein Stipendium in Oxford und schloß 1969 dort sein Studium als Magister in Politik, Philosophie und Wirtschaftswissenschaften ab. Er arbeitete anschließend als freier Journalist und Übersetzer, spezialisiert auf Politik und Umwelt. Jakob von Uexküll ist professioneller Philatelist. 1980 verkaufte er seine Sammlung seltener Briefmarken, um mit dem Erlös den Right Livelihood Award zu stiften. Das Gründungskapital der Stiftung betrug eine Million US-Dollar. Aufgrund weiterer Einzahlungen von Privatpersonen kann die Jury inzwischen Preise mit Summen von mindestens 200 000 Dollar dotieren. Diese werden jährlich am Tag vor der Verleihung der Nobelpreise im Schwedischen Parlament übergeben, um Menschen zu ehren, die an «praktischen und beispielhaften Lösungen für die drängendsten Herausforderungen, mit denen die Welt heutzutage konfrontiert ist, arbeiten». Jakob von Uexküll zufolge «zielt der Right Livelihood Award darauf ab, dem Norden dabei zu helfen, die Weisheit zu finden, sein Wissen anzuwenden, und den Süden dabei zu unterstützen, das Wissen zu finden, seine althergebrachte Weisheit einzubringen». Der Right Livelihood Award wird für Aktivitäten auf den Gebieten Umweltschutz, Erhalt der Artenvielfalt, Menschenrechte, Entwicklung, Gesundheit, Erziehung, Wohnen und Technologie vergeben. Jakob von Uexküll war Vorstandsmitglied von Greenpeace Deutschland e.V. und von 1984 bis 1989 für die bundesdeutschen GRÜNEN Abgeordneter im Europaparlament. Er ist Mitgründer des «Anderen Wirtschaftsgipfels» und Treuhänder der Neuen Ökonomie-Stiftung in London. Zahlreiche Buchveröffentlichungen.

Der Club of Rome hat Recht gehabt mit seiner zentralen Aussage: Es gibt natürliche Grenzen des Wachstums, die wir heute auf vielen Gebieten schon überschritten haben. Je länger wir diese grundlegende Wahrheit ignorieren, desto schwieriger wird die Wende zur Nachhaltigkeit (die so oder so kommen muß) und die Zeit danach.

Erstaunlich und erschreckend ist die nun schon über 20 Jahre währende Weigerung, dies einzusehen. – So erfolgreich ist die Gehirnwäsche der Wachstumsfundamentalisten gewesen! Man konzentriert sich auf Nebensächlichkeiten, um die einfache Tatsache zu vergessen, daß in einer endlichen Welt natürliche Ressourcen nicht unendlich sein können. So werden alle Sparversuche vom Wachstum bald wieder verzehrt. Man vertröstet sich damit, der Weg zur Nachhaltigkeit sei zu schwer, und predigt «Weiter so», was nicht nur schwer, sondern unmöglich ist. Die Natur ist die Grundlage allen Reichtums. Umweltverträglichkeit ist daher der unverzichtbare Handlungsrahmen jeder Politik, die sich der Nachwelt gegenüber nicht verbrechen will. Heute brauchen wir internationale Institutionen, die diese Rahmenbedingungen setzen können: Umweltbehörden mit mindestens soviel Macht, wie sie Zentralbanken, GATT, Europäische Union und andere Institutionen mit weniger wichtigen Aufgaben besitzen.

Diese Rolle kann der Club of Rome natürlich nicht spielen. Dazu fehlt ihm die demokratische Legitimation: Die wenigsten Menschen wissen, wie man aufgenommen wird und wer die derzeitigen Mitglieder sind. Auch sind die Aussagen des Clubs, zum Beispiel zur Atomenergie, nicht immer klar und konsistent. Der Club könnte aber in einem Globalen Rat der Weisen, wie vom Dalai Lama vorgeschlagen, aufgehen. Ein solcher Rat würde eine sehr wichtige moralische und beratende Funktion haben, neben einer demokratisch legitimierten internationalen Umweltbehörde.

Ohne den Club of Rome hätte die globale Umweltbewegung nach Stockholm 1972 (dort fand damals der erste internationale Umweltgipfel statt, Anm. J.S.) keine gemeinsame Weltanschauung und wissenschaftliche Basis gehabt. Sie hätte es noch viel schwerer gehabt, gehört zu werden – ohne die Bekanntheit der *Grenzen des Wachstums*. Daher wird der Club in die Geschichte eingehen. Eine unvergeßliche Mahnung bleiben die Worte seines Gründers Aurelio Peccei: «Unsere Probleme sind von Menschen verursacht und können von Menschen gelöst werden. Es gibt daher keine Entschuldigung, wenn wir es nicht tun.»

# Wolf Maahn
Rockmusiker

Ein Jahr nach seiner Geburt (1955) in Berlin zieht Wolf Maahn mit seinen Eltern nach München, 1968 nach Köln. Von 1972 an studiert er Theater-, Film- und Fernsehwissenschaften, sein Geld verdient er sich als Taxifahrer, Kühlhausarbeiter und Comictexter. 1980 bricht Wolf Maahn das Studium zugunsten der Musik ab. Ein Jahr zuvor war er als Frontmann bei der Foodband eingestiegen, die unter anderem Bob Marleys Deutschlandtournee begleitete. Seit 1982 nimmt Maahn Songs mit deutschen Texten auf, die stark von Soul und Rhythm & Blues beeinflußt sind. *Deserteure* avanciert zu einer Hymne der deutschen Friedensbewegung. Maahn begleitet die Tournee von Roxy Music und tritt 1984 gemeinsam mit Santana, Joan Baez und Bob Dylan in Köln auf. Es folgt das erfolgreiche Album *Irgendwo in Deutschland*. Sein Auftritt im Rockpalast (1985) wird live in 15 Länder übertragen. Die 1986 gemeinsam mit einem All Star-Chor (unter anderem Bap und Herbert Grönemeyer) und Kindern aufgenommene Single *Tschernobyl* boykottieren die Radio stationen wegen ihrer kritischen Aussagen zur Nuklear-Industrie. Dennoch erzielt die Platte genug Einnahmen, um damit eine unabhängige Meßstation zu finanzieren. In der Folgezeit wird Maahn von den Lesern des *Music Express* bei der Wahl der beliebtesten Musiker Deutschlands auf Platz vier gewählt, veröffentlicht er zwei weitere erfolgreiche Alben. Wolf Maahn ist verheiratet und hat einen Sohn.

Ich weiß nicht gerade viel vom Club of Rome. Auf jeden Fall aber erinnere ich mich, daß er vor vielen Jahren als erster die große Alarmglocke geschlagen hat, nach dem Motto: «Achtung Menschheit! Wir haben jetzt konkrete Zahlen – wenn wir so weiter machen, werden wir uns selbst auslöschen!» Es war damals für mich als Kind ein Riesenschock! Aber eindeutig auch für die Erwachsenen, was meine Bestürzung wiederum noch untermauerte. Dies war lange Zeit vor Greenpeace und den GRÜNEN; das Wort Umweltschutz existierte noch gar nicht.

Rückblickend gesehen ein unermeßliches Verdienst des Club of Rome, uns alle als erster mit der unbequemen Wahrheit konfrontiert zu haben. – Für mich persönlich der Startschuß für eine andere Art von Bewußtsein. Statt blindem Fortschrittsglauben die große Skepsis. Aber auch für das bis heute andauernde große Interesse an alternativen, ganzheitlichen Wegen.

Seltsamerweise habe ich seitdem kaum noch etwas vom Club of Rome gehört. Außer einem gewissen faux pas in puncto Kernenergie – dem angeblichen Retter vor dem Treibhauseffekt. Aber soweit ich weiß, hat der Club dies schon selbst relativiert. Jedenfalls bestehen bei mir und wahrscheinlich auch bei vielen anderen große Informationsdefizite hinsichtlich der Arbeit des Club of Rome.

# Alfred Neven DuMont
Verleger und Herausgeber, Präsident der Industrie- und
Handelskammer zu Köln

Geboren am 29. März 1927 in Köln. Studium der Philosophie, Geschichte
und Literatur in München; praktische Erfahrungen in verschiedenen
Zeitungsverlagen. Besuch der Medill School of Journalism der North-
western University in Chicago. 1953 Eintritt in das Kölner Verlagshaus
M. DuMont Schauberg. Seit 1960 Herausgeber des liberalen Kölner
Stadt-Anzeigers, seit 1964 des Boulevardblattes Express. 1967 Berufung
zum Vorsitzenden der Geschäftsführung von M. DuMont Schauberg,
1990 zum Vorsitzenden des Aufsichtsrates des Verlages, in dem auch
Reiseführer und Kunstbücher erscheinen. 1991 Übernahme der
Herausgeberschaft der Mitteldeutschen Zeitung und des Mitteldeutschen
Express. Neven DuMont war von 1980 bis 1984 Präsident des Bundes-
verbandes Deutscher Zeitungsverleger und ist heute dessen Präsidiums-
Ehrenmitglied. Seit 1981 Vorstands- und Präsidiumsmitglied der Bundes-
vereinigung der Deutschen Arbeitgeberverbände, seit 1990 Präsident der
Industrie- und Handelskammer zu Köln.

Die historische Leistung der Männer des Club of Rome ist auch
heute, über zwanzig Jahre danach, hochaktuell. Denn trotz einiger
sichtbarer Fortschritte in einigen Teilen der Erde sind Umwelt und
Natur gefährdet.

Wie es um den tatsächlichen Zustand der Erde bestellt ist, zeigen uns mit unbestechlicher Schärfe die Satellitenfotos aus dem All.

Die Männer des Club of Rome hatten uns darauf hingewiesen,
die Welt als Ganzes zu betrachten und in längeren Zeiträumen zu
denken. Die Medien tragen eine große Verantwortung, diese
Gedanken, die auf Umdenken ausgerichtet sind, aufzugreifen, zu
kommentieren, zu verbreiten und populär zu machen.

Angesichts der globalen Probleme in Weltuntergangsstimmung
zu verfallen, wäre das falsche Konzept. Wir müssen von dem Erfolg
unserer Anstrengungen überzeugt sein, wenn wir andere für die
Zukunftssicherung gewinnen wollen, und dazu gehört eben
Optimismus. Auch die Forderung nach einem Nullwachstum bringt
uns nicht weiter, da nur mit Wachstumsraten in Umweltschutz investiert werden kann. Hier ist die Diskussion über den Club of Rome

hinausgewachsen. Ökonomische und ökologische Interessen sind
kein Gegensatz. Im Gegenteil, sie bedingen einander, sie brauchen
einander. Sie müssen miteinander versöhnt werden, um Wohlstand
in einer Welt zu schaffen, die auch für unsere Kinder und Enkel noch
lebenswert ist.

## Uta Bellion
Ehemalige Vorsitzende von Greenpeace international,
Kampagnendirektorin der Organisation Friends of the Earth

Uta Bellion, geborene von Struenck, ist am 3. Januar 1956 in Detmold
geboren. Ihr Studium der Mathematik und Physik an der Universität
Bielefeld brach sie wegen einer Krankheit ab und entschied sich, prakti-
scheres Wissen zu erlangen. Sie absolvierte Praktika am Bau und ging an
die Technische Hochschule Aachen. Dort spezialisierte sie sich auf Stadt-
und Verkehrsplanung sowie Wasser- und Abfallmanagement. Sie beende-
te ihre Ausbildung 1982 als Diplom-Ingenieurin. Nach Forschungs-
tätigkeiten an der Technischen Hochschule Aachen und der Universität
Hannover wechselte sie 1986 zur deutschen Greenpeace-Sektion, wo sie
die Kampagne zum Schutz der europäischen Flüsse leitete. Ein Jahr später ging sie zu Greenpeace international, wo sie die Aktivitäten gegen die
chemische Verseuchung der Umwelt koordinierte. 1990 wurde Uta
Bellion Vorstandsmitglied, zwei Jahre später Vorsitzende von Greenpeace
international. 1995 ging sie zur Umweltschutzorganisation Friends of the
Earth, wo sie seither – mit Sitz in London – Kampagnendirektorin ist. Uta
Bellion ist verheiratet und hat eine Tochter.


Sanfte Missionare

«Manchmal sprechen junge Männer an der Haustür / vom
Weltuntergang, sie wissen es besser und / sie haben es schriftlich. Sie
verlieren auch nicht / die Geduld in dieser kurzen Spanne Zeit.

Sie lassen sich vertreiben und rechnen mit dem / Gelächter, das
ihnen folgt. Die Furcht, die sie / verteilen, aufgeschrieben in wieder-
holbaren / Sätzen, ist ihnen aufgetragen als Übung.

Sie verstehen Kriege zu lesen als höhere / Nachricht, Katastrophen
als endgültige Botschaft. / Da sie glauben, die Frist zu wissen, vermeiden / sie es, sich einzumischen, in ihre Zeit.»

Missionare und Vordenker haben es heute nicht leicht. Deshalb handelt das Gedicht über die *Sanften Missionare* von Peter Härtling von Eigenschaften, die in unserer Welt rar geworden sind: Visionen und Ausdauer zu haben und die Überzeugung, ein richtiges Ziel anzupeilen. Solche Charakterzüge sind für den Club of Rome, Greenpeace und Friends of the Earth gleichermaßen gültig. Diese Organisationen sprechen von Katastrophen, die kommen werden, wenn wir das Ruder nicht herumreißen. Sie wollen Visionen in die Köpfe pflanzen, die dauerhafter sind als Wahlergebnisse oder kurzatmige Gesetzesvorlagen.

Sie scheren sich nicht um jene, die ihnen Ohnmacht anzudichten versuchen und für die sowieso schon alles zu spät ist. Sie wissen vielmehr um die Zeitläufte, die es braucht, um Veränderungen herbeizuführen und verfolgen stetig ihr Ziel, sie versuchen, den Hebel vor allem da anzusetzen, wo er die meiste und die schnellste Wirkung erzielt: bei den Entscheidungsträgern in Politik und Wirtschaft und bei der öffentlichen Meinung.

Methodisch gehen sie allerdings verschiedene Wege. Während der Club ein Mahner ist, der mit respektiertem Wissen, fundierter Erkenntnis und viel Diplomatie im Hintergrund wirkt, rütteln Greenpeace und Friends of the Earth mit den Mitteln der Öffentlichkeitsarbeit auf, konfrontieren die Menschen mit Tatsachen. Alle spielen sie wichtige Rollen, ergänzen sich beinahe, auch wenn sie nicht immer einer Meinung sind. So ist die kompromißlose und konfrontative Haltung, die Greenpeace und Friends of the Earth zur Atomenergie einnehmen, nicht diejenige des Club of Rome. Ebensowenig gehen diese und andere Organisationen d'accord mit manchen durch zuviel diplomatische Vorsicht undeutlich gewordenen Aussagen des Clubs.

Diese Differenzen sollten uns nicht hindern, uns dort, wo wir gemeinsame globale Ziele verfolgen, gegenseitig zu unterstützen. Der Club of Rome und viele andere treten schließlich auf internationalem Parkett gegen eine Ideologie an, die den Egoismus der Gattung Mensch ins Zentrum setzt. Sie demonstrieren auf verschiedene Weisen, daß ungezügelte «freie» Marktwirtschaft als angeblich einziger akzeptabler Weg in die Sackgasse führt, und markieren Wendepunkte.

In meiner Erinnerung gibt es vier wesentliche Werke, die zu Marksteinen für die Bewußtwerdung der Grenzen unseres blauen Planeten und seiner Komplexität wurden: Rachel Carsons *Stummer Frühling*, dann der erste Bericht an den Club of Rome, *Die Grenzen des Wachstums*, *Global 2000* und Frederic Vesters *Neuland des Denkens*. An den drei letztgenannten waren Mitglieder des Club of Rome maßgeblich beteiligt.

*Die Grenzen des Wachstums* ist noch heute eine der in der Umweltpolitik meistzitierten Schriften und hat nichts von seiner Bedeutung verloren. Es war das Buch, das mir die Endlichkeit globaler Systeme bewußt gemacht und eine Ahnung davon vermittelt hat, was heute in Form der überall sicht- und spürbaren ökologischen Erosion wissenschaftlich gesicherte Erkenntnis ist. Darüber hinaus haben die Arbeiten des inzwischen in den Club of Rome aufgenommenen Wissenschaftlers Frederic Vester insbesondere im deutschsprachigen Raum viele Augen für ein systemisches Denken geöffnet, das nicht bei einer kurzsichtigen Politik der hohen Schornsteine aufhört. Auch die späteren Berichte an den Club of Rome beweisen, daß dieser ein Vordenker geblieben ist, der uns Vormachern die wissenschaftliche Basis für unsere Arbeit liefert.

Wenn wir weiter lernen, nicht nur die Folgen der Mißachtung globaler Zusammenhänge anzuprangern, sondern sie als Anlaß zum Handeln zu nehmen, kurzum – wenn wir, Greenpeace, Friends of the Earth, der Club of Rome und viele andere Organisationen uns gegenseitig stärken könnten, wäre dies ein Gewinn: Mehr Offensive und eindeutigere Gegenentwürfe des Clubs, mehr Kooperation und positive Projekte seitens der Umweltaktivisten. Dann könnten wir gemeinsam beweisen, daß Peter Härtling in zwei Punkten Unrecht hat: Erstens sind es nicht nur die von ihm zitierten jungen Männer (natürlich auch Frauen!), die etwas bewegen wollen. Selbst Vordenken allein genügt nicht. Aber es ist ein Anfang, wenn wir dieses Denken in gemeinsame Taten umsetzen können. Wir maßen uns nicht an, die Frist zu kennen, die uns noch bleibt. Aber gerade weil wir sie nicht kennen und weil sie kürzer sein mag, als uns lieb ist, mischen wir uns ein. Jetzt.

# Klaus Bednarz
Journalist

Geboren 1942 in Falkensee bei Berlin. Studierte Theaterwissenschaften, Slawistik und Osteuropäische Geschichte in Hamburg, Wien. Es folgte ein Studienaufenthalt in Moskau. 1966 Promotion zum Dr. phil. mit einer Arbeit über den russischen Dichter Anton Tschechow. Seit 1967 Redakteur bei der ARD. Von 1971 bis 1977 ARD-Korrespondent in Warschau, anschließend bis 1982 in Moskau. Nach seiner Rückkehr zunächst Leiter des Fernseh-Auslandsstudios des Westdeutschen Rundfunks in Köln, von Januar bis Dezember 1983 Moderator der Tagesthemen. Seither Leiter des investigativen Fernsehmagazins Monitor. Neben Kommentaren für die Tagesthemen der ARD und zahlreichen Beiträgen für verschiedene Tages- und Wochenzeitungen veröffentlichte der Vater einer Tochter Fernsehdokumentationen. unter anderem über Brandenburg und Mecklenburg, Schlesien, die polnische Armee, Ostpreußen, die Wolga, den Kaukasus, Leningrad und Moskau. Daneben zahlreiche Buchveröffentlichungen. Klaus Bednarz wurde 1982 und 1985 mit dem Adolf Grimme-Preis ausgezeichnet, erhielt 1987 den Journalistenpreis des Bundes für Umwelt- und Naturschutz, 1988 den Medienpreis der Rundfunk-, Fernseh- und Filmunion (aufgegangen in die IG Medien), 1989 die Carl von Ossietzky-Medaille, 1990 die Goldene Kamera und zwei Jahre später den Deutschen Kritiker-Preis.

Es gab Zeiten und Kulturen, da wurden die Weisen, diejenigen, die um die Vergangenheit wußten, die Gegenwart sahen und an die Zukunft dachten, hoch geehrt. Man suchte ihren Rat und nahm ihn – zuweilen zumindest – als Richtschnur des Handelns. Doch diese Zeiten sind längst vorbei. Wer sich heute originär mit der Vergangenheit, kritisch mit der Gegenwart und sorgenvoll mit der Zukunft befaßt, ist in der Regel lästig. Er stört die ungetrübte Freude des gedankenlosen Konsums, rüttelt an der profitorientierten Ideologie des unbeschränkten Wachstums, ist hinderlich für wählerfreundliche Entscheidungen. Ihn zu bekämpfen gibt es einfache, aber wirksame Mittel: totschweigen, durch vermeintliche Teilhabe korrumpieren, als weltfremd denunzieren. Womit die Situation des Club of Rome beschrieben ist. Doch wir brauchen ihn. Denn nur wer wirklich schwarzsehen kann, entwickelt – vielleicht – die Fähigkeit zum Hellsehen.

# Burkhart Hirsch
Rechtsanwalt, Vizepräsident des Deutschen Bundestages

Burkhart Hirsch wurde am 29. Mai 1930 in Magdeburg geboren, erlangte 1948 das Abitur in Halle und folgte ein Jahr später seinen Eltern in die Bundesrepublik. Er studierte Jura in Marburg, wo er auch promovierte. 1964 nahm er seine Tätigkeit als Rechtsanwalt in Düsseldorf auf. Vom gleichen Jahr an war Hirsch für acht Jahre Mitglied des Stadtrates der nordrhein-westfälischen Landeshauptstadt. 1971 wurde er in den Landesvorstand der FDP gewählt, 1972 in den Bundestag. Ein weiteres Jahr später wurde er Mitglied des FDP-Bundesvorstands. 1975 – bis dahin hatte Hirsch noch als Justitiar für verschiedene Unternehmen der Stahlindustrie gearbeitet – übernahm er für eine Legislaturperiode das NRW-Innenministerium. Anschließend, 1980, kehrte er in den Bundestag zurück. Seit Beginn der 13. Wahlperiode Ende 1994 ist Burkhart Hirsch Bundestags-Vizepräsident. Er ist verheiratet und hat zwei Kinder.

Für mich verkörpert der Club of Rome einen urliberalen Gedanken: Wer nicht rechtzeitig handelt, muß später um so einschneidendere Maßnahmen ergreifen.

Ich erinnere mich noch gut an den Beginn der siebziger Jahre. Wer damals auf die Probleme eines unkontrollierten und unbegrenzten Wirtschafts- und Bevölkerungswachstums hinwies, wurde von vielen noch milde belächelt.

Durch den 1972 erschienenen Bericht des Club of Rome, *Die Grenzen des Wachstums*, erfuhren die bis dahin recht einsamen Mahner zum ersten Mal Unterstützung angesehener und kompetenter Zeitgenossen. Es ist das Verdienst des Club of Rome, die Apokalypse in das Bewußtsein der Bevölkerung gebracht zu haben. Hinter dieser politischen Leistung verblaßt alle Kritik, die der Club of Rome auch erfahren hat.

Verantwortungsbewußte Politik muß stets die globalen Zusammenhänge im Auge behalten – und zwar auch im eigenen, nationalen Interesse. Umweltzerstörung, Bevölkerungsexplosion in Entwicklungsländern, Mißachtung der Menschenrechte – alles dies wirkt sich auf längere Sicht auch auf die Staaten aus, die zunächst unmittelbar nicht davon betroffen sind. Um so wichtiger ist es, daß die Politik Unterstützung eines Gremiums von angesehenen

Persönlichkeiten der unterschiedlichsten Kulturen, Ideologien, Berufe und Wissenschaftszweige erhält. Ich halte daher die Arbeit des Club of Rome auch heute noch für außerordentlich wichtig und wünsche mir für die Zukunft weitere wichtige Denkanstöße.

# Hubert Weinzierl
Land-, Forst- und Teichwirt, Vorsitzender des Bundes für Umwelt
und Naturschutz Deutschland e.V. (BUND)

Weinzierl, geboren 1935, studierte in München Land- und Forst-
wirtschaft. Seit seinem 18. Lebensjahr engagiert er sich in der
Naturschutzbewegung. Er gehört zahlreichen Vorständen deutscher
Naturschutzorganisationen an. Seit 1983 ist Hubert Weinzierl
Vorsitzender der größten deutschen Umweltschutzorganisation, des
BUND.

An der Schwelle zum nächsten Jahrtausend ist beinahe alles gesagt
zur «prekären Lage der Menschheit», nur der Wille zur Änderung
fehlt. Wichtig ist es, die zerrissenen Fäden zum Lebendigen wieder
zu knüpfen und ein Gespür zu entwickeln für das innige
Verworrensein von Mensch und Natur.

Deshalb ist die Rückkehr zu einem ganzheitlichen Denkansatz
unserer Naturschutzidee notwendig: So wie es uns Anfang der siebziger Jahre der Club of Rome mit seinem Bericht *Die Grenzen des
Wachstums* vormachte, der eines der ersten kybernetischen
Weltmodelle überhaupt entwarf. Der Club stieß damals eine weltweite Diskussion um die Krise dieser Erde, die Zukunft von Mensch
und Schöpfung an. *Die Grenzen des Wachstums* war ein notwendiges
Buch, das in gewisser Weise eine Wende des öffentlichen Bewußt-
seins eingeleitet hat. Und das können nicht viele Buchautoren von
sich behaupten.

Gerade die Zusammensetzung des Clubs aus Wissenschaftlern,
Industriellen, Bankiers etc. trug dazu bei, den Ernst der Lage glaub-
haft zu machen. Ehrenwerte, hoch angesehene Persönlichkeiten aus
zahlreichen Ländern schrieben den Politikern ins Stammbuch, sie
hätten versagt.

Den Höhepunkt seines Einflusses hatte der Club damit allerdings erreicht. Die weiteren Berichte wie *World Integrated Model*
oder *Die erste globale Revolution* entsprachen nicht mehr den
Erwartungen. Weiterhin waren die Analysen der ökologischen, ökonomischen und gesellschaftlichen Probleme brillant, doch vor den
Konsequenzen schreckte der Club of Rome wohl zurück.

Er setzt weiter allein auf eine neue Ethik und die Lernfähigkeit des Individuums und greift damit zu kurz. Denn das Wirtschaftswachstum wird nicht in Frage gestellt, ein globales Wirtschaftsmodell – wie es zum Beispiel die Brundtland-Kommission formuliert hat – hat der Club of Rome nicht geleistet.

Unbestreitbar ist das historische Verdienst des Club of Rome: Er hat globales Denken auf die Spur gesetzt und eindringlich vorgeführt, daß sich die Menschheit auf einen Abgrund zubewegt.

## Monika Griefahn
Diplom-Soziologin, Umweltministerin des Landes Niedersachsen

Monika Griefahn, geboren 1954 in Mülheim an der Ruhr, studierte
Mathematik und Sozialwissenschaften in Göttingen und Hamburg. Sie
arbeitete in der Jugend- und Erwachsenenbildung – zuletzt als Referentin
beim Christlichen Verein Junger Menschen (CVJM) in Hamburg –,
bevor sie 1980 die deutsche Sektion der internationalen Umweltschutzorganisation Greenpeace mitbegründete. Jahrelang war sie deren
Geschäftsführerin, von 1984 an Vorstandsmitglied von Greenpeace international. Dort kümmerte sie sich vorwiegend um den Aufbau neuer
Sektionen der Umweltschutzorganisation. So war sie maßgeblich an der
Entstehung von Seljonij Mir – Greenpeace Sowjetunion – beteiligt.
Monika Griefahn gehört der Jury des Right Livelihood-Award, des soge-
nannten Alternativen Nobelpreises an. 1990 übernahm sie – zunächst par-
teilos – die Position der Umweltministerin im rot-grünen Kabinett des
Landes Niedersachsen. Knapp drei Jahre später trat sie in die
Sozialdemokratische Partei ein. Monika Griefahn ist mit dem Chemiker
Michael Braungart verheiratet und hat drei Kinder.

Für mich hatte der Club of Rome eine sehr weitreichende
Bedeutung. Als 1972 der erste Bericht an den Club of Rome, *Die
Grenzen des Wachstums*, veröffentlicht wurde, fiel das für mich in die
Zeit, in der ich mich erstmals aktiv mit der Umweltverschmutzung
auseinandersetzte. Persönlich war ich schon immer davon betroffen,
da ich im Ruhrgebiet groß geworden bin und als Kind tatsächlich die
dicke Luft über der Ruhr erlebt habe, was sich erst durch die «Politik
der hohen Schornsteine» von Willy Brandt änderte. Allerdings hat
das ja genau dazu geführt, daß die Rauchschwaden weitergeleitet
wurden und saurer Regen, Waldschäden und die Versaurung der
skandinavischen Seen entstanden sind.

Insofern hatte der Club of Rome-Bericht etwas Aufrüttelndes
für mich und hat mich motiviert, selbst aktiv zu werden. Ich bin das
dann auch in meiner Zeit als Studentin und später in meiner
Berufstätigkeit geblieben.

Wenn weise Herren mit hoher wissenschaftlicher Reputation
fundamentale Aussagen zur Umweltverschmutzung machen, dann
hat dies natürlich eine große Autorität – anders, als wenn junge, auf-
müpfige Studentinnen, wie wir es waren, sich mit dieser Materie

beschäftigten. Aber jetzt ist es wichtig, daß der Club of Rome verjüngt wird. Es ist wichtig, daß mehr Frauen in dieses Gremium hineinkommen. Doch anscheinend werden die gleichen Fehler immer wieder gemacht. Ich denke nur an den Faktor 10-Club des Wuppertal Instituts für Klima, Umwelt, Energie.

Eine weitere Schwäche hat der Club of Rome in den vergangenen 25 Jahren leider entwickelt: Er hat von seinen sehr deutlichen Aussagen Anfang der siebziger Jahre Abstriche gemacht. So ist die Position, daß man eventuell mit den Risiken der Kernenergie leben müsse, da die Kohlendioxid-Risiken noch viel unkalkulierbarer sind, für mich ein Rückschritt. Berechnungen von Amory B. Lovins (Co-Autor des Berichtes an den Club of Rome *Faktor Vier*, siehe S. 212, Anm. J.S.) haben deutlich gemacht, daß jede Mark, die in Energieeinsparung investiert wird, siebenmal effizienter ist als eine in die Atomenergie gesteckte Mark. Und im übrigen ist die Kernkraft nie und nimmer zu kontrollieren. Sie ist, wie Christine von Weizsäcker es formuliert hat, nicht fehlerfreundlich. Die Verharmlosung der Atomenergie muß aufhören. Der Club of Rome sollte sich wieder auf seine ursprünglichen deutlichen Aussagen besinnen und ihr eine klare Absage erteilen.

Ich wünsche mir weiterhin, daß der Club of Rome als ein übergreifendes Gremium mit Reputation und Anerkennung erhalten bleibt, weiter mahnt, aber auch Lösungsvorschläge aufzeigt. Deshalb habe ich mich sehr gefreut, im Jahr 1993 in Hannover an der Konferenz des Club of Rome anläßlich von dessen 25jährigem Bestehen teilnehmen zu können, die sich dann unter anderem zum Ziel gesetzt hat, die EXPO 2000 in der niedersächsischen Hauptstadt zu unterstützen. Mensch – Natur – Technik ist das Thema. Die Lösungen sind da, sie müssen nur präsentiert und umgesetzt werden. Das will der Club of Rome unterstützen. Dafür danke ich ihm.

**Dieter Gorny**
Geschäftsführer des Fernsehsenders VIVA

Geboren am 26. August 1953 im westfälischen Soest. Gorny studierte nach dem Abitur zunächst Musik in Köln. Es folgte das Studium der Komposition und Musiktheorie; praktische Erfahrungen sammelte er in den Symphonie-Orchestern von Bochum und Wuppertal. Gorny wurde Professor an der Gesamthochschule Essen. 1984 war er Abteilungsleiter für Populäre Musik an der Bergischen Musikschule in Wuppertal. Ein Jahr später baute er das Förderungsprojekt Rockbüro Nordrhein-Westfalen auf, das er auch leitete. 1988 wurde Dieter Gorny Professor an der Kölner Musikhochschule für Werkanalyse, Formenlehre und Ästhetik populärer Musik, 1989 Direktor der Musikmesse POPKOMM. Im gleichen Jahr erhielt er einen Lehrauftrag für den Studiengang Kultur-Management an der Musikhochschule Hamburg. 1993 ging der Musiksender VIVA von Köln aus unter Leitung von Dieter Gorny auf Sendung, ein Jahr später VIVA ZWEI.

Daß der Club of Rome irgend etwas mit Popmusik zu tun haben soll, mag zunächst wie eine überaus gewagte, exotische These anmuten. Doch bringt dies einen unbestreitbaren Sachverhalt auf den Punkt: Die Aussagen des Club of Rome fielen Anfang der siebziger Jahre deshalb auf besonders fruchtbaren Boden, weil dieser zuvor entsprechend bearbeitet worden war. *We Shall Overcome* war die Hymne der sogenannten Blumenkinder, die gegen den Vietnamkrieg und Ungerechtigkeit auf der Welt protestierten, *Born to be Wild* die der Rocker, die sich die gesuchte Freiheit nahmen, indem sie gesellschaftlichen Konventionen die kalte Schulter zeigten. «I'll see you on the dark side of the moon», sang die Band Pink Floyd. Alles schien möglich. Der Club of Rome fiel einer breiteren Öffentlichkeit inmitten einer Zeit des Aufbegehrens gegen bestehende Zustände auf. Und Musik war das kulturelle Bindeglied dieser internationalen Protestbewegung. Da der Club mahnte, so, wie bisher, gehe es nicht weiter, war er – ob gewollt oder nicht – in die große Gemeinschaft derjenigen aufgenommen, die Änderung wollten. Das auch, wenn die überwiegende Mehrzahl seiner Mitglieder sicherlich andere Musik bevorzugte, als Hippies und Motorradfreaks.

Das Bild von fröhlich pfeifenden Kids mit dem Walkman auf dem Kopf, die auf dem Weg zu den Mülltonnen sind und dort ihren

Hausmüll fein säuberlich trennen, sagt da schon viel über eine Epoche wie unsere heutige. Wobei das Medienumfeld der Kids inzwischen ein hochkomplexes Feld darstellt und nur begrenzt für Vergleiche tauglich ist. Doch wenn man das auf die Gesamtgesellschaft bezieht, dann läßt sich feststellen, daß wir inzwischen mit großer Selbstverständlichkeit mit der Mülltrennung umgehen, aber dieses engagierte Bewußtsein beim Umgang mit Medien und der Selektion von Information viel weniger ausgeprägt ist. Wir gehen kritisch und uns auch bewußt verhaltend mit Umweltdingen um, auf der anderen Seite haben wir das permanente und eben auch launische Lustprinzip.

Dies hat damit zu tun, daß die Erwartung gegenüber den Medien hinsichtlich der Bewußtseinsbildung eher nachläßt – sie werden Alltag und damit benutzbar. Dadurch entsteht aber nicht wie durch sich selbst auch ein höheres oder kritischeres Bewußtsein im Umgang mit ihnen. Medien werden inzwischen sogar eher unbewußt konsumiert. Das ist die Realität – die permanente Verfügbarkeit hat ihren Preis.

Eine Institution wie der Club of Rome kann auch heute immer noch viel für gesellschaftliche Bewußtwerdungsprozesse tun. Den Anschub hat eine vielleicht auch etwas träger gewordene Menschheit in den Wohlstandsländern wohl immer noch nötig, denn nichts regelt sich von selbst, auch nicht in der bunten Medienlandschaft. Und gerade für globale Perspektiven werden nun einmal globale Denker benötigt. Die waren in großer Zahl schon immer in diesem Club vertreten. Die Ideen des Club of Rome sollten daher zukünftig verstärkt in der neuen Medienwelt ihren Widerhall finden, denn die Medien leben immer noch von Inhalten und Impulsen aus der Außenwelt, und nicht umgekehrt. Die Popmusik ist da der beste Beweis.

# Antje Vollmer
Theologin, Publizistin, Vizepräsidentin des Deutschen Bundestages

Geboren 1943 in Lübbecke, studierte Antje Vollmer von 1962 bis 1968 Evangelische Theologie in Heidelberg, Paris, Tübingen und Berlin, wo sie sich 1967 der Studentenbewegung anschloß. Sie promovierte mit einer Arbeit über Kirchengeschichte und war Anfang der siebziger Jahre, wiederum in Berlin, als Pastorin und in der Erwachsenenbildung tätig. 1976 ging sie nach Bielefeld und engagierte sich im Münsterland in der Ökologiebewegung; unter anderem war sie Dozentin an einer Bauern-Volkshochschule. Von 1983 an gehörte Antje Vollmer für zwei Jahre der ersten Fraktion der GRÜNEN im Deutschen Bundestag an und machte dann – dem damals geltenden Rotationsprinzip entsprechend – einem Nachrücker Platz. 1987 kehrte sie, erneut für zwei Jahre, ins Parlament zurück. Schwerpunkte ihrer Arbeit in Bonn waren eine Versöhnungsinitiative zwischen Staat und inhaftierten Terroristen, Förderung ökologisch verträglichen Landbaus, die Entschädigung «vergessener Opfer» des Nationalsozialismus, Kontaktpflege zu oppositionellen Gruppen in der damaligen DDR. 1984/85 zum ersten Mal Sprecherin der GRÜNEN-Fraktion (im sogenannten «Feminat»), später noch einmal während der Wiedervereinigung Deutschlands. Während der Unterbrechungen ihrer Abgeordnetentätigkeit veröffentlichte die alleinerziehende Mutter Beiträge in der *Tageszeitung*, im *Spiegel*, der *Zeit*, der *Frankfurter Allgemeinen* sowie der *Süddeutschen Zeitung* und anderen Blättern. Seit Oktober 1994 gehört Antje Vollmer wieder dem Deutschen Bundestag an und wurde zu Beginn der Legislaturperiode zu dessen Vizepräsidentin gewählt.


Vielleicht ist das typisch für den Club of Rome: Seit er anfing, von den Grenzen des Wachstums zu sprechen, wuchs er selbst. Der Club of Rome hat die Entwicklung der industriellen Weltkultur früh zuende gedacht, hat kühne Thesen formuliert und den Mut gehabt, sie zu äußern. Er war damit der erfolgreichste Zusammenschluß von Intellektuellen seiner Art. Immer wieder hat er erklärt, warum sinnvolles Wachstum vor allem mit dem Wachsen menschlicher Kompetenz verbunden sein muß. Bildung, Autonomie, Ganzheitlichkeit stellte er den ungelösten globalen Fragen zu Energieversorgung und Umweltschutz, zum Umgang mit Armut und neuen Technologien gegenüber. Werden die Bodenschätze knapp, sagt er, müssen neue intellektuelle Ressourcen erschlossen werden. Und verändern Staaten ihre Politik nicht von selbst, muß man sich eben einmischen – Intellektuelle haben hier eine besondere Verantwortung. Der Club of Rome wurde eine glückliche Form, ihr gerecht zu werden. Er hat so rechtzeitig und fundiert wie kein anderer Neuland beschritten. Er hat es nun seit über 25 Jahren besiedelt und beackert – nun wäre es an der Zeit, die Ernte einzufahren. Die Praktiker müssen die Stafette nur übernehmen.

Und ein paar Intellektuelle dürften ruhig auch noch den Schritt in die Praxis nachvollziehen.

## Gert Heidenreich
Schriftsteller

Geboren 1944, lebt in Bayern. Sein Werk umfaßt Romane, zahlreiche Theaterstücke, Essays und Lyrikbände. Jüngste Publikationen sind *Belial oder Die Stille* (Roman 1990), *Kehrseiten* (Reden und Essays 1992), *Der Wechsler / Magda – Finis Tertii Imperii* (zwei Theaterstücke 1993), *Jahrestagung* (Theaterstück 1994) und *Die Nacht der Händler* (Roman 1995). Heidenreich war bis 1995 Präsident des P.E.N.-Zentrums der Bundesrepublik Deutschland und erhielt mehrere Auszeichnungen, unter anderem den Adolf Grimme-Preis 1986 und den Literaturpreis der Stadt München 1989.

### Es lebe der Club! – Aber wozu?

Ein vom Alter tief gebeugter, chinesischer Weiser wurde vor seinen Kaiser gerufen, dem zu Ohren gekommen war, der Weise habe die Lenkung des Reiches kritisiert. So fragte der Kaiser den Weisen, was denn falsch und zu verbessern sei. Der Weise antwortete: «Nichts.» Verwundert fragte der Kaiser, warum, wenn er nichts zu ändern wünsche, der Weise ihn kritisiert habe. «Weil vieles im argen liegt», sagte der Weise, «aber selbst die Macht des Kaisers reicht nicht, dem Übel abzuhelfen. Sieh, die Vögel am Morgen, sie spotten über mich, wie ich mich mühsam und krumm dahinschleppe. Und Recht haben sie. Rieten sie mir aber zum Fluge vom Dach meines Hauses und folgte ich ihrem Rat, so stürzte ich zweifellos zu Tode. So auch verhielte es sich mit Dir, wenn ich dir riete und du mir folgtest.»

Vielleicht verhält es sich ähnlich mit den Denkern, die überwiegend hellsichtig die Übel unserer Welt analysieren. Ihre Empfehlungen könnten durchaus taugliche Anweisungen sein – doch wer, ohne die eigene Macht zu riskieren, setzte sie durch? Wozu also gibt es die großen Studien, die kritischen Einsichten, den dringlichen Rat an die Völker der Welt?

Damit sie zitiert werden natürlich. Damit unserer hilflosen Unzufriedenheit und Angst ein geistiges Gegengewicht erwächst. Damit unsere beschränkte Phantasie mit positiven Modellen gespeist und damit wir getröstet werden, weil es im groben Unfug, den unsere Spezies vor den Tieren auszeichnet, doch noch ein Gran

Vernunft gibt. Wäre es nun besser, die Weisen des Club of Rome verfügten über politische Macht? Gewiß nicht, denn ihr Denken ist im besten Falle nur darum unabhängig, weil sie keine Entscheidungsbefugnis haben. Sie würden andernfalls sich wie wir alle in den Netzen der Rücksichten und erworbenen Vorteile verfangen.

Der Club ist, wo er glücklich Erkenntnis und Folgerungen riskiert, ein Lieferant von Argumenten in den täglichen Redeschlachten der Welt – nicht mehr, aber weniger auch nicht. Das ist sehr viel in der unglaublichen geistigen Verluderung unserer Zeit.

Man wird auch ihn wie uns alle irgendwann digitalisieren, in eine virtuelle Welt verpflanzen, und er wird dort noch immer sprechen von der Bewahrung der Humanität und der wirklichen Welt. Aber dann werden seine Ratschläge virtuell realisiert werden, und die echte, einzige reale Realität wird längst zugrunde gegangen sein – all den guten Einsichten und Empfehlungen zum Trotz. (Immerhin können die Weisen im Club für sich in Anspruch nehmen, fast alles versucht zu haben. Auch das ist viel. Und anständig vor der Geschichte.)

Sieh, erzählt man dann einst den Kindern, diese Versammlung der Sisyphoi! Sie wälzten echte Felsen und waren, wie Camus es vorhergesagt hatte, glücklich.

Ah ja, sagen die Kinder dann, das war der Club of Rome. Aber wer war Camus?

Wer gedacht hatte, zum Thema Club of Rome fiele jedem, der um eine Stellungnahme gebeten wird, lediglich ein, daß der einmal *Die Grenzen des Wachstums* veröffentlicht hat, danach aber nichts Entsprechendes mehr, sieht sich also getäuscht. Natürlich repräsentieren die Autoren der dokumentierten Beiträge nicht den Querschnitt der Bevölkerung. Doch ungeachtet dessen ist augenfällig, wie unterschiedlich sie an ihre Beurteilungen des Club of Rome herangegangen sind.

Es war nicht anders zu erwarten, als daß *Die Grenzen des Wachstums* häufig genannt würden. Große Einzelleistungen stehen immer mehr im Mittelpunkt, als die Aktivitäten des Betreffenden in der Folgezeit, so sinnvoll letztere auch sein mögen. Davon abgesehen spricht auch nichts gegen die Beschäftigung mit einer solchen Leistung, selbst wenn diese schon Jahre zurückliegt. Sollte es auf dieser Welt tatsächlich ganz schlimm kommen, so kann der Club of Rome allein aufgrund der Publikation des ersten Berichtes an ihn darauf verweisen, daß zumindest keine Entscheidungsträger behaupten können, sie seien auf die Gefahren nicht hingewiesen worden.

Kritisiert werden vor allem vier Aspekte am Club of Rome: erstens sein Verhalten in Sachen Kernenergie; zweitens, daß er aus diplomatischer Rücksichtnahme zu undeutliche Aussagen mache; drittens stehen klarere Gegenentwürfe zu den kritisierten Umständen auf der Wunschliste; und viertens, Verjüngung des Club of Rome und die Aufnahme von mehr Frauen.

Die Problematik der Kernenergie habe ich oben schon ausführlich erörtert (S.146) und braucht hier nicht weiter ausgeführt werden. Zu möglicher diplomatischer Rücksichtnahme darf zweierlei nicht außer acht gelassen werden: Der Club ist im Kalten Krieg entstanden, war aber schon bald eine blockübergreifende Organisation. Er hat es bis heute verstanden, sich nicht vor einen ideologischen Karren spannen zu lassen. Dies war und ist sicherlich ein Pluspunkt, den es zu bewahren lohnt. Denn auch, wenn der Eiserne Vorhang inzwischen durchgerostet und die NATO im Begriff ist, ehemalige Warschauer Pakt-Staaten aufzunehmen, so ist die Welt Ende der neunziger Jahre keineswegs homogen. Die Fähigkeit, diplomatisch zu wirken, sollte der Club of Rome bewahren. Er gäbe andernfalls eine seiner Stärken auf.

Dies gilt nicht nur in weltweitem Kontext, sondern in sämtlichen Bereichen, in denen Club-Mitglieder vor Ort wirken. Mit der Reputation des berühmten Denkerzirkels im Rücken haben sie Zugang zu wichtigen Entscheidungsträgern und Gremien. Doch auch bei diesem «dezentralen» Wirken vor Ort ist es im Sinne des Erfolges, objektiv und neutral aufzutreten. – Die dem Club of Rome eigene Diplomatie eröffnet Möglichkeiten. Das Beharren auf einmal gefaßten Positionen steht im Widerspruch zur Diplomatie, die in einer pluralistischen Welt unabdingbar ist. Beides zu leisten wäre ein Spagat, bei dem der Club seine Haltung verlöre. Wunderdinge darf man auch von ihm nicht erwarten. Gert Heidenreich sagt hierzu treffend, daß der Club sich seine Unabhängigkeit eben dadurch bewahrt habe, daß er nicht in den Netzen der Abhängigkeiten verwoben sei.

Um Verjüngung und die Aufnahme von mehr Frauen ist der Club zweifellos bemüht, doch verläuft beides zäh. Zum Selbstverständnis des Clubs gehört es, daß niemand seine Reputation ausschließlich oder auch nur vornehmlich damit begründen soll, Mitglied des Zirkels zu sein. Wer aufgenommen wird, soll sich seine Lorbeeren bereits verdient haben. Das steht der Aufnahme junger Mitglieder bis zu einem gewissen Grade entgegen. Denn Newcomer, deren Stern bald wieder sinkt, sind natürlich nicht erwünscht. Kontinuität aber benötigt Zeit.

Hinsichtlich der Geschlechterfrage kann man dem Club of Rome kaum eine Quotenregelung empfehlen. Doch daß während der 1996er Jahrestagung zumeist lediglich zwei Frauen mit am Konferenztisch saßen, zeugt tatsächlich von Unausgewogenheit. Natürlich darf man dem Club eine Ungerechtigkeit, die seit alters her auf der ganzen Welt vorherrscht, nicht stärker als anderen ankreiden. Da Frauen traditionell in öffentlichen Funktionen und an leitenden Stellen unterrepräsentiert, ja, mitunter gar nicht vorhanden waren und diese in größerer Zahl erst in der jüngeren Vergangenheit erobern, werden sie auch nur mit Verzögerung von unabhängigen Institutionen verstärkt berücksichtigt. Der Club of Rome könnte in dieser Hinsicht ein deutliches Zeichen setzen, tut sich in Wirklichkeit damit aber schwer.

Daß der Club ungeachtet dieser Kritikpunkte immer noch viel Vertrauen genießt, wird daran deutlich, daß weitere Vorschläge von ihm erwünscht sind. Vor diesem Hintergrund befindet sich die Denkfabrik mit ihren Überlegungen zur Weltlösungsstrategie sowie den Aktivitäten auf der Ebene ihrer nationalen Vereinigungen auf dem richtigen Weg. Die in der jüngeren Zeit deutlich verstärkte Berichtstätigkeit kommt diesen Wünschen entgegen.

Bei den Beurteilungen des Clubs fällt eine «Doppel-Parallele» auf: Der Herausgeber des *Kölner Stadt-Anzeigers* und des Boulevardblattes *Expreß*, Alfred Neven DuMont, weist auf die Verantwortung der Medien hin. Dieter Gorny, Geschäftsführer des Musik-Fernsehsenders VIVA, geht auf diese ein: Die Medien, argumentiert er, leben nicht aus sich selbst heraus, sondern von Inhalten aus der Welt außerhalb der Redaktionen. Und hier, findet Gorny, kann der Club of Rome noch viel leisten. Die Menschheit habe nach wie vor «Anschub» nötig. Der Musik- und Medienfachmann spricht einen neuralgischen Punkt an: Er wünscht sich mehr Medienpräsenz des Clubs, denn der könne noch viel zu den Bewußtwerdungsprozessen beitragen. Noch in einem weiteren Punkt treffen sich Alfred Neven DuMont und Dieter Gorny, auch, wenn sie diesen aus ganz verschiedenen Richtungen angehen. «Weltuntergangsstimmung» zu verbreiten, so FDP-Mann Neven DuMont, sei allein deshalb nicht richtig, weil man damit andere schwer zu Engagement bewegen könne. Wachstumsraten seien auch deshalb nötig, um das Geld für Umweltschutz überhaupt zu erwirtschaften. – Dem entgegenzuhalten ist, daß Menschen besonders dann, wenn sie eine wirkliche oder scheinbare Gefahr abwenden wollen, zu mobilisieren sind. Die Friedensbewegung der frühen achtziger Jahre ist ein Beispiel hierfür. Und viele Umweltschutzmaßnahmen sind erst aufgrund wirtschaftlicher Aktivitäten der Menschen notwendig. Es ist also nicht so, daß Wirtschaftswachstum Umweltschutz ermöglicht, sondern vielmehr so, daß der Schutz der natürlichen Lebensgrundlagen erst aufgrund menschlicher Tätigkeiten erforderlich wird. Die Natur hatte das Gleichgewicht vor dem Erscheinen des Homo sapiens hunderte Millionen Jahre lang im Griff.

Ungeachtet dessen plädiert auch Dieter Gorny dafür, das, was die Protestierenden erreicht haben, nicht unterzubewerten. Im Gegenteil sei es ein Erfolg, daß die Menschen hierzulande im Umgang mit ihrer Umwelt verantwortungsbewußter handelten. Leider könne das von ihrem Medienkonsum nicht behauptet werden.

Nun hat der Club of Rome sich anläßlich seiner Jahreskonferenz 1996 selbst auf die Suche nach «Zeichen der Hoffnung» begeben. Manche Mitglieder wollten solche erkannt haben, andere sahen keine. Wie auch immer, eine Versammlung von Fatalisten ist der Club nicht. Jede Bewegung, will sie zukunftsträchtig sein, muß die Jugend überzeugen können; daß dies Ende der neunziger Jahre andere Ausdrucksmittel erfordert als Anfang der siebziger, ist keineswegs außergewöhnlich. Dabei werden die Medien eine wichtige – vielleicht die wichtigste – Rolle spielen. Mit ihnen beschäftigt sich der Club daher schwerpunktmäßig auf seiner Jahrestagung 1997 in Washington.

Daß er das Ohr nicht am Puls der Zeit hat, kann man dem Club of Rome nicht vorwerfen. Daß er seiner Zeit einmal deutlich voraus war, ist Tatsache. Daß er in der Folgezeit auf dem Boden der Tatsachen geblieben ist, ebenso. Wie jeder, der sich auf schwierigem Terrain bewegt, hat er große Schritte und kleine Schritte gemacht, dabei meistens den richtigen Punkt getroffen. Es zeichnet den Club of Rome aus, daß er versucht, immer genauer zu navigieren, seine Bewegungen immer genauer den Gegebenheiten anzupassen, statt blind große Sprünge zu machen.

## Die Revolution der Barfüßigen

Bericht an den Club of Rome zur Entwicklung in der Dritten Welt
Von Bertrand Schneider, Generalsekretär des Club of Rome,
Erschienen 1986

In den achtziger Jahren erreichten die Probleme der Dritten Welt
eine bis dahin nie dagewesene Aktualität. Vor diesem Hintergrund
ist der Bericht *Die Revolution der Barfüßigen* die erste Gesamtstudie
zu einem neuen Phänomen: der Tatsache, daß sich in Lateinamerika,
Asien und Afrika Bauerngruppen und Dorfgemeinschaften organi-
siert haben, um ihre Entwicklung im Rahmen sogenannter
Mikroprojekte selbst in die Hand zu nehmen.

Mit Blick darauf wird die Entwicklungspolitik der letzten zwanzig Jahre vor Erscheinen der Studie für gescheitert erklärt, da sie statt
auf die Befähigung der Landbevölkerungen, sich selbst zu ernähren,
auf prestigeträchtige Großprojekte nach westlichem Vorbild ausgerichtet war. Immense Summen wurden und werden auch nach der
Veröffentlichung des Berichtes von Industriestaaten und der
Weltbank ohne Rücksicht auf örtliche Strukturen und Kulturen in
der Dritten Welt ausgegeben. Meistens kamen die Gelder nur wenigen zugute, mitunter verfehlten die Investitionen ihre Ziele auch
völlig oder richteten gar Schaden an. *Die Revolution der Barfüßigen*
hingegen bedeutet ein weites Netz kleiner Projekte, in denen Bauern
Ackerbau, Viehzucht, Gesundheitswesen, Hygiene, Schulunterricht
und Berufsausbildung selbst weiter entwickeln.

Im Rahmen der vom Club of Rome in Auftrag gegebenen
Studie wurden, beginnend im September 1983, innerhalb von 16
Monaten 93 solcher Projekte in 19 Ländern besucht. Zwei
Hauptauswahlkriterien wurden dabei berücksichtigt: Findet
Entwicklung statt oder wird lediglich Hilfe geleistet? Und handelt
es sich um Arbeit vor Ort oder nur um Sensibilisierung der Öffentlichkeit in den Industrieländern für die Probleme der Dritten Welt?
Außerdem wurden nur Projekte ausgewählt, die ländliche Entwicklungen betreffen, städtische blieben außen vor. Zwei Experten
besuchten jeweils circa eine Woche lang die Dorfgemeinschaften,
um die Projekte kennenzulernen. Es wurden ausführliche Gespräche mit den Verantwortlichen, den betroffenen Bauern, den

Dorfältesten, örtlichen Beamten und religiösen Würdenträgern geführt. Bertrand Schneider widmet den Aussagen dieser Personen in *Die Revolution der Barfüßigen* viel Raum. Die Vielfalt der Probleme, aber auch die der Lösungsideen wird so klar. Ebenfalls wird deutlich, daß die bekanntesten Projekte nicht immer die effizientesten sind.

Die «Abgesandten» des Club of Rome stießen bei ihren Recherchen immer wieder auf die sogenannten Non Governmental Organizations (NGOs = Nichtregierungsorganisationen), die weder von einzelnen Staaten noch aufgrund zwischenstaatlicher Abkommen geschaffen worden sind, wie es beispielsweise bei der Organisation für Sicherheit und Zusammenarbeit in Europa, OSZE, oder verschiedenen UNO-Organisationen der Fall ist. Die NGOs unterstützen die Projekte ideell, technologisch und finanziell ohne eigenes Gewinnstreben. Der Club of Rome (selbst eine NGO) mißt ihnen große Bedeutung für die ländliche Entwicklung bei; dies insbesondere, weil sie gemeinsam mit den Bauern die Auslöser der Verarmung bekämpfen. Sie setzen

- Spar- und Kreditkooperation gegen Abhängigkeit und Ausbeutung durch Kredithaie;
- sogenannten Integrierten Landbau (der natürliche Methoden der Schädlingsbekämpfung und Düngung beinhaltet) gegen ökologischen Raubbau;
- Bildung und Solidarisierung, mithin gewerkschaftliche Strukturen gegen Großgrundbesitzer und das immer noch existierende Feudalsystem sowie Landraub;
- attraktive Möglichkeiten der Lebensgestaltung in Dorfgemeinschaften gegen Emigrationsströme in die Elendsviertel unkontrolliert wachsender Städte;
- bäuerliche Verkaufsgenossenschaften und entsprechende Infrastruktur, gemeinschaftliche Anschaffung von Fahrzeugen etc. gegen die Ausbeutung durch Zwischenhändler.

Das alles ist nur dann möglich, wenn die Gründe für die Verarmung von den Bauern verstanden, nicht mehr als unabwendbares Schicksal betrachtet werden. Bertrand Schneider und seine Zuarbeiter stellten fest, daß es Veränderungen im Verhalten vieler Betroffener gibt. Klar ist, daß diese hoffnungsvollen Ansätze ohne NGOs nicht möglich gewesen wären und diese von einer zunehmenden Zahl von Regierungen – langsam, aber stetig – immer ernster genommen und in zunehmendem Umfang unterstützt werden. Probleme insbesondere mit der Korruption sind dadurch gleichwohl nicht überwunden.

Von entscheidender Bedeutung bei der Umsetzung der Konzepte, gleich, von wem sie stammen, ist die möglichst optimale Kooperation zwischen den Bereichen Landwirtschaft, Gesundheit und Bildung. Der erste und entscheidende Punkt dabei: ausreichende Versorgung mit Nahrungsmitteln des jeweiligen Gemeinwesens. Erst wenn Überschüsse erzielt werden, sollen Agrarprodukte verkauft werden. Jede andere Wirtschaftsweise bedeutet, daß andere an der Arbeit hungernder Menschen verdienen.

Eine in *Die Revolution der Barfüßigen* enthaltene Analyse von Mißerfolgen und Grenzen der NGOs sowie der Hindernisse, die ihnen im Weg stehen, soll zur künftigen Fehlervermeidung beitragen. Dabei wird zwischen Problemen, die außerhalb der Organisationen begründet sind (zum Beispiel natürliche Gegebenheiten, Regierungs- und Behördenverhalten) und solchen, die hausgemacht sind, unterschieden. Ungeachtet der Rolle der NGOs, so haben Bertrand Schneider und sein Team ermittelt, fällt auf, daß Betrügereien bei der Verwirklichung der Projekte ziemlich selten sind. Wenngleich genaue Analysen der wirtschaftlichen und sozialen Ergebnisse der NGO-Arbeit schwierig sind, weil es dort, wo Menschen ums schlichte Überleben kämpfen, zumeist an Statistiken fehlt, Ergebnisse von Projekt A mit dem von Projekt Y oft nicht miteinander zu vergleichen sind und Organisation und Zusammenhalt einer Dorfgemeinschaft nicht in Zahlen auszudrücken sind, so wurde doch ein Weg gefunden, Mindesteinkommen und -konsum pro Person zu ermitteln und das Einkommen pro Kopf vor und nach Beginn verschiedener Projekte zu vergleichen. Es wurden die Parameter wie «Konstituierung und Zusammenhalt», «Fähigkeit zur Selbstversorgung» und «Anzahl der ausgebildeten Personen» auf einer Skala mit Werten von 0 – 10 eingestuft. So und mit Hilfe von Tabellen wurden Vergleichsanalysen möglich. Ein Ergebnis: Von den zwei Milliarden Bauern auf der Welt profitierten ungefähr einhundert Millionen von den NGO-Projekten. Gemessen an der Zielgruppe mutete Bertrand Schneider und seinen Mitarbeitern die Anzahl der Nutznießer noch sehr bescheiden an. Trotzdem betrachteten sie die Arbeit der NGOs als «weitaus zufriedenstellender, als es bisher den Anschein hatte».

Schneider rechnet vor, «daß die Kosten der ländlichen Entwicklung pro Person im Jahr 65 Francs betragen», also «ein Investitionsvolumen von jährlich 130 Milliarden Francs nötig wäre (knapp 50 Milliarden DM); eine Summe, die von der Völkergemeinschaft aufzubringen sein müßte». Doch selbst eine solche Finanzspritze würde nur helfen, wenn die Regierungen der betreffenden Länder kreativ mitwirken und die NGOs von ihnen als vollwertige Partner anerkannt werden.

Der Generalsekretär des Club of Rome streicht abschließend die Besonderheiten der Revolution der Barfüßigen heraus: Sie sei eine friedliche Veränderung, eine «Bewegung, die die Gesetze respektiert». Sie könne sich «zu einer politischen Bewegung wandeln oder von extremistischen politischen Kräften vereinnahmt werden». Es hinge von der Qualität der Antworten ab, die auf drängende Fragen gegeben werden, «und von dem Tempo, mit dem der Apparat der Entwicklungshilfe umdirigiert werden kann», ob die weltweite Revolution der Barfüßigen «im Frieden gelingen oder aber im Krieg scheitern» wird.

# Aktuelle Projekte

## Der Blick aufs Ganze und Detail-Betrachtungen

Mit dem Bericht *Die erste globale Revolution* hat der Club of Rome eine umfassende Beschreibung seiner «Weltsicht» geliefert. In der Folgezeit, inzwischen unter dem Präsidenten Ricardo Diez-Hochleitner, wurden gleich mehrere Berichte in Auftrag gegeben, die sich mit Einzelaspekten der Weltproblematik beschäftigen und Ansatzmöglichkeiten einer Weltlösungsstrategie beinhalten. Diese Berichte, die zwischen 1994 und 1997 erschienen – einer wurde bei Redaktionsschluß dieses Buches zur Veröffentlichung vorbereitet – müssen in Zusammenhang gesehen werden, da sie Ausdruck der aktuell im Club vorherrschenden Arbeitsweise sind.

Manchmal wird die Frage gestellt, ob es klug ist, daß der Denkerzirkel in relativ kurzer Zeit eine größere Anzahl von Berichten auf den Buchmarkt bringt. Es tauchte in diesem Zusammenhang bereits der Begriff Inflation auf. Doch die intensive Berichtstätigkeit ist Teil der Strategie und der selbst auferlegten Verantwortung, die wichtigsten Probleme der Menschheit zu beschreiben und zumindest Lösungsansätze vorzuschlagen. Der Club of Rome hat immer wieder beteuert, daß die Weltproblematik aus zahlreichen Einzelproblemen besteht, die nicht unabhängig voneinander gesehen werden können, aber dennoch jeweils verstanden werden müssen. Mit der Veröffentlichung der Berichte seit *Die erste globale Revolution* verhält der Club sich seiner eigenen Problembeschreibung entsprechend. Dabei werden in den Berichten oftmals auch Teilaspekte aus den anderen Publikationen angesprochen, so daß die Vernetztheit der Probleme deutlich wird.

Die Zusammenfassungen der neueren Berichte an den Club of Rome beginnen «ganz unten», bei Betrachtungen zur Armut in der Dritten Welt, die der Generalsekretär des Clubs in seinem Buch *Krieg gegen Hütten* präsentiert.

Um zu mehr Gerechtigkeit auf der Welt zu kommen, ist sparsamer Umgang mit den vorhandenen Ressourcen dringend erforderlich. Mit *Faktor Vier* hat der Präsident des Wuppertal Instituts für Umwelt, Klima Energie, Ernst Ulrich von Weizsäcker gemeinsam mit dem Ehepaar Amory und Hunter Lovins vom Rocky Mountains Institute einen vielbeachteten Bericht vorgelegt, der bereits ein

Jahr nach seinem Ersterscheinen in der neunten, überarbeiteten Auflage vorlag. Die Autoren nennen darin unter anderem fünfzig Beispiele, wie mit halbem Ressourcenverbrauch doppelte Effizienz zu erreichen ist.

Daß die dringendsten Veränderungen auf der Welt nicht ohne fähige Regierungen möglich sind, ist eine Binsenweisheit. Der israelische Politologe Yehezkel Dror, Regierungsberater im Auftrag der Vereinten Nationen, hat dazu den Bericht *Ist die Erde noch regierbar?* geschrieben. Für das vorliegende Buch hat Dror selbst zur Feder gegriffen. *Ich klage an* hat er seinen Text genannt, in dem er den bestehenden Regierungen vorhält, den Problemen nicht gewachsen zu sein. Gleichzeitig nennt er seine Vorschläge, wie Politiker so aus- und weitergebildet werden können, daß sie den Zukunftsaufgaben besser gerecht werden können.

Die weltweit grassierende Arbeitslosigkeit ist ein Pflichtthema für den Club of Rome. Er hat daher die Studie *Das Beschäftigungs-Dilemma* bei seinem Schweizer Mitglied Orio Giarini sowie dessen Mitarbeiter, dem Deutschen Patrick M. Liedtke, in Auftrag gegeben. Sie war bei Redaktionsschluß dieses Buches weitgehend fertig. Einige Änderungsvorschläge, die während der Jahreskonferenz im Herbst 1996 der Vorab-Fassung unterbreitet worden waren, mußten noch berücksichtigt werden. Diese betrafen nicht das Kapitel mit dem wichtigsten Inhalt, das damit als endgültig betrachtet werden kann: dasjenige, das Vorschläge zur Verminderung der Arbeitslosigkeit enthält. Es wird im folgenden dokumentiert.

Um die weltweite Umweltkrise in den Griff zu bekommen, wird immer wieder angemahnt, bei der Errechnung von Bruttoinlands- und Bruttosozialprodukten den Verbrauch von Natur im Sinne eines Ökosozialproduktes mit einzubeziehen. Das niederländische Club-Mitglied Wouter van Dieren hat daher den Bericht *Mit der Natur rechnen* herausgegeben. Darin argumentieren er und seine Co-Autoren – ausgehend von der Kernaussage der *Grenzen des Wachstums*, daß die Ressourcen nicht unerschöpflich sind –, daß es ein unverzeihliches Versäumnis wäre, wenn der Verbrauch von Natur und die Belastung der Umwelt sich nicht endlich in den Bilanzen und vor allem in den Preisen niederschlagen würden.

Der neueste Bericht an den Club of Rome war im wahrsten Sinne des Wortes druckfrisch, als er zur Zusammenfassung vorlag. *Die Grenzen der Gemeinschaft* ist der Titel der 650 Seiten umfassenden Studie, die der Club bei der Bertelsmann-Stiftung in Auftrag gegeben hat. Es geht darin um zwischen- und innergesellschaftliche Konflikte und um die Möglichkeiten, wie diese zu moderieren sind – ein wichtiges Feld in einer immer pluralistischeren Welt.

Manche der Berichte sind so verfaßt, daß sie vornehmlich nur für Fachleute der jeweiligen Bereiche interessant und auch verständlich sind. Andere richten sich an eine breite Öffentlichkeit. Für viele an Zukunftsfragen interessierte Menschen wäre es wünschenswert, wenn sämtliche Publikationen des Club of Rome allgemeinverständlich wären. Doch das ist allenfalls annäherungsweise erreichbar. Manche Probleme sind so komplex, daß zu weitgehende Vereinfachung im Sinne höherer Auflagen der Berichte sträflich wäre. Schließlich ist es für den Club of Rome vordringlich, in Fachkreisen ernst genommen zu werden.

Ein Vorschlag, den ich nach intensiver Beschäftigung mit den Berichten dem Club of Rome unterbreiten möchte: Die Ergebnisse der Studien sollten in zwei Versionen verbreitet werden. Die Resultate der Untersuchungen, Schlußfolgerungen, Vorschläge und Hintergrundinformationen könnten jeweils in einer umfassenden Ausgabe für Fachleute und einer solchen für ein breites Publikum veröffentlicht werden. Die «wissenschaftlichen Fassungen» könnten in verhältnismäßig geringen Auflagen im Selbstverlag erscheinen und würden so keine hohen Kosten verursachen. Bei Bedarf könnten sie in kleinen Schüben nachgedruckt werden. Die Ausgaben für die Öffentlichkeit sollten deutlich populärer gehalten und auf die wesentlichen Aspekte reduziert werden. Es wäre für den Club of Rome sicherlich ein leichtes, ein Team von Publizisten und Übersetzern zusammenzustellen, das die jeweiligen Überarbeitungen in enger Abstimmung mit den Autoren der Berichte an den Club of Rome übernähme.

Doch nicht bei allen Berichten an den Club of Rome ist diese Zweiteilung nötig. Manche genügen in einer Version beiden Ansprüchen. *Krieg gegen Hütten* von Bertrand Schneider ist ein Beispiel hierfür.

## Vom Krieg gegen Hütten zum Frieden mit deren Bewohnern
Bericht an den Club of Rome von Bertrand Schneider
Erschienen 1996

Der Generalsekretär des Club of Rome geht in seinem Bericht *Krieg gegen Hütten* davon aus, daß die Kluft zwischen Arm und Reich das gesellschaftliche Gleichgewicht und den Frieden bedroht. Die Landflucht in die Slums der Großstädte, Wanderungsbewegungen von armen Entwicklungs- in reiche Industrieländer, ethnische Konflikte und der zunehmende Drogenkonsum, betont Schneider, sind weltweite Probleme. Doch die reichen Länder verschlimmern diese Probleme noch durch technische Entwicklungen, die zwar der Gewinnmaximierung, nicht aber den Menschen dienen, die in immer größerer Zahl arbeitslos werden. Experten, die hohe Gehälter beziehen, planen unnütze Projekte wie beispielsweise riesige Staudämme, Hunderte Milliarden Dollar werden für militärische Zwecke verpulvert, die weitaus dringender für medizinische Versorgung und Schulausbildung benötigt würden. Der Wohlstand des einen Teils der Menschheit auf Kosten des anderen komme einem «Krieg gegen Hütten» gleich.

Einfache Antworten auf die Frage nach Lösungen gibt es nicht, doch kommen ständig neue Problemstellungen hinzu. So hat die durchaus gut gemeinte humanitäre Hilfe oftmals mehr Schaden angerichtet, als den Menschen in der Dritten Welt geholfen. Könnten Verbesserungen des Lebensstandards erreicht werden, wird dieser Effekt zumeist durch die Bevölkerungszunahme wieder zunichte gemacht. Schneider fordert einen neuen Entwicklungsansatz, der sich den wechselhaften Umständen anpaßt und nicht nur einer kleinen Elite zugute kommt.

Auch wenn Fachwissen und Unterstützung zum weit überwiegenden Teil aus dem Norden kommen, so fordert Schneider, daß Nord und Süd sich endlich als Partner und nicht als Konkurrenten begreifen. Der Autor weist darauf hin, daß der Norden heute Umweltstandards voraussetze, die er während seiner Industrialisierung selbst nicht einhielt. (Hierzu darf natürlich nicht übersehen werden, daß dazu zur betreffenden Zeit zumeist auch die entsprechenden Erkenntnisse fehlten.) Im Sinne von mehr Gerechtigkeit schlägt Bertrand Schneider vor, daß der Norden die Kosten zur Einhaltung der Umweltstandards mitträgt und seinen Lebensstandard einschränkt.

Der Generalsekretär kritisiert, daß internationale Institutionen zwar für die gesamte Völkergemeinschaft da sind, aber durchgängig von den Industrieländern beherrscht werden. Auch fordert der Autor eine neue Art von Kommunikation, die geeignet ist, gegenseitiges Unverständnis, Ignoranz und Feindschaft durch Informationsaustausch zu überwinden. Schneider weist in diesem Zusammenhang die Medien auf ihre moralische Pflicht hin, zur Verbreitung von Problemlösungsmöglichkeiten beizutragen.

Er stellt seinen Vorschlag für einen neuen Entwicklungsansatz unter das Motto «Wohlergehen für Einzelpersonen und Gesellschaften überall auf der Welt» (WISE – «The Well-being of Individuals and Societies Everywhere»). Dieser Ansatz sieht vor, jeden das zu lehren, was er wissen muß, um seinen Teil zur Entwicklung beitragen und seine persönlichen Chancen steigern zu können. Der Erwerb grundlegender Fähigkeiten wie Lesen, Schreiben und Rechnen müsse allen Menschen ermöglicht werden. Statt dessen werden in den armen Ländern weiterführende statt Grundschulen gefördert.

Schneider legt den Entwicklungsländern dringend nahe, «eine Balance zwischen grundlegender und höherer Bildung» anzustreben, damit sie in dieser Frage nicht noch weiter hinter die Industrieländer zurückfallen.

Er weist darüber hinaus auch auf die Wichtigkeit von Eigentum hin. Zwar hätten Landreformen mitunter zu mehr Gerechtigkeit beigetragen, doch müsse beachtet werden, daß die Menschen sich sicherer fühlen, wenn sie sehen, daß ihre Arbeit und das verdiente Geld ihnen auch auf Dauer Nutzen bringen. Auch könnten sie so Sicherheiten für Kredite schaffen.

Der Club-Generalsekretär argumentiert, daß das gesamte Entwicklungshilfesystem geändert werden müsse. Von den vielen Milliarden Dollar, die jährlich von Entwicklungsorganisationen bewegt werden, komme nur ein Bruchteil dort an, wo das Geld benötigt wird. Unsummen flössen in Prestigeprojekte, würden zum Kauf von Waffen und als Bestechungsgelder mißbraucht. Schneider schlägt vor, die Entwicklungshilfe verstärkt von privaten Organisationen abwickeln zu lassen, denn diese seien mehr auf Effizienz bedacht und arbeiteten weitaus unbürokratischer als Regierungen und Behörden. Hinzu kommt, daß sie vor Ort – in direkter Berührung mit dem Elend, das es zu bekämpfen gilt – arbeiten und auf ehrenamtliche Helfer zurückgreifen können. Schneider zufolge achten sie viel stärker auf Umwelt- und Gesundheitsrisiken als Banken und andere Unternehmen, die in die Entwicklungshilfe involviert sind. Nicht zuletzt beinhalteten von Regierungen durchgeführte Hilfsprogramme oftmals «versteckte politische Motivationen.»

Schneider regt die Gründung eines von öffentlichen Institutionen, Regierungen und Nichtregierungsorganisationen finanzierten und von einer Entwicklungsbank unterstützten «Civil Society Funds» an, der solche Probleme überwinden helfen könnte. Aber auch den Anschub lokaler Finanzierungen hält der Autor für sinnvoll. Er nennt als Beispiel unter anderem die Grameen-Bank, die Kleinstkredite an Arme vergibt, die sich damit oftmals Existenzen aufbauen können und von Hilfe unabhängig werden.

Hart ins Gericht geht Bertrand Schneider mit der Weltbank, die nun, ebenso wie die Vereinten Nationen, dringend reformiert werden müsse. Eigentlich sei es die Aufgabe des gut bezahlten Weltbank-Personals, Armen zu helfen. Statt dessen aber würden Millionen für die Unterhaltung der Zentrale in Washington und der Regionalbüros ausgegeben. «Es scheint», so der Club-Generalsekretär, «daß die Weltbank ihren Sinn vergessen hat, nämlich den Lebensstandard in den Entwicklungsländern zu heben». Große Summen würden für Projekte ausgegeben, die die Bank überhaupt nicht finanzieren müßte.

Doch auch andere Organisationen kritisiert Schneider. So auch die International Development Association, die mit der Darlehensgewährung an arme Länder betraut ist, tatsächlich aber kaum zufriedenstellende Ergebnisse vorweisen kann. Solche Institutionen sollten verpflichtet werden, statt Einzelpersonen Projekte zu unterstützen und zu fördern, die positive Auswirkungen für die Allgemeinheit in der jeweiligen Region haben. Diese müßten daher vor der Gewährung von Krediten genauer geprüft werden. «Inkompetenz und skrupelloses Verhalten» verursachten oft Reinfälle. Auch müsse verläßlicher sichergestellt werden, daß keine Regierungen, die Menschen unterdrücken, unterstützt werden.

Die meisten der 181 Mitgliedsstaaten der Vereinten Nationen, bemängelt Schneider, verhielten sich hinsichtlich der Entscheidungen der Weltbank und anderer internationaler Entwicklungsorganisationen passiv und ließen die großen Treuhänder (USA, Japan, Deutschland, Frankreich, England) die Richtung bestimmen. Von diesen müsse künftig mehr Rechenschaft gefordert werden. Der Druck, Veränderungen zu bewirken, muß dem Club-Bericht zufolge von den NGOs und der Öffentlichkeit ausgehen und aufrechterhalten werden.

Ein weiteres Problem hat Schneider in der Kompetenzüberschneidung zahlreicher Institutionen ausgemacht. Den Grund hierfür sieht er darin, daß nach dem Zweiten Weltkrieg in der Völkergemeinschaft ein großes Bedürfnis nach internationalen Organisationen bestand. Beim Aufbau der entsprechenden UN-Bürokratie seien dann die Zuständigkeiten nicht scharf getrennt worden, so daß sich manche Aufgabenbereiche überlappen.

Als Beispiel führt er das UN-Kinderhilfswerk UNICEF und die Weltgesundheitsorganisation an. Der Club of Rome-Generalsekretär geht soweit zu behaupten, daß die gesamte Struktur der Vereinten Nationen und ihrer Behörden gegen Effizienz gerichtet sei und Initiative geradezu verhindere.

Dies scheint auf den ersten Blick unlogisch, denn welches Interesse sollten die UN-Abteilungen daran haben, unwirksam zu sein? Doch die UNO kann nur so gut sein, wie ihre Mitglieder es zulassen. Und manche von ihnen haben kein allzu großes Interesse an starken Vereinten Nationen, weil diese die Bedeutung und den Einfluß der Nationalstaaten vermindern. So wird die dringend erforderliche UN-Reform ja auch nicht gerade mit Nachdruck vorangetrieben.

Während auf der einen Seite das meiste Geld von der Verwaltung der Vereinten Nationen aufgefressen wird, zahlen manche Staaten ihre Mitgliedsbeiträge nur schleppend oder gar nicht. In dieser Hinsicht sind insbesondere die USA als schlechtes Beispiel vorangegangen.

In *Krieg gegen Hütten* wird daher vorgeschlagen, diejenigen Organisationen, die sich mit Entwicklungsfragen beschäftigen (zum Beispiel UNICEF, das UN-Entwicklungsprogramm, die Nahrungs- und Landwirtschaftsorganisation) in einer Behörde zusammenzufassen, so daß doppelte Verwaltungskosten verhindert würden, was mehr Geld für die eigentlichen Aufgaben bringe. Einer derartigen Reform steht zwar der Personalabbau bei den Vereinten Nationen und eine starre Haltung wichtiger UN-Mitglieder entgegen, doch könne das, so Schneider, keinesfalls eine Rechtfertigung dafür sein, alles so zu belassen, wie es ist. Dann nämlich würden politische Instabilität, massive Wanderungsbewegungen, Gewalt und Verbrechen sowie Drogenhandel und -konsum die Zukunft noch stärker prägen.

Vor dem Hintergrund der kaum vorankommenden UN-Reform wird in dem Bericht an den Club of Rome die Rolle der privaten Organisationen hervorgehoben, deren Bedeutung nach Bertrand Schneiders Ansicht weiter zunehmen wird. Zwar könnten sie so große Probleme wie Armut und Umweltverschmutzung nicht allein lösen. Doch ihre Zusammenarbeit mit unterschiedlichen Bewegungen, den Kirchen, kommunalen Zusammenschlüssen, den Medien, aber auch wissenschaftlichen und kulturellen Vereinigungen bewertet der Autor des Berichtes sehr hoch. Er bescheinigt den NGOs, einen Beitrag zu dem geleistet zu haben, was Regierungen zu tun versäumt haben.

Bertrand Schneider schlägt die Gründung einer internationalen Stiftung für Entwicklung vor, die problemgerechter wirken könnte, als das bei Regierungen zumeist der Fall ist. Im Norden existieren solche Stiftungen bereits; sie müßten sich lediglich zusammenschließen und auf den Süden ausweiten. Bei entsprechender Glaubwürdigkeit könnte eine solche Stiftung in der Wirtschaft Finanzmittel akquirieren, die zur Lösung der Probleme eingesetzt würden. Die Menschen in den Entwicklungsregionen könnten zu Eigeninitiative beispielsweise dadurch motiviert werden, daß auch die dortigen Kommunen Geld hinzuschießen müßten. Es bliebe dann nicht beim reinen Geben und Nehmen, sondern es entwickele sich echte Kooperation. Der WISE-Ansatz erfordert mehr Demokratie, was damit verbunden ist, daß einzelne mehr

Verantwortung übernehmen müssen. Trotz dieser Plädoyers für mehr Hilfe zur Selbsthilfe hält Schneider humanitäre Hilfe keineswegs für völlig falsch oder verzichtbar. Doch müsse Lebensmittel- oder medizinische Hilfe schneller erfolgen, als das oftmals der Fall ist. Aber auch hier ist Schneider der Ansicht, daß materielle Hilfe in Unterstützung der Entwicklung verwandelt werden sollte. So könnten zum Beispiel lokale Gruppen, die Hilfe empfangen, ermutigt werden, selbst NGOs zu gründen.

Eine weitere und auch in anderen Zusammenhängen und Publikationen erhobene Forderung des Club of Rome ist die Kontrolle des Waffenhandels. Es sei nicht hinnehmbar, daß Industrieländer Geschäfte machen, indem sie Entwicklungsländern großzügig Waffen verkaufen und Schwellenländer wie China und Brasilien in diesen lukrativen Handel einsteigen, um ihre eigene schwache Wirtschaft zu stärken. Der «Second-hand-Verkauf» von Waffen durch mafiose Organisationen müsse unterbunden werden. Dazu wird in *Krieg gegen Hütten* eine internationale Behörde nach dem Vorbild der Internationalen Atomenergie-Organisation (IAEO) in Wien vorgeschlagen, die den Waffenhandel kontrolliert. (Es darf hierbei nicht übersehen werden, daß die IAEO selbst stark reform- und verbesserungsbedürftig ist.)

Auch die weitverbreitete Korruption hat Schneider als einen Grund dafür ausgemacht, daß die Armut noch nicht spürbar verringert werden konnte. Um sie zu bekämpfen, sei eine Organisation wie «Transparency International» hilfreich. Diese versucht einen Code zur Überwachung internationaler Transaktionen zu entwickeln, mit dessen Hilfe «Geschäfte unter dem Tisch» aufgedeckt werden können. Doch bis «Transparency International» funktionstüchtig sein wird, ist noch viel Geld und Zeit zum Aufbau eines Netzes erforderlich. Daß alle Menschen Opfer der Gewinnsucht einiger weniger sind, verdeutlichten Demonstrationen gegen Korruption und Armut in Ländern der Dritten Welt.

Bertrand Schneider schließt seinen Bericht mit einem Appell: Zwar wird es mit großen Schwierigkeiten verbunden sein, die vorgeschlagenen Maßnahmen in die Praxis umzusetzen. Doch sind sie notwendig, um Unterentwicklung, Armut und Hunger zu beenden. Diese Leiden seien «ein Skandal und eine Schande für die ganze

Menschheit» (der englische Originaltitel von *Krieg gegen Hütten* lautet *The Scandal and the Shame*). «Wir können es uns nicht leisten, zu zögern», so Schneider, «aber wir wissen auch, daß wir eine weltweite Debatte über unsere Vorschläge erreichen müssen, an der auch die Vereinten Nationen, Regierungen und NGOs einbezogen werden müssen. Neben den Standpunkten von Experten und Entscheidungsträgern interessieren uns besonders die Meinungen junger Menschen, da es ihrer Generation zufallen wird, Dinge zu tun, die wir versäumten, zu erledigen.»

## Mit halbem Einsatz das Doppelte erreichen: Faktor Vier

Bericht an den Club of Rome von Ernst Ulrich von Weizsäcker,
Amory B. Lovins und L. Hunter Lovins
Erschienen 1995

Von der wissenschaftlichen Beschäftigung des chilenischen Club of
Rome-Mitgliedes Manfred Max Neef mit der Dummheit war schon
an anderer Stelle die Rede. Da, wie bereits erörtert, Dummheit nur
als solche definiert werden kann, wenn überhaupt die Möglichkeit
zu intelligentem Verhalten besteht, lohnt es sich, das Phänomen
Intelligenz näher zu betrachten.

Laut *Brockhaus*-Enzyklopädie ist Intelligenz «Klugheit, Auf-
fassungsgabe, Fähigkeit des Begreifens, Urteilens», also «der
Komplex von Fähigkeiten, der die Lösungen konkreter oder abstra-
kter Probleme und damit die Bewältigung neuer Anforderungen
und Situationen ermöglicht». Solchen Herausforderungen sieht die
Menschheit sich in großem Maße ausgesetzt. Die Entwicklung einer
Weltlösungsstrategie wird sehr viel Intelligenz und Kreativität erfordern.

Als ein Ausschuß des Club of Rome im Frühjahr 1995 in Bonn
tagte, um den Entwurf des Berichtes *Faktor Vier* zu diskutieren,
gaben dessen Autoren eine Pressekonferenz. Ernst Ulrich von
Weizsäcker leitete diese mit einem Kompliment an einen seiner beiden Co-Autoren ein: «Sie haben hier jemanden vor sich sitzen, dessen Namen ich mich nicht scheue, in einem Atemzug mit dem von
Galileo Galilei zu nennen.» Das Vorwort zur deutschen Ausgabe
von *Faktor Vier* beginnt von Weizsäcker entsprechend: «Mit Amory
Lovins ein gemeinsames Buch zu machen ist eine große Ehre. Er ist
einer der brillantesten Köpfe unserer Zeit – und immer seiner Zeit
voraus.»

Ein Beispiel: Noch bevor es 1973 zum Ölschock und damit zur
Erkenntnis kam, daß Energie aus fossilen Quellen keine uner-
schöpfliche Quelle ist, sagte der damals nicht einmal 25jährige
Amory Lovins voraus, daß der Energieverbrauch langsam abneh-
men werde. Lovins waren nach entsprechenden Studien die
Einsparpotentiale klar – ebenso wie der Zusammenhang, daß der
Verbrauch nur deshalb immer weiter zugenommen hatte, weil auf-

212

grund des scheinbar unerschöpflichen Angebots und der damit verbundenen geringen Preise kaum jemand an Einsparung interessiert war. Als die Krise da war und von anderen Experten Prognosen erstellt wurden, waren diese denen von Amory Lovins auffällig ähnlich. Eine Entwicklung hat Lovins nicht vorhergesehen: Der Anstieg des Weltenergieverbrauchs wegen der Entwicklung in den bevölkerungsreichen Teilen Asiens, die sich zumeist auf der Basis konventioneller Technik vollzieht, sei, so Ernst Ulrich von Weizsäcker, so nicht absehbar gewesen. – Doch gerade diese Tatsache ist eines der Hauptargumente für eine Effizienzrevolution, für die Weizsäcker und das Ehepaar Lovins sich mit ihrem Bericht an den Club of Rome einsetzen.

Die Autoren sind sich darüber einig, daß gegenüber der Ausgangssituation von 1995 noch eine weitaus höhere Effizienzsteigerung als eine um den Faktor vier möglich ist. Als Amory Lovins während einer Deutschlandreise auch das Wuppertal Institut für Umwelt, Klima, Energie besuchte und Ernst Ulrich von Weizsäcker ihn auf die Möglichkeit einer publizistischen Zusammenarbeit ansprach und vom Faktor vier redete, fragte Lovins: «Warum so bescheiden?» Er habe, so von Weizsäcker, geradezu vor Ideen über Effizienzfaktoren von sechs, zehn und auch hundert gesprudelt. Ein Auto, das lediglich 0,8 Liter Benzin pro hundert Kilometer verbraucht, könnte Lovins zufolge bald Realität sein. Weitere Beispiele, bei denen bei halbem Ressourcenverbrauch doppelte Wirkung zu erzielen ist, finden sich weiter unten.

Von Weizsäcker betont, daß Amory Lovins' Frau Hunter, grundsätzlich dessen Co-Autorin, für die verständliche Formulierung der Ideen ihres Mannes zuständig ist. – Eine wichtige Aufgabe, denn Verständlichkeit ist eine wesentliche Voraussetzung für die Umsetzung von Ideen in die Praxis. In diesem Zusammenhang hatten Weizsäcker und sein niederländischer Freund Wouter van Dieren, Herausgeber des Club of Rome-Berichtes *Mit der Natur rechnen* (siehe S. 246), im Frühjahr 1995 ein verheißungsvolles Gespräch mit dem damaligen Geschäftsführer der EXPO 2000 GmbH, Konrad Heede. Von Weizsäcker in seinem Vorwort zur deutschen Ausgabe von *Faktor Vier*: «Er ließ sich davon überzeugen, daß wir hier ein zugleich einleuchtendes und praktikables Kriterium an der Hand hatten, mit dem man in erster Näherung sagen konnte, ob eine Technologie, ein Lebensstil, ein Exponat dem Kriterium des 21. Jahrhunderts, der ökologischen Nachhaltigkeit, genügen würde. Wenn alles gutgeht, kann das Buch auch als Teil eines Leitfadens für den Themenpark der EXPO 2000 begriffen werden, der Technologie und Lebensstile des 21. Jahrhunderts anfaßbar machen soll.» Es steht außer Frage, daß die EXPO 2000 ein hervorragendes Forum wäre, zukunftsträchtige Ideen einer breiten Öffentlichkeit zu präsentieren. Doch leider laufen die Vorbereitungen der Weltausstellung in Hannover immer mehr darauf hinaus, daß sie eine reine Industrieshow wird.

Daß die *Faktor Vier*-Autoren keine reinen Theoretiker sind und ihre Ideen und Vorschläge nicht lediglich utopisches Wunschdenken, beweist folgender Umstand: Hunter Lovins ist Präsidentin, ihr Mann wissenschaftlicher Leiter des Rocky Mountains Institute (RMI), das im Westen des US-Staates Colorado in 2200 Metern Höhe über dem Meeresspiegel liegt. Dort fällt die Quecksilbersäule des Thermometers mitunter auf minus 44 Grad Celsius, zumeist sind lediglich 52 Tage im Jahr frostfrei. «Hier gibt es zwei Jahreszeiten», heißt es in dem Bericht an den Club of Rome. «Juli und Winter.» Die Wolkendecke bleibt dort schon einmal gut über einen Monat lang durchgängig geschlossen. In dieser unwirtlichen, scheinbar lebensfeindlichen Umgebung entstanden im Februar 1995 diese Zeilen: «Nichtsdestoweniger reifen jetzt im RMI die Bananen, und draußen tobt ein Schneesturm. Zwei große Leguane halten Vorlesungen über das Echsendasein für Fortgeschrittene, Orangen reifen heran, Goldfische spielen im Teich, irgendwo sprudelt ein Wasserfall. Wenn die Tage im März und April allmählich länger werden, blüht der ganze Urwald und ist voller reifer Früchte – Avocados, Mangos, Weintrauben, Papayas, Passionsfrucht. Aus dem Schneesturm kommend läßt man sich den Duft von Jasmin und Bougainvillea in die Nase steigen.»

Wie das möglich ist? – Die sogenannte passiv-solare Energie wird optimal genutzt. Selbst an bewölkten Tagen lassen die «Superfenster», die so gut wie sechs bis zwölf Schichten herkömmlichen Glases isolieren, drei Viertel des sichtbaren Lichts und die Hälfte der Sonnenenergie herein, aber so gut wie keine Energie wieder hinaus.

214

Die 40 Zentimeter dicken Steinwände und die Dachkonstruktion enthalten Dämmschichten aus Schaumstoff. Frischluft gelangt durch Anlagen ins Gebäude, die 75 Prozent der in der Abluft enthaltenen Wärme auf die Frischluft übertragen und so erhalten. Die Kosten für diese effektive Isolierung liegen unter denen, die allein die Installation eines herkömmlichen Heizsystems verschlungen hätte.

Amory und Hunter Lovins haben das eingesparte Geld und darüber hinaus 26 Mark pro Quadratmeter in Installationen investiert, mit denen der Wasserverbrauch halbiert und der Energieeinsatz für warmes Wasser um 99 Prozent gesenkt werden konnten. Die Stromrechnung des RMI beträgt monatlich rund acht Mark. Dabei erwirtschaftet das Institut selbst geringfügige Einnahmen mit Solarstrom, der zum Teil ins Netz eingespeist wird.

Es werden nur besonders effiziente Lampen benutzt, die sich dem einströmenden Tageslicht entsprechend selbst dimmen und sich, wenn niemand im Raum ist, ganz ausschalten. Eigens entwickelte superisolierte Kühlschränke und Kühltruhen nutzen die zumeist kalte Außenluft und benötigen lediglich acht bzw. 15 Prozent des Stroms konventioneller Geräte. Waschmaschine und Wäschetrockner decken einen großen Teil ihres Wärmebedarfs mit Hilfe von Sonnenlicht, selbst die Propangaskocher kommen mit einem Drittel weniger Gas und Zeit aus, weil besonders geeignete Töpfe verwendet werden. Auch der Stall, in dem Schweine gemästet werden und Hühner Eier legen, ist superisoliert und mit Sonnenzellen ausgestattet. Bereits nach zehn Monaten hatten sich die Zusatzkosten amortisiert und ermöglichen seither Einsparungen von täglich 32 Mark. Das bedeute, so Amory und Hunter Lovins, eine «1,3-Barrel-pro-Tag-Ölquelle» oder mache die Kosten für einen Praktikanten aus. Bei entsprechenden Neubauten falle die Bilanz noch besser aus, weil beispielsweise das Isolierglas noch preiswerter geworden sei. Doch auch auf Grundlage der Preise, die für das RMI noch gezahlt worden sind, sei das Gebäude in vierzig Jahren allein durch die Energieeinsparung finanziert. Bis dahin habe es einen Kohleberg, dessen Volumen doppelt so groß wie das des RMI sei, eingespart. Allein der Kühlschrank spart, so das Ehepaar Lovins, «jedes Jahr soviel Kohle, wie sein Innenvolumen faßt – und hält das Bier genauso kalt».

Konzipiert sei es allerdings, fügen die Autoren humorvoll an, für eine zehnfach längere Zeit: Künftige Archäologen würden es aufgrund seiner Süd-Ausrichtung und der gerundeten Wände sicherlich für den «Tempel eines Sonnenkultes» halten. Ganz ernsthaft aber sind sie davon überzeugt, daß die gesamten Umstände im RMI eine Atmosphäre schaffen, in der auch die Arbeitsproduktivität deutlich höher liegt als in herkömmlichen Gebäuden.

Dabei ist das RMI nur eines von fünfzig Beispielen, bei denen der Faktor vier hinsichtlich effizienter Ressourcennutzung erreicht oder übertroffen wird, die der Bericht an den Club of Rome enthält. Bevor die Autoren diese präsentieren, nennen sie «sieben gute Gründe für Effizienz»:

1. «Ressourceneffizienz erhöht die Lebensqualität», argumentieren Weizsäcker, Amory und Hunter Lovins. Sie führen als Beispiele unter anderem baubiologisch sinnvoll erstellte Gebäude, in denen Menschen sich wohler fühlen, und ökologisch effizient erzeugte Lebensmittel, die gesünder seien, an.
2. Effizienz vermindert bzw. verhindert die Verschmutzung von Luft, Wasser und Boden. Sie kann «wesentlich mithelfen, die Probleme des sauren Regens und der globalen Erwärmung zu lösen. Auch zur Lösung anderer großer Probleme wie Abholzung, Wüstenausdehnung, abnehmende Bodenfruchtbarkeit, überlastete Verkehrssysteme usw. kann die Effizienzrevolution einen brauchbaren Beitrag leisten», heißt es in *Faktor Vier*.
3. «Ressourcen zu sparen ist generell preisgünstiger, als sie zu kaufen und zu verbrauchen», betonen die Autoren. «Die Vermeidung von Verschmutzung ist normalerweise billiger, als hinterher zu putzen.»
4. Effizienz, die rentabel ist, hat gute Marktchancen.
5. Der Gewinn, der durch weniger Vergeudung entsteht, kann zur Lösung anderer Probleme eingesetzt werden. Gerade in Entwicklungsländern, in denen nicht so viel Kapital wie hierzulande steckt, läßt sich neues Kapital sehr sinnvoll einsetzen; dies auch und insbesondere in zukunftsgerichtete Technologien (zum Beispiel in Fabriken für Energiesparlampen statt in neue Kraftwerke).

6. Der verminderte Wettbewerb um knappe Ressourcen entschärft internationale Konflikte. «Effizienz streckt die weltweiten Rohstoffvorkommen und macht alle ressourcenunabhängiger», heißt es dazu in *Faktor Vier*. Krisen und Kriege um Öl, Erze, Wälder, Wasser oder Fischgründe würden unwahrscheinlicher. Die Autoren weisen darauf hin, daß ein Sechstel der US- amerikanischen Militärausgaben für Einheiten ausgegeben wird, die für die Sicherung des Zugangs zu fremden Ressourcen unterhalten werden. Davon abgesehen führt effiziente Energienutzung dazu, daß weniger Kraftwerke – mithin auch Atommeiler – benötigt werden. Das wiederum verringert die Gefahr, daß nukleare Brennstoffe als Spaltmaterial für Kernwaffen verwendet werden.

7. Gerechtigkeit und Arbeit für möglichst viele Menschen sind mit effizienter Ressourcennutzung verbunden. Vergeudung indessen ist, so Weizsäcker sowie Amory und Hunter Lovins, Ausdruck einer «Wirtschaft, die die Menschen aufteilt in die, die Arbeit haben, und in Arbeitslose. Wer Arbeit hat, erledigt sie bis zur Erschöpfung, um seinen Arbeitsplatz zu behalten. Wer arbeitslos ist, hat nicht nur sein Einkommen, sondern auch Status, Sinn und Selbstbewußtsein verloren. In beiden Fällen werden heute menschliche Talente und Kraft vergeudet. Die Technologien, die das alles ermöglichen, verbrauchen immer mehr Ressourcen. Um diese negative Entwicklung aufzuhalten, brauchen wir dringend ökonomische Anreize, um mehr Menschen Arbeit zu geben und weniger Kilowattstunden, Tonnen und Ölfässer zu verbrauchen.»

«Diese sieben Gründe dafür, unsere Ressourceneffizienz schnell zu steigern, sind eine große Herausforderung an die Praxis», kommentieren die Autoren. In die Praxis steigen sie dann auch gleich ein. Hier werden nur einige anschauliche Beispiele aus dem Bericht an den Club of Rome dafür genannt, wie die Ressourcen-Nutzungseffizienz über den Faktor vier hinaus vermehrfacht werden kann.

Vom Sparauto war bereits die Rede. Doch damit sind gegen Ende der neunziger Jahre immer noch Karossen mit circa fünf

Litern Spritverbrauch pro hundert Kilometer gemeint. Das von Greenpeace vorgestellte Drei-Liter-Auto gilt bereits als Exot, den die Automobil- und bezeichnenderweise die Mineralölkonzerne als untauglich für die Serienproduktion hinstellen. In *Faktor Vier* ist nun von Fahrzeugen die Rede, deren Kraftstoff-Ausnutzung gegenüber derzeit üblichen Modellen den Faktor sechs erreicht. Die Autos, von denen die Autoren reden, verbrauchen lediglich 1,5 Liter Benzin auf der Strecke von Köln nach Dortmund oder von Hamburg nach Bremen.

Bezeichnend ist, daß ausgerechnet in der Zeit nach dem Ölschock von 1973 der Kraftstoffverbrauch amerikanischer Automobile drastisch sank – von durchschnittlich 17,8 Liter auf hundert Kilometer im Jahre 1976 auf 8,7 Liter Anno 1986. 96 Prozent des Einsparungspotentials gingen auf leichtere und bessere Fahrgestelle zurück, lediglich vier Prozent auf bescheidenere Innenausstattungen.

Der Nutzungsgrad des Treibstoffs ist zwischen Mitte der achtziger und Mitte der neunziger Jahre lediglich um zehn Prozent verbessert worden, so daß der Eindruck entstand, das technisch Machbare sei erreicht. Bereits 1991 dämpften die Autohersteller weitergehende Hoffnungen mit der Einschätzung, daß unter wirtschaftlichen Gesichtspunkten und ohne Leistungseinbußen bis zur Jahrtausendwende lediglich noch eine Senkung um fünf bis zehn Prozent denkbar sei.

Als «wirtschaftlich» bezeichnen die Club-Autoren in der Autobranche Effizienzsteigerungen, «wenn in der Folge die Kosten pro eingespartem Liter Benzin (pro ‹Negaliter›) geringer sind als die Kosten für den Kauf eines Liters Benzin». Für den Endverbraucher ist der Tankstellenpreis relevant, volkswirtschaftlich korrekt muß von dem ab Raffinerie ausgegangen werden. Ungeachtet dessen werden in *Faktor Vier* nur Preise als wirtschaftlich dargestellt, die noch unter den Literpreisen, zu denen die Raffinerien Benzin verkaufen, liegen.

Das RMI widersprach der Wirtschaftlichkeitsberechnung der Autokonzerne von 1991 und kam auf ein Einsparpotential von 8 auf 5,4 Liter je hundert Kilometer zu Kosten von 14 Cents (damals circa 25 Pfennigen) pro Negaliter, etwas mehr als der Hälfte des Preises ab Raffinerie. Noch während die Autoindustrie die RMI-Zahlen bezweifelte, präsentierte Honda einen Kleinwagen, der mit 4,6 Litern auf hundert Kilometer noch sparsamer war – zu einem Negaliter-Preis von 18 Cents. Weitere Sparmobil-Pläne lagen zu dieser Zeit ebenfalls vor.

Als sich das RMI mit der Konstruktion eines solchen Autos befaßte, fiel auf, daß die Konstrukteure der führenden Hersteller sich fast ausschließlich mit der Lösung von Einzelproblemen befaßten, keiner von ihnen aber sein Augenmerk auf das Gesamtsystem Auto und die darin steckenden Verbesserungsmöglichkeiten richtete.

Um die nach Ansicht der RMI-Leute viel zu schweren Stahl-Karossen in Gang und auf Touren zu halten, sind starke, ihrerseits schwere Motoren erforderlich. Diese aber laufen zumeist weit unterhalb ihres Effizienzoptimums. Statt das «Grundübel», das zu hohe Gewicht, zu beseitigen, wurden die Motorleistungen weiter erhöht, wurde an der Kraftübertragung herumgedoktert.

Von dem Sechstel Energie, das überhaupt nur auf die Räder übertragen wird, heizt ein großer Teil die umgebende Luft, die Reifen, mithin den Straßenbelag und zuletzt die Bremsen auf. Auch hier liegt ein erhebliches Einsparpotential. Gewicht, Luftwiderstand und Reibung zu vermindern bedeute, so die Autoren des Berichtes an den Club of Rome, Autos «weniger wie Panzer und mehr wie Flugzeuge» zu entwerfen. Die Vorschläge reichen bis zur Kombination von Verbrennungs- mit Elektromotoren, so daß Brems- in elektrische Energie umgewandelt und beim Beschleunigen oder bei Steigungen wieder eingesetzt werden kann.

Die moderne Gesellschaft ist ohne Mobilität nicht mehr vorstellbar, ebensowenig ohne Informationsverarbeitung und -weitergabe, die mittlerweile weitestgehend computerisiert sind. Rechner und andere elektrische Bürogeräte aber verbrauchen aufgrund ihrer zunehmenden Verbreitung immer mehr Strom. Einsparmöglichkeiten sollten also auch hier berücksichtigt werden. Beispiel Personal-Computer: Ein ineffizientes, wenngleich Mitte der neunziger Jahre handelsübliches Gerät verbrauchte in eingeschaltetem Zustand ungeachtet dessen, was es gerade ausführte, circa 150 Watt. Moderne Laptops sind statt dessen darauf ausgelegt, aus kleinen

Akkus bzw. Batterien ein Optimum an Leistung herauszuholen. Im Idealfall verbraucht ein solches tragbares Gerät nur ein Hundertstel des Stroms, den ein herkömmlicher PC benötigt. Mittlerweile ist das sogenannte Power Management, das den Computer quasi in einen Schlafzustand versetzt, wenn längere Zeit keine Taste betätigt oder die Maus nicht benutzt worden ist, Stand der Technik. Doch dieser geht in Wahrheit viel weiter: Der Schlafzustand kann auch während der kurzen Zeiten zwischen zwei Tastenanschlägen erzeugt und somit können 90 Prozent des Stroms gegenüber permanentem «Wachzustand» eingespart werden. Eine ähnliche Effizienz-Quote erreichen Tintenstrahl- gegenüber Laserdruckern ebenso wie Exemplare der neuesten Generation von Fotokopiergeräten verglichen mit ihren noch weit verbreiteten Vorgängermodellen.

Auch in der Landwirtschaft hat sich eine Revolution vollzogen, aus energiewirtschaftlicher Sicht allerdings im negativen Sinne. War die Landwirtschaft «in der guten alten Zeit» eine Energiequelle, so ist sie den *Faktor Vier*-Autoren zufolge inzwischen eine «Energiesenke». Bringt man den aufgewandten Energieeinsatz in Relation zu den Kalorien der erzeugten Nahrungsmittel, so erhält man ein Maß für die sogenannte Energieproduktivität. Diese lag früher deutlich über eins, wahrscheinlich gar bei zehn. Mittlerweile ist sie gering geworden, bei fleischreicher Kost liegt sie bei 0,1. Das bedeutet, daß «für eine Kalorie auf dem Teller vorher zehn Kalorien investiert» worden sind. Für Reis, Kartoffeln und Weizen liegt dem Bericht zufolge der Wert immer noch zwischen zehn und zwei, für Gemüse ebenso wie für Milch und Eier zwischen zwei und 0,1. Während beim Fleisch von freilaufenden Hühnern immerhin ein Wert von zwei erreicht wird, «fällt er bei Mastrindern aus der Intensivzucht auf kümmerliche 0,03». Für die Erzeugung einer Kalorie aus Rindfleisch werden mitunter bis zu 30 Kalorien Energie aufgewandt. «Extrem energiefressend», betonen die Autoren, ist auch die Hochseefischerei. Doch um beim Beispiel Landwirtschaft zu bleiben, sind Verbesserungsmaßnahmen hinsichtlich der Energieproduktivität beim Massenprodukt Rindfleisch vordringlich.

Von Weizsäcker sowie Amory und Hunter Lovins schlagen eine Umstellung der Massenhaltung von Mastvieh auf Weidehaltung vor. Wenngleich die Fleischproduktion dann pro Hektar um circa die

Hälfte zurückgehe, so seien auf der anderen Seite keine teuren Futterimporte aus Übersee mehr nötig. Auch die immensen Güllemengen, die bei der Massenzucht anfallen und insbesondere im europäischen Flachland Entsorgungsprobleme verursachen, entfielen so. Mit Methoden ökologischer Landwirtschaft ist den Autoren zufolge der Faktor vier zu erreichen. Dieser ist natürlich noch deutlich zu steigern, wenn die Verbraucher ihren Fleischkonsum verringern, auf Qualität statt Quantität setzen und so letztlich auch gesünder leben.

Die schlechteste Bilanz bei der Nahrungsmittelerzeugung wird in dem Bericht holländischen Gewächshaustomaten attestiert. Tomatensträucher gelangten Anfang des 16. Jahrhunderts aus Mittel- und Südamerika als Zierpflanzen nach Europa. Um sie als Nahrungsmittel anzubauen, waren auf dem alten Kontinent die Temperaturen zu gering. Als in den Niederlanden aber bedeutende Erdgasvorkommen entdeckt wurden, wurde die ganzjährige Kultivierung in beheizten Gewächshäusern möglich. Auf dem Wege der Massenproduktion – 1991 wurden auf einer Gewächshausfläche von 1570 Hektar 650 000 Tonnen Tomaten im Wert von über einer Milliarde Mark erzeugt – wurden Preise möglich, die es betriebswirtschaftlich immer noch rentabel machen, die Nachtschattenfrüchte selbst nach Ungarn, einem der klassischen Tomaten-Anbauländer, zu liefern. Doch die Kuriositäten reichen noch weiter: Über das Produkt Tomate sind die niederländischen Gemüsemärkte derart attraktiv geworden, daß es sich – wiederum aus betriebswirtschaftlicher Sicht – lohnt, Tomaten von den Kanarischen Inseln nach Holland zu fliegen, um sie von dort weiterzuverkaufen.

Der Hauptgrund dafür, daß das möglich ist – darin sind sich Umweltschützer einig –, liegt in der in den Niederlanden billigen, stark subventionierten Energie. So ist es möglich, daß umgerechnet circa 100 Kalorien zur Produktion einer Kalorie eingesetzt werden und dies auch noch rentabel erscheint. 79 Prozent der Energie werden für das Heizen der Treibhäuser verwendet, 18 Prozent benötigt die Konservenindustrie. Dabei wäre die Bilanz durch den Einsatz moderner Isoliertechnik und von Wärmepumpen leicht um den Faktor vier oder mehr zu verbessern. Würden die Tomaten jedoch in wärmeren Ländern produziert, wäre keine Energiezufuhr nötig. Dann würde die Erzeugung der Früchte inklusive der (Flug-)Reisen bis auf mitteleuropäische Teller lediglich ein Drittel der Energie verschlingen, die derzeit für das gleiche Ergebnis aufgewandt wird.

Es würde hier zu weit führen, die schon jetzt praktikablen Beispiele aus Industrie und täglichem Leben, die Ernst Ulrich von Weizsäcker und Amory und Hunter Lovins für eine Effizienz-Verbesserung um den Faktor vier anführen, jeweils nur anzureißen. Deshalb werden hier nur noch einige Schlaglichter aus dem wahrscheinlich praxisnächsten Bericht, den der Club of Rome je präsentiert hat, angeführt.

«Kälte ist die Abwesenheit von Wärme», weshalb mit Hilfe entsprechender Isoliertechnik auch die Klimatisierung von Gebäuden in warmen Regionen ohne viel Energiezufuhr zu bewerkstelligen ist. – Am Beispiel Büromöbel zeigen die Autoren auf, daß das Motto Leasing statt Verkauf in vielen Bereichen dazu führen kann, daß die Haltbarkeit von Produkten zum unmittelbaren Geschäftsinteresse beider Seiten wird. – Umfangreiche Kataloge und Nachschlagewerke auf CD-ROM sparen Papier, Energie und Platz und bieten die Möglichkeit, Produkte und Preise schnell und unaufwendig zu vergleichen. – Bewässerungssysteme im Wurzelbereich bewirken, daß das Wasser fast vollständig von den Pflanzen aufgenommen wird und nichts an der Erdoberfläche verdunstet. – Allein mit Hilfe moderner Toilettenspülungen lassen sich 84 Prozent des in den USA noch 1992 üblichen durchschnittlichen WC-Wasserverbrauchs einsparen. – Die Vorteile der Gemeinschaftsnutzung von Geräten wird in *Faktor Vier* am Beispiel von Waschmaschinen in modernen Wohnblöcken dargestellt. Die Energieeffizienz erreicht bereits den Faktor vier, die Materialeffizienz tendiert in Richtung Faktor zehn. – Bei Gebäudesanierungen wird gegenüber Neubauten ebenfalls zumeist der Faktor vier erreicht. Und bei Abrissen lohnt sich die Wiederverwendung der Baustoffe. – Ein Beispiel für Produktverantwortung ist die «Vermietung» statt der Verkauf von Chemikalien. Umweltschädliche Lösemittel, die ihren Zweck erfüllt haben, wenn sie aus dem Material, das sie flüssig hielten (zum Beispiel Klebstoff), entwichen sind, können wiederverwendet werden. Werden sie vom Verkäufer bzw. Vermieter nach ihrem Einsatz

222

wieder eingefangen, hat dieser einen Vorteil, ebenso wie Kunde, Natur und Allgemeinheit. – Die Wiederverwendung von Verpackungen und Behältern wie Flaschen, Büchsen und Kisten führt in den meisten Fällen zu einer Effizienzsteigerung um den Faktor vier.

Der Transporteffizienz widmen die Autoren des Berichtes an den Club of Rome ein eigenes Kapitel. Der Verkehr sei einer der schwerwiegendsten ökologischen Konfliktbereiche überhaupt. Sie schicken voran, daß sie nicht «der Illusion erliegen, daß man im Verkehrssektor bald einen Faktor vier einsparen kann».

Dem US-Vizepräsidenten Al Gore gestehen sie zu, in seinem Buch *Wege zum Gleichgewicht* einer breiten Öffentlichkeit die wichtige Rolle der sogenannten Datenautobahnen «bei der Harmonisierung ökologischer und ökonomischer Ziele» bekannt gemacht zu haben.

Ein Beispiel hierfür ist die moderne Übertragungstechnik, die mittlerweile Videokonferenzen anstelle von Reisen möglich macht. Das Rocky Mountains Institute hat diese bereits genutzt. Einmal hielt Amory Lovins von Colorado aus die Eröffnungsrede einer Veranstaltung in Westaustralien und beantwortete von dort aus Publikumsfragen quasi «persönlich». Diese Methode war hundertfach effizienter, als wenn Lovins persönlich angereist wäre. Persönliche Kontakte würden durch diese Möglichkeit keineswegs obsolet, heißt es in *Faktor Vier,* doch Reise-Preise, in die auch die ökologischen Folgen der Mobilität hineingerechnet seien, würden dazu führen, daß neue und sparsamere Methoden zunehmend angewandt werden.

Videokonferenzen mögen manchem Zeitgenossen noch wie Science-fiction erscheinen, wenngleich sie beispielsweise in Fernsehanstalten schon lange und auch in der Industrie mittlerweile zum Standard gehören. Viel weiter verbreitet sind längst die Möglichkeiten, elektronische Post zu versenden. Schon ein Faxgerät, das nur selten benutzt wird, erzielt bei Inlandspost leicht den Effizienzfaktor zwei, bei häufiger Nutzung einen von zehn. Kommen auch noch Nachrichten hinzu, die ansonsten per Luftpost nach Übersee verschickt worden wären, steigt dieser leicht bis auf zwanzig. Beim E-Mailing wird nicht einmal mehr direkter

Materialverbrauch verursacht, es werden ausschließlich bereits vorhandene Installationen benutzt. Rechnet man die früheren Materialinvestitionen auf deren durchschnittliche Nutzungsdauer um, so ergibt sich für das Versenden elektronischer Post ein Effizienzfaktor von durchschnittlich hundert. Den individuellen Gegebenheiten entsprechend kann er auf zwanzig sinken, aber auch auf tausend steigen.

Um die Gütertransport-Kapazität auf Schienen zu erhöhen, hat Rolf Kracke von der Universität Hannover ein Steuerungskonzept entwickelt, mit dem die Sicherheitsabstände verringert und die Zugfrequenz soweit erhöht werden kann, daß der Faktor vier erreicht wird. – Die gleiche Effizienz-Verbesserung wäre im Schienen-Personenverkehr bei entsprechendem Einsatz des Pendolino-Prinzips möglich. Pendolino-Züge neigen sich in Kurven und können daher auch kurvenreiche Strecken mit hoher Geschwindigkeit befahren. Während für den ICE gradlinige Strecken mit riesigem Finanzaufwand gebaut werden und Landschaften zerstören, könnten mit dem Pendolino das gesamte vorhandene Schienennetz weitaus besser genutzt und zahlreiche Menschen vom Straßen- und Luftverkehr abgezogen werden. – Auch das Stattauto-Prinzip hilft, Ressourcen zu schonen und spart Parkraum. Dabei teilt sich eine Gruppe von Personen ein oder mehrere Autos.

Der erste – praktische – Teil von *Faktor Vier* füllt die Hälfte des Berichtes an den Club of Rome. In den folgenden drei Teilen begründen die Autoren, warum eine Effizienz-Revolution notwendig ist und wie sie durchgesetzt werden kann. Mit einer Graphik veranschaulichen sie zunächst, daß die Spitzen der Energieintensität – der Kehrwert der Energieproduktivität – auf das jeweilige Land bezogen um so niedriger ausfielen, je später die Industrialisierung einsetzte. In Großbritannien wurde der Spitzenwert um 1870 erreicht, in den USA um 1910, in Deutschland und Frankreich um 1920 und in Japan um 1960. Die Kurven der genannten Länder fallen anschließend stark ab und liegen nun auf einem ähnlichen Niveau. Doch mit Blick auf den Energiehunger einer stark wachsenden Menschheit ist dies kein Grund zur Entwarnung. Im Gegenteil, die von Ernst Ulrich von Weizsäcker und Amory und

Hunter Lovins angemahnte Effizienzrevolution ist allein schon deshalb nötig, um die Ressourcen zu strecken, also Zeit zu gewinnen, und Umweltkatastrophen zu vermeiden.

Die Ausführungen zu den Marktgesetzen werden hier, weil sie in *Mit der Natur rechnen* (siehe S. 246) ausführlich behandelt werden, auf die acht «Gebote des Ökokapitalismus» begrenzt, die die Club of Rome-Autoren so formuliert haben:

«– Sorge dafür, daß die Preise die ökologische Wahrheit sagen.
– Mach das Kostengünstigste zuerst.
– Investiere in Effizienz, wann immer das billiger ist als Raubbau.
– Schaffe Märkte für gesparte Ressourcen.
– Sorge für fairen Wettbewerb.
– Belohne das wünschenswerte Verhalten, nicht sein Gegenteil.
– Besteuere das weniger Wünschenswerte, nicht das Erwünschte.
– Beschleunige die Außerdienstnahme ineffizienter Geräte.»

Hierzu ein Beispiel: Der Strom, den das im Norden Quebecs geplante riesige Wasserkraftwerk La Grande Baleine geliefert hätte, wäre neunmal so teuer gewesen, wie die Sparmaßnahmen, die den Stausee überflüssig machten.

In ihrer Begründung, weshalb die Umweltkrise zu dringendem Handeln zwingt, beziehen die *Faktor Vier*-Autoren sich schwerpunktmäßig auf zweierlei: auf den Club of Rome-Bericht *Die erste globale Revolution*, dessen Inhalt ja bereits ausführlich dargestellt worden ist, und auf die Beschlüsse der Umwelt-Gipfelkonferenz, die 1992 in Rio stattfand. Die Schwerpunktthemen in Rio waren Entwicklung, Klima und Artenvielfalt. Da die Haltung des Club of Rome zu den beiden ersten Punkten an anderen Stellen in diesem Buch bereits ausführlich erörtert worden ist, soll hier lediglich auf die Artenvielfalt eingegangen werden.

«Der berühmte Biologieprofessor Edward Wilson von der Harvard University nennt die Vernichtung der Artenvielfalt dasjenige Vergehen, welches uns künftige Generationen am wenigsten vergeben werden», heißt es in *Faktor Vier*. «Und er vergleicht die heutigen Biologen mit Kunstliebhabern, die zusehen müssen, wie der Louvre und andere Museen in Flammen stehen, und nicht in der

Lage sind, das Feuer zu löschen.» Eine wichtige Ursache sehen die Autoren in der Schuldenkrise, die dazu geführt hat, daß viele Entwicklungsländer Bodenschätze, Agrarprodukte, Holz und aus Wasserkraft erzeugte Energie auf den Markt werfen und dabei wenig Rücksicht auf Urwälder und andere Lebensräume Tausender Arten nehmen. Weil sich fast alle exportorientierten Länder der Dritten Welt so verhielten, verfielen auf den Weltmärkten die Preise der von ihnen gelieferten Güter. Das führte dazu, daß die Lieferländer immer mehr ihrer Ressourcen zu Schleuderpreisen verkaufen mußten, um ihren Schuldendiensten noch nachkommen zu können.

Vor dem Hintergrund des Verlustes von täglich zwanzig bis fünfzig Arten bereiteten die Teilnehmerstaaten der Umwelt-Gipfelkonferenz in deren Vorfeld eine Artenvielfaltskonvention vor. Während die Länder des Nordens auf Ergebnisse drängten, fürchteten die des Südens um ihre Souveränität hinsichtlich ihrer biologischen Ressourcen. Als die USA, Großbritannien, Australien und andere reiche Länder auch noch darauf bestanden, die alleinigen Rechte an Genmaterial, das sie in den Entwicklungsländern gewonnen und zu Hause weiterverarbeitet hatten, zu behalten, verstärkte sich in den armen Ländern der Eindruck, das Interesse des Nordens an der Artenvielfalt sei lediglich darin begründet, sich die Option auf weitere Ausbeutung der genetischen Ressourcen offenzuhalten. Dennoch gab der Süden weitgehend nach.

Um dies zu erreichen, wurden einige Anreize für die Entwicklungsländer in die Konvention aufgenommen. Einerseits verpflichteten sich die Industrieländer, die Kosten für die vereinbarten Schutzmaßnahmen mitzutragen, andererseits wurde vereinbart, daß die Länder des Südens an den Einnahmen aus der Vermarktung der Gentechnik beteiligt werden. Ausdrücklich wurde der Schutz der natürlichen Lebensräume der Vorrang gegenüber Nachzucht in Zoos und Aufbewahrung von Erbgut in Genbanken festgelegt, denn «auf einem Hektar Urwald», heißt es in *Faktor Vier*, «gibt es einen größeren Artenreichtum, als er in allen Genlabors der Welt zusammen innerhalb von Jahrzehnten neu hergestellt werden könnte».

Weizsäcker, Amory und Hunter Lovins erläutern den Zusammenhang von Ressourceneffizienz und Artenschutz. Demnach könnte eine Effizienzrevolution «einen wesentlichen Beitrag dazu leisten, den enormen Druck zu vermindern, welcher auf der Ausbeutung von Rohstoffvorkommen lastet. Der (ökologisch meist sehr bedenkliche) Bau von Staudämmen in waldreichen Gebieten könnte leichter unterbleiben. Luft- und Wasserverschmutzung, die beide die natürlichen Lebensräume kaum weniger belasten als menschliche Siedlungen, könnten deutlich zurückgeführt werden.» Deshalb setzen sich die Autoren nachdrücklich für die Umsetzung und Einhaltung der Vereinbarungen von Rio ein.

Die Überfischung der Meere, die zu geringeren Erträgen, mithin höheren Preisen und deshalb noch mehr Anreiz zum Raubbau führt, ist ein Beispiel für Teufelskreise, in die die Menschheit sich selbst manövriert hat. «Fisch war einst das Grundnahrungsmittel vieler Länder und wird jetzt so kostbar wie das beste Fleisch», kommentieren die *Faktor Vier*-Autoren.

Sie rufen darüber hinaus «das vergessene Problem» der Stofflawinen in Erinnerung. Seit einigen Jahren, betonen sie, bewegen die Menschen durch ihre Aktivitäten mehr Erdmasse, als es durch Vulkanausbrüche und Erosion geschieht. Dazu wird in dem Bericht kritisiert, daß es mit der Mülltrennung zwecks Recycling nicht getan ist, weil die Wiederverwertung oft viel Energie verschlingt und zusätzlichen Verkehr verursacht. Müllverbrennung aber ist ihrerseits ökologisch problematisch. «Mit Kostensteigerungen für die Abfallbeseitigung kann man die Probleme weltweit sicher nicht lösen», warnen von Weizsäcker, Amory und Hunter Lovins. «In den meisten Ländern würden hohe Abfallgebühren neue Müllkippen und das Anwachsen wilder Müllkippen nach sich ziehen.»

Doch geht es bei den Stofflawinen nicht lediglich um Müll. Vielmehr führen auch die zur Gewinnung von Materialien und Produktion von Gegenständen «umgesetzten» Stoffe zu schwerwiegenden Umweltproblemen. Friedrich Schmidt-Bleek vom Wuppertal Institut für Umwelt, Klima, Energie hat dafür den Begriff des «ökologischen Rucksacks» geprägt.

So werden etwa für eine Lindenholzschale von 500 Gramm Gewicht ungefähr zwei Kilogramm Material umgesetzt, bei einer Kupferschale, die den gleichen Zweck erfüllt, ist der «Rucksack» bereits eine halbe Tonne schwer. Jeder von Menschen produzierte

Stoff bzw. Gegenstand schleppt eine solche ökologische Last mit sich herum. So «lasten» auf einem aus Gold gefertigten Paar Eheringe sieben Tonnen Erz.

Die drei Milliarden Tonnen Kohle, die auf der Welt jährlich verfeuert werden, tragen gleich zwei «Rucksäcke»: 15 Milliarden Tonnen Abraum und Wasser und zehn Milliarden Tonnen Kohlendioxid-Emissionen. Manches Gepäck bleibt der Menschheit als Ballast also auch dann noch erhalten, wenn dessen Träger längst nicht mehr existiert. Bei Braunkohle ist das Verhältnis noch schlechter; ihr «Rucksack» ist zehnmal so schwer wie der Energieträger selbst. Auch der Abgas-Katalysator hat, wenn er nicht aus recycletem Platin hergestellt worden ist, schwer zu tragen: Sein «Rucksack» wiegt dann zweieinhalb Tonnen.

Friedrich Schmidt-Bleek ist der Ansicht, daß es mit einer Effizienz-Verbesserung um den Faktor vier nicht getan ist. Damit den armen Ländern genügend Spielraum für ihre Entwicklung bleibe, müsse in den Industrieländern der Faktor zehn erreicht werden. Er hat zur Erreichung dieses hochgesteckten Zieles den Faktor 10-Club gegründet.

Die *Faktor Vier*-Autoren warnen davor, hinsichtlich der dringend notwendigen Effizienzrevolution in allzu leichtfertige Technik-Gläubigkeit zu verfallen. Sie nennen zahlreiche Beispiele, die aus Science-fiction-Romanen stammen könnten, von denen hier lediglich eines wiedergegeben werden soll:

Solarenergie aus dem All. «Ihre Nutzbarkeit», so die Autoren, «ist eher noch zweifelhafter als die Fusionsenergie». Seit Menschen Satelliten ins All schießen, diese ebenso wie Raumkapseln und -Stationen einen Teil ihres Energiebedarfs über sogenannte Sonnenpaddel decken, gehören Solarkraftwerke im Orbit zu den Lieblingsvorstellungen technikverliebter Utopisten. Bis sie – falls überhaupt je – realisiert werden könnten, wäre die Zeit, die zur Lösung der Probleme auf der Erde bleibt, wohl verspielt. «High-Tech-Träume», heißt es in dem Bericht an den Club of Rome, «haben oft den Zweck, das Klima für die Finanzierung von großen Forschungsvorhaben zu schaffen. Wenn neue Technologien beschönigt werden, geschieht dies oft, um Anträgen für Forschungsgelder mehr Nachdruck zu verleihen.»

Viel Zeit, um ökologische und soziale Katastrophen globalen Ausmaßes abzuwenden, bleibt den Autoren zufolge nicht mehr. Die größten Menschheitsprobleme müßten innerhalb von knapp fünfzig Jahren gelöst werden. Deshalb argumentieren sie: «Der Nutzen in Form von neuen Technologien, besserem Leben und neuen wissenschaftlichen Erkenntnissen ist, so nehmen wir an, erheblich größer, wenn das Geld einerseits der angewandten Grundlagenforschung und andererseits der Effizienz-Revolution zugute käme.»

Ein halbes Jahrhundert seien eine Zeitspanne, in der die notwendigen technischen, sozialen und zivilisatorischen Veränderungen erreichbar sind. Doch die Weichen dafür müssen bald gestellt werden. Sind erst einmal Hunderte Milliarden Mark investiert, sind große Richtungsänderungen für lange Zeit nahezu unmöglich, warnen die Autoren. Wachse die Wirtschaft weltweit mit durchschnittlich fünf Prozent jährlich, seien die Errungenschaften einer Effizienz-Revolution um den Faktor vier bereits nach dreißig Jahren aufgezehrt.

Ernst Ulrich von Weizsäcker, Amory und Hunter Lovins zitieren in ihren Schlußbetrachtungen ausführlich Dennis und Donella Meadows sowie Jørgen Randers, die, zwanzig Jahre nach Erscheinen des ersten Berichtes an den Club of Rome, *Die neuen Grenzen des Wachstums* vorgelegt haben. Obwohl diesem die Anerkennung als Bericht an den Club of Rome versagt geblieben ist, beteuern die *Faktor Vier*-Autoren, daß das Ehepaar Meadows und Jørgen Randers im wesentlichen Recht behalten haben. Die Entscheidung, daß *Die neuen Grenzen des Wachstums* nicht den Untertitel «Bericht an den Club of Rome» tragen darf, hat 1992 auch zu mancher Verstimmung und Unverständnis bei zahlreichen Club-Mitgliedern geführt. Schließlich hatten Dennis und Donella Meadows und Jørgen Randers nichts anderes gemacht, als ihr bahnbrechendes Buch von 1972, ohne das der Club of Rome nicht da stünde, wo er heute steht, von Grund auf und unter Berücksichtigung neuester Daten neu zu schreiben. In *Faktor Vier* heißt es zu den Schlüssen des Ehepaares Meadows und Jørgen Randers: «Ein tiefgreifender zivilisatorischer Wandel und eine Betonung der Genügsamkeit wären ein denkbarer Ausweg aus der zerstörerischen Dynamik, die das in den *Grenzen des Wachstums* und in den *Neuen Grenzen* dargestellte

System kennzeichnet. Aber Genügsamkeit scheint weltweit von keiner Regierung propagiert zu werden, nur die eine oder andere Kirche mahnt dazu. Doch hier scheint es dafür zu wenig Verständnis für Genügsamkeit bei der Kinderzahl zu geben. Die Zivilisation rennt nach Meinung der Meadows auf den Abgrund zu und möchte lieber nicht darauf angesprochen werden.»

Die Probleme der Menschheit seien, so Weizsäcker, Amory und Hunter Lovins, unkompliziert zu lösen, wenn es darum ginge, 500 Millionen Menschen mit Nahrung, Kleidung und Wohnungen zu versorgen. Statt dessen ist die Weltbevölkerung zwischen 1970 und 1990 von 3,6 auf 5,3 Milliarden Menschen gewachsen, der sechsmilliardste Erdenbürger wird nicht mehr lange auf sich warten lassen. Kurioserweise sei das Bevölkerungsthema auf der Umwelt-Gipfelkonferenz in Rio ausgespart worden: «Gerüchten zufolge war dies ein Zugeständnis an den Vatikan und an einige islamische Länder. Es ist allerdings schwer zu begreifen, daß ausgerechnet religiöse Überzeugungen Menschen und die Länder, in denen sie leben, daran hindern sollen, das zu tun, was nötig ist, um Gottes Schöpfung zu bewahren und den Menschen auf dieser Erde ein vernünftiges Leben zu ermöglichen.»

Die zu erwartenden Folgen für die Menschen überall auf der Welt formulieren die Club of Rome-Autoren so: «Politisch gesehen führt das dramatische Bevölkerungswachstum fast unausweichlich zu Konflikten um Land und Rohstoffe. Entsetzliche Kriege sind nicht auszuschließen. Der Treibhauseffekt kann die Situation dramatisch verschärfen. Man male sich hierzu aus, was geschieht, wenn hundert Millionen Menschen aus Bangladesh ihre Heimat verlieren und eine der Wahrheit sehr nahekommende Propaganda der verzweifelten Bevölkerung mitteilt, daß die Schuldigen im Norden sitzen.»

Ein nachdrückliches Plädoyer für eine Effizienz-Revolution um den Faktor vier ergibt sich aus folgender simplen Rechnung: Geht man von einem weltweiten Wachstum des Pro-Kopf-Verbrauchs von lediglich 1,5 Prozent aus (in China betragen die Wachstumsraten acht und mehr Prozent), bedeutet das eine Verdopplung bis zum Jahr 2050. Berücksichtigt man mittlere Bevölkerungsprognosen, so ist Mitte des 21. Jahrhunderts mit zehn Milliarden

Menschen zu rechnen. Die Kombination dieser Parameter bedeutete, daß der Ressourcenverbrauch sich bis 2050 vervierfachen wird. Die Effizienzsteigerung um den Faktor vier würde diese Entwicklung gerade einmal aufwiegen. «Nichts bliebe für eine Entlastung der Umwelt übrig», betonen die *Faktor Vier*-Autoren. «Andererseits: Wieviel schlimmer wäre es, wenn die Effizienzrevolution nicht stattfände!»

Am von Ernst Ulrich von Weizsäcker geleiteten Wuppertal-Institut ist mit der vor der Veröffentlichung von *Faktor Vier* neuesten verfügbaren Version des Computer-Programmes *World 3* (mit dem Dennis Meadows und sein Team *Die Grenzen des Wachstums* erarbeiteten), mit *World 3/91*, ermittelt worden, welche Effizienzsteigerungen nötig sind, um zu akzeptablen Zuständen für die Zeit nach der Jahrtausendwende zu kommen: Drei Prozent mehr jährlicher Ressourcen-Produktivität führen demnach zu einer «tolerablen Entwicklung», fünf Prozent indessen zu «einem wirklich attraktiven Szenario».

Ernst Ulrich von Weizsäcker, Amory und Hunter Lovins: «Das 21. Jahrhundert muß also gar nicht deprimierend werden. Wenn unsere Vision eines ‹neuen Füllhorns› wahr wird, können selbst die schwierigsten globalen Probleme der Verteilungsgerechtigkeit ohne schwerwiegende Opfer irgendeines Erdteils gelöst werden.»

## Ich klage an

Yehezkel Dror über die zentralen Aussagen seines Berichtes an den Club of Rome *Ist die Erde noch regierbar?* (Erschienen 1995)

Yehezkel Dror, geb. 1938 in Wien, ist emeritierter Professor für Politologie an der Universität Jerusalem, Mitglied des Londoner International Institute for Strategic Studies und Regierungsberater im Auftrag der Vereinten Nationen.

Bei meinen Anschuldigungen gegen das Wesen moderner Politik, die ich in meinem Bericht an den Club of Rome *Ist die Erde noch regierbar?* erhoben habe, lautet ein Hauptanklagepunkt, der tiefergehende Betrachtung erfordert: Moderne, demokratische Politik ist größtenteils ignorant, oberflächlich und unmoralisch und aus diesen Gründen nicht in der Lage, mit fundamentalen Problemen richtig umzugehen.

Dieser wichtigste Anklagepunkt, daß Regierungen nicht in der Lage sind, fundamentale Probleme in den Griff zu bekommen, ist leicht mit Fakten zu untermauern: Andauernd hohe Arbeitslosigkeit, Völkermord im früheren Jugoslawien, islamischer Fundamentalismus und unheilvolle Entwicklungen in Rußland sind nur einige Beispiele einer langen Liste politisch mißlicher Situationen, deren Handhabung westlichen – und auch vielen anderen – Ländern mißlingt.

Es stimmt, daß es großen Teilen der Menschheit, vor allem jenen in Westeuropa und Nordamerika, heutzutage zumindest in wirtschaftlicher Hinsicht besser geht als jemals zuvor. Aber diese Tatsache ist kein Verdienst der Politik, sondern statt dessen Wissenschaft und Technik zu verdanken. Zwar wurden auch einige großartige politische Entscheidungen von wenigen herausragenden Staatsmännern getroffen. Genannt seien hier die Schaffung der Europäischen Gemeinschaft und die Perestroika in der ehemaligen Sowjetunion. Doch werden die wenigen positiven politischen Entwicklungen zu oft aufgrund fehlender kontinuierlicher Entscheidungsprozesse auf qualitativ hohem Niveau zunichte gemacht. Ernsthafte Schwierigkeiten der EU sowie bedrohliche Tendenzen in den früheren Sowjetrepubliken beweisen dies.

Die allgemeine Unfähigkeit, grundlegenden Problemen zu begegnen, ist ein Anklagepunkt, dessen Richtigkeit auf Europa bezogen durch empirische Untersuchungen eindeutig nachweisbar ist. Einige Ausnahmen zeigen, daß man es besser machen kann, das Gesamtbild wird dadurch jedoch nicht besser.

Die Fakten sind klar. Um der Therapie eine Basis zu geben, müssen die zentralen Mängel identifiziert werden. Meine Anschuldigungen weisen auf drei Hauptverfehlungen der Politik hin: Ignoranz, Oberflächlichkeit und Unmoral. Die folgenden Anklagepunkte sind zumeist, doch nicht ausschließlich, auf Westeuropa bezogen:

1. Weder Politiker noch Staatsbeamte verfügen über das nötige Wissen und die erforderliche Kreativität, um Politik mit ihren mannigfaltigen Verflechtungen gestalten zu können.
2. Den Staatslenkern fehlt es an Verständnis für die Notwendigkeit der Entwicklung aufgeklärter öffentlicher Meinungen.
3. Im politischen Kräftespiel werden oberflächliche und kurzfristige Betrachtungsweisen bevorzugt.
4. Politik tendiert dazu, ihre Aufgaben dem Markt statt demokratischen Prozessen zu überlassen.
5. Grundwerte und die Raison d'humanité (Grundsätze der Menschlichkeit) werden völlig vernachlässigt.

Ich möchte diese Anschuldigungen begründen:

Zu Punkt 1: Um mit grundlegenden Sachverhalten fertigzuwerden, ist es nötig, sie aus einer historischen Perspektive zu betrachten, dazu ist Geschichtsverständnis eine essentielle Voraussetzung. Um das daraus resultierende Wissen in die Zukunft übertragen zu können, muß verstanden werden, welche Umstände die Welt verändern. Aus diesem Grund ist zum Beispiel Verständnis für Wissenschaft und Technologie eigentlich ein Muß für Staatsbedienstete. Dennoch basiert das Wissen um Hintergründe der meisten Politiker und Staatsdiener europäischer Länder einschließlich Deutschlands auf sehr wenig historischer Einsicht und Ignoranz in den Bereichen Wissenschaft und Technologie. Ein noch größerer Mangel besteht bei der Art und Weise derjenigen politischen Betrachtungsweisen, die auf gegenwärtige und zukünftige Zustände ausgerichtet sind. Wenn die Zukunft größtenteils unkalkulierbar und teilweise gar unvorstellbar ist, sind die auf sie bezogenen Entscheidungen im Grunde trübe Wetten mit der Geschichte. Deshalb ist ein hoher Grad von Verständnis für ungewisse Entwicklungen unverzichtbar. Ebenso ist politische Kreativität eine wesentliche Voraussetzung für den Umgang mit neuartigen Problemen. Wie jedoch in Workshops, die ich für Politiker und Staatsbeamte des gehobenen Dienstes in Europa abhalte, immer wieder deutlich wird, erzeugt Unberechenbarkeit künftiger Entwicklungen eher Starrheit als den Drang nach Verständnis.

Sicher ist: Strukturen des Staatsdienstes und der meisten politischen Institutionen neigen dazu, Kreativität zu unterdrücken. Rechtsstaatliche Kultur, wie sie zum Beispiel teilweise in Deutschland existiert, wirkt kurioserweise besonders kontraproduktiv, weil sie auf die Verwaltung des Gegenwärtigen ausgerichtet ist und so die Entwicklung von Verständnis für unvorhersehbare Situationen behindert; außerdem unterdrückt sie politische Kreativität.

Die Tatsache, daß Ausbildungsprogramme hinsichtlich fortschrittlicher Staatskunst und Entscheidungsplanung an den Universitäten, aber auch in Staatsdienst-Trainingsprogrammen in Europa fehlen – aussichtsreiche Versuche also am Konservatismus scheitern – ist ein weiterer Beleg für meine erste These.

Zu Punkt 2: Die öffentlichen Meinungsbildungsprozesse genügen immer weniger den Ansprüchen. Tatsächlich ist es so, daß die Öffentlichkeit komplexe Zusammenhänge sehr wohl verstehen könnte, wenn diese nur angemessen dargestellt würden. Statt dessen aber haben die Massenmedien schlechten Einfluß auf die öffentliche Meinungsbildung. Auch die Medien haben Schwierigkeiten, den gestiegenen Anforderungen gerecht zu werden.

Wenn bestehende Probleme den Menschen im täglichen Leben verständlicher und dringlicher wären, dann würde gestiegene Sensibilität für diese Themen die Bevölkerung in die Lage versetzen, mit ihnen fertigzuwerden. Doch da ist der mächtige Einfluß des Fernsehens mit seinen Programmschwerpunkten auf kurzen Meldungen und schrillen Kontroversen. Gemeinsam mit – durch politisches Marketing bedingte – Entstellungen von Sachverhalten zerstört es das öffentliche Gespür. Dabei ist aufgrund der Komplexität der Themen viel mehr als nur traditionelle Sensibilität erforderlich.

Deshalb sage ich: Falls die Möglichkeiten, eine Vielfalt von öffentlichen Meinungen zu bilden und zu verflechten, nicht aufgewertet werden, wird die Demokratie sich zwingend zum Schlechten hin bewegen, da wichtige Entscheidungen in zunehmendem Maße von den aktuellen und zukünftigen Prozessen ausgeschlossen sein werden.

Zu Punkt 3: Es gibt große Spannungen, aber keinen unüberwindbaren Widerspruch zwischen Demokratie einerseits und der Beschlußfassung wichtiger Ziele sowie langfristiger Werte und Notwendigkeiten andererseits. Um zur Überwindung diesbezüglicher Diskrepanzen eine Brücke zu bauen, sind entweder von weiten Teilen der Gesellschaft akzeptierte Visionen nötig oder außergewöhnliche Staatsfrauen und Staatsmänner.

Diese Voraussetzungen sind heutzutage jedoch selten gegeben. Verbreitete Visionen, wie beispielsweise die eines vereinten Europas oder ökologische Perspektiven, werden durch nationalistische Traditionen, wirtschaftlichen Druck und Interessenkonflikte sehr geschwächt. Auch gibt es nicht viele hervorragende Staatsfrauen und -männer. Und es scheint, als würden sie immer seltener – vielleicht dank der Negativ-Auswahl, die die Fernsehdemokratie mit sich bringt.

Aus diesen Gründen tendiert die Politik dazu, dem einfachen Weg zu folgen: Streitfragen werden nur an der Oberfläche und bezogen auf das Hier und Jetzt gehandhabt. Das gleiche gilt für den Umgang mit politischen Umbrüchen historischer Dimensionen. Dies zeigte sich zum Beispiel bei den Entscheidungsfindungsprozessen im Zuge der deutschen Wiedervereinigung.

Zu Punkt 4: In allen westlichen Demokratien ist die Tendenz zum Verzicht auf eine aktive Sozial- und Wirtschaftspolitik sehr auffallend. Anstelle marktorientierter struktureller Anpassungen wird diese Politik zugunsten der Lenkung von Marktprozessen durch eine «versteckte Hand» («hidden hand concept» ist ein in der Volkswirtschaftslehre gängiger Begriff, Anm. J.S.) abgelöst. – Als wenn eine versteckte Hand keinen Arm, keine Schulter und vor allem kein Gehirn, das sie lenkt, benötigte: Verschwunden sind industriepolitische Initiativen, substantielle nationale Bildungsinnovationen sowie Bestrebungen, spürbare Veränderungen bei sozialen Problemen zu erreichen. In Kürze werden die eigentlichen Aufgaben der politischen Steuerung abgegeben worden sein. Die Lage der Dinge ist ziemlich dramatisch, dies um so mehr, wenn man sie mit entgegengesetzten politischen Tendenzen in den sehr erfolgreichen südostasiatischen sogenannten dynamischen Volkswirtschaften vergleicht. Die Neigung, Marktprozesse mit all ihren Vorteilen zu sehr sich selbst zu überlassen, verschlimmert nur die äußerst ernsten Probleme wie beispielsweise die Arbeitslosigkeit. Ferner wird die Tatsache, warum die Politik immer mehr entscheidende Sozialstaatsaufgaben abgibt, immer rätselhafter. Das Argument, es sei nicht genug Geld vorhanden, ist nichts als eine Ausrede, denn staatliche Budgets sind eine Sache der Prioritäten der Ressourcenzuteilung.

Einer der Gründe, in diese Richtung zu denken, ist der trügerische Einfluß des Kapitalismus nach US-amerikanischen Vorstellungen (nicht zu verwechseln mit amerikanischer Politik, die zuweilen sehr unterschiedlich ist). Überreaktionen auf die schrecklichen Versäumnisse, Mißerfolge und Verbrechen sowjetischer Politik verstärken solche Tendenzen noch. Aber die Hauptursache für das Abgeben von hoheitlichen Hauptaufgaben, Aufträgen und Verantwortlichkeiten seitens der demokratischen Politik ist, so denke ich, ein Gefühl der Ratlosigkeit: Die Köpfe maßgeblicher Regierungsmitglieder und anderer politischer Eliten sind leer. In diesen Gehirnen sind keine Visionen mehr vorhanden, entstehen keine verheißungsvollen Ideen mehr, wie man sich für effektive und nutzbringende gesellschaftliche Architektur engagieren könnte. Deshalb übernehmen diese Entscheidungsträger dankbar Theorien und Ideologien, denen zufolge die Gestaltung der Zukunft hauptsächlich Märkten, Handel und anderen nicht-politischen Prozessen überlassen wird. Es ist oft von Unregierbarkeit die Rede, dabei handelt es sich tatsächlich um Unfähigkeit, zu regieren.

Zu Punkt 5: Last, but not least möchte ich die noch sehr unvollständigen Anklagepunkte abschließend so zusammenfassen: Kümmern Sie sich nicht um all die Reden über die «Eine Welt», «menschliche Solidarität», die «neue Wirtschaftsordnung» und so weiter. Tatsächlich ist, was ich im Bericht an den Club of Rome «Raison d'humanité» nenne, immer weniger ein Kriterium für gegenwärtige Politikgestaltung. «Aufgeklärter Eigennutz» kann aus so «niedrigen Beweggründen» wie dem resultieren, die Wirtschaftslage Nordafrikas zu verbessern, damit Europa nicht von unerwünschten Flüchtlingen überflutet wird. Zwar kann auch extreme Not wie beispielsweise in Somalia Auslöser für Intervention und Hilfe sein. Die ehrenwerten Motive werden jedoch bald durch den Mangel an politischem Willen zur Nachhaltigkeit geschwächt. Allgemein ist die Tendenz vorhanden, einen kulturpolitischen, geostrategischen Limes zu errichten. Dieser kombiniert weltumspannende Ökonomie und Kommunikation mit gleichzeitig nachlassender demokratischer Bereitschaft, mühsame Anstrengungen auf sich zu nehmen, um die Raison d'humanité voranzubringen.

Meine Anschuldigungen gegen westliche Politik reichen noch viel weiter. Sie richten sich beispielsweise gegen den Umgang der sogenannten Ersten mit der Dritten Welt, die Vernachlässigung erzieherischer Funktionen sowie gegen gleichgültigen Umgang mit der sich in immer mehr Institutionen ausbreitenden Korruption. Bei der Bekämpfung dieser Zustände gibt es gegen politisches Engagement besonders große Widerstände.

Dennoch reichen die oben aufgeführten Anklagepunkte aus, um die Ernsthaftigkeit der Probleme moderner Politik darzustellen. Eine radikale Umgestaltung auf der Grundlage einer weltoffenen Demokratie ist dringend notwendig. Ich möchte deshalb einige Möglichkeiten erläutern, mit denen die angesprochenen Schwächen zu behandeln sind:

– Für Politiker müssen auf ihre Aufgaben bezogene Bildungs- bzw. Weiterbildungsmöglichkeiten geschaffen werden. Menschen, die in die Politik gehen wollen, sollten solche Angebote bereits an den Universitäten offenstehen; Kombinationen mit anderen Studienfächern sind denkbar. Abgeordneten und anderen in der Politik aktiven Personen sollten aus Steuergeldern finanzierte Kollegien – von unabhängigen Gremien – bewilligt werden: nationale und multinationale Politik-Workshops, in denen gewählte Politiker gemeinsam mit Staatsbeamten, anderen Personen des öffentlichen Lebens, Vertretern der Massenmedien, Geschäftsleuten, Gewerkschaftsführern etc. einige Wochen miteinander verbringen, um über wichtige Sachverhalte zu beraten. Diese Gremien sollten durch sachverständige Berater geistig angeregt werden. Es sollten benutzerfreundliche und gleichzeitig über den politischen Alltag qualifiziert informierende Schriften für Politiker publiziert und offene Studienprogramme für Politiker und Politik-Anwärter an Universitäten eingerichtet werden, in denen mit Hilfe multimedialer interaktiver Programme Wissen vermittelt wird. Für Staatsbeamte des höheren und gehobenen Dienstes sollten spezielle Lehr- und Weiterbildungsprogramme angeboten werden.

– Die Arbeit der Staatsbeamten sollte komplett neu strukturiert werden. Es sollte zwischen öffentlichen Managementfunktionen und Funktionen der Politikberatung unterschieden werden. Öffentliche Managementaufgaben sollten hauptsächlich an unabhängige Körperschaften, die an ihren Ergebnissen gemessen werden, übertragen werden. Politische Entscheidungen sollten gemeinsam von einer neuen Art von gut ausgebildeten Politikberatern und gewählten Politikern getroffen werden.

– Um Kreativität, tiefgehendes politisches Denken und langfristige Perspektiven zu fördern, sollten unabhängige Forschungs- und Entwicklungseinrichtungen zum Studium der politischen und gesellschaftlichen Hauptprobleme geschaffen werden.

– Es sollte ein Staatsrat der Staaten geschaffen werden, der sich aus einer kleinen Anzahl von kreativen und hochqualifizierten Mitgliedern zusammensetzt. Dessen wichtigste Aufgabe muß es sein, weiterführende und tiefergehende Langzeitstrategien und kreativere gesellschaftspolitische Denkweisen zu fördern und in die Politik einzubringen. Diese Arbeit wird auch öffentliche Diskurse und die Prozesse der Meinungsbildung verbessern.

– Der Politikunterricht an den Schulen muß in die Richtung verändert werden, daß möglichst weitgehendes Verständnis wichtiger politischer Sachverhalte geschaffen wird. Seminare, die solche Sachverhalte zum Inhalt haben, sollten Teil aller Universitäts-Studiengänge werden, um die Basis derjenigen, die grundlegende Einblicke in politische Zusammenhänge haben, zu vergrößern.

- Mit staatlichen Geldern finanzierte Fernsehprogramme sollten einem breiten Publikum die wichtigsten politischen Standpunkte erörtern, wobei der Pluralismus eine wichtige Rolle spielen muß. (Im Gegensatz hierzu gab es 1995 in Deutschland Versuche von Bundeskanzler Helmut Kohl und ihm nahestehenden Politikern, die ARD zu zerschlagen, weil sie Kritik an der Regierungspolitik verbreitet hatte, Anm. J.S.)
- Die Auswahlkriterien für Politiker müssen verbessert werden. So könnten die Kandidaten beispielsweise in Fernsehsendungen von Gremien unabhängigen «Kandidatenprüfern» gegenübergestellt werden, die in der Lage sind, Phrasen und Parolen von Inhalten zu trennen und der Wählerschaft so realistischere Informationen über Persönlichkeit, Positionen und Wissen der Kandidaten vermitteln, als von den Parteien gestaltete Werbespots es vermögen.
- Für alle wichtigen, die Allgemeinheit betreffenden Entscheidungen sollten Untersuchungen über zu erwartende Auswirkungen, auch aus globaler Sicht und mit Blick auf die Raison d'humanité vorbereitet und der Öffentlichkeit vorgestellt werden. Regierungen bräuchten dafür eigene Stäbe, Parlamente Forschungseinrichtungen.

Solche institutionellen Umgestaltungen sind wichtig, doch allein ungenügend. Dringend notwendig ist ein erneuerter politischer Wille, demokratische Verantwortung zu übernehmen, um die Zukunft mitzugestalten. Dies ist eine Herausforderung ebenso für politische Führungspersönlichkeiten als auch die Allgemeinheit. Umgestaltung der Herrschaftsstrukturen nach dem vorgeschlagenen Muster könnte die Menschen ermutigen, politischen Willen zu artikulieren, sich mehr Mühe zum Verständnis von Problemen zu geben, sich Gehör zu verschaffen und letztlich Wirkungen zu erzielen.

## Das Beschäftigungs-Dilemma
(bisheriger Arbeitstitel: The Deployment Dilemma)
Vom Produktionshimmel und der sozialen Hölle
In Vorbereitung

Arbeit ist laut *Brockhaus* «der bewußte und zweckgerichtete Einsatz der körperlichen, geistigen und seelischen Kräfte des Menschen zur Befriedigung seiner materiellen und ideellen Bedürfnisse». Die physikalische Definition von Arbeit ist, dem gleichen Lexikon zufolge, eine andere: Arbeit ist «definiert als das Produkt aus dem Betrag der an einem Körper angreifenden Kraft und dem unter deren Einwirkung zurückgelegten Weg, wenn Kraft und Weg in ihrer Richtung übereinstimmen». – Womit das Dilemma beschrieben wäre: Arbeit kann im Sinne der Menschen, die sie verrichten, zweckgerichtet sein oder eben auch nicht. Sie kann «zweckgerichtet» sein für Menschen, die sie gar nicht ausführen und diejenigen, die sie ausführen, kaputtmachen. Der Kölner Schriftsteller Günter Wallraff hat das in vielen seiner Publikationen, insbesondere aber in seinem Buch *Ganz unten*, in aller Deutlichkeit nachgewiesen. Auch und vor allem aber wird Arbeit längst von Maschinen verrichtet. Davon, daß die «Kräfte des Menschen zur Befriedigung seiner Bedürfnisse» eingesetzt werden, kann nur noch im übertragenen Sinne die Rede sein. Befriedigt werden Gewinninteressen, hergestellt Produkte, die nur noch erwerben kann, wer einigermaßen bezahlte Arbeit hat. Da aufgrund dieser Entwicklung immer weniger Menschen Arbeit haben, können immer weniger Menschen immer weniger konsumieren. Die einen können weitaus mehr kaufen (und geben damit auch entsprechend mehr Produktionsaufträge) als nötig ist, weshalb für die anderen zu wenig zum Leben übrigbleibt. Die Grenzen des Wachstums sind auch in diesem Zusammenhang längst überschritten, für andere die Grenzen der Einschränkungsmöglichkeiten. Es besteht die Gefahr, daß die Gesellschaft tief gespalten wird und Armut und Kriminalität erheblich zunehmen. Die Zukunft der Arbeit ist daher eines der wichtigsten Themen zur Jahrtausendwende.

Der Club of Rome hat dazu einen Bericht in Auftrag gegeben, der bei Redaktionsschluß dieses Buches noch nicht erschienen, aber weitestgehend abgeschlossen war. Autoren sind der Schweizer Orio Giarini, Direktor der «Genfer Vereinigung», die sich mit Versicherungsökonomie befaßt, und der deutsche Wirtschaftswissenschaftler Patrick Liedtke. Sie hatten für die Jahrestagung in Puerto Rico eine Studie vorbereitet, die als Vorab-Ausgabe bereits in englischer und spanischer Sprache gedruckt worden war, wenn auch noch nicht als Bericht an den Club of Rome abgesegnet. Es bestand aber kein Zweifel daran, daß letzteres, nach einigen geringfügigen Änderungen, geschehen würde.

Die Diskussion der Giarini/Liedtke-Studie wurde vom Chef von Asean Brown Bovery (ABB), Eberhard von Koerber, moderiert. Er kommentierte das Dilemma, daß immer mehr Güter von immer weniger Menschen produziert werden, mithin immer mehr Menschen arbeitslos und vom Konsum ausgeschlossen sind: «Niemand kann mit einem Produktionshimmel zufrieden sein, der eine soziale Hölle ist.»

Da die Studie noch nicht offiziell «angenommen» ist, das Thema für Organisationen, die sich verantwortungsbewußt in die Gestaltung der Zukunft einbringen, aber unumgänglich ist, beschränkt sich die Vorstellung des Berichtes von Orio Giarini und Patrick Liedtke auf die wesentlichen Aussagen, die während der Jahrestagung 1996 unumstritten waren.

Giarini und Liedtke stellten ihre Thesen zur Zukunft der Arbeit unter fünf Oberbegriffe:

1. Die ethische Basis. «Wir sind, was wir tun und produzieren.» Bereits Karl Marx habe die Arbeit in den Mittelpunkt des Lebens gestellt. Arbeit ist demzufolge die Basis der Persönlichkeit. Zudem sei die Freiheit des Individuums diejenige zu konsumieren.
2. Der Rahmen der Handlung. Mittlerweile sei es modern geworden, alles, was nicht der Agrarwirtschaft oder der Industrie zuzuordnen ist, der Dienstleistungsökonomie zuzurechnen. Das aber sei nicht korrekt und wenig förderlich.
3. Das Paradoxon der sogenannten Selbstproduktion. Giarini erinnerte im Club of Rome-Plenum daran, daß die Menschen bis zur Industriellen Revolution die für ihr eigenes Leben notwen-

digen Dinge selber produziert bzw. von Naturalien gelebt haben. Erst nach der Industriellen Revolution wurde in erster Linie für Geld gearbeitet. «Heute», so Giarini, «gibt es kein Utopia mehr, in dem man ohne Geld leben könnte.» Doch mittlerweile gehe es in Richtung einer neuen Art von Selbstproduktion: Die Menschen, die Arbeit haben, haben immer unterschiedlichere Dinge zu tun. So müssen zum Beispiel Bürokräfte mittlerweile Kenntnisse bezüglich EDV-Software haben und Computer-kommunikation beherrschen.

4.  Teilzeitarbeit. Es sei besser, den Menschen Geld für Arbeit als fürs Nichtstun zu geben. Wenn jemand 20 Stunden in der Woche arbeite, habe er noch 150 Stunden «zur Suche nach dem richtigen Job». Teilzeitarbeit sei dafür die beste Basis.

5.  Globalisierung. Es stelle sich die Frage, ob sie ein Jobkiller sei oder Chancen biete. Dabei dürfe nicht übersehen werden, daß in einer Service-Gesellschaft 60 Prozent der Arbeit dort getan werde, wo die meisten Menschen leben, also «vor Ort».

Die Autoren regen energische Lösungsvorschläge an: «Als Kinder unserer Zeit, geprägt durch die Umwelt und die Gesellschaft, in der wir leben, müssen wir vorherrschende Strukturen überwinden, um die notwendigen Veränderungen zu ermöglichen, die nötig sind, damit sich die Dinge zum Besseren wenden. Ignoranz, Risikoscheu und Widerstand gegen Veränderungen, die zwar noch nicht optimal, aber Schritte in die richtige Richtung sind, behindern eine humane Entwicklung. Unsere Vorschläge zielen auf eine neue Sichtweise und darauf ab, mit Hilfe neuer Elemente die Grenzen des gegenwärtigen Systems zu überwinden. Sie können sich nach einiger Zeit als falsch oder ihrerseits begrenzt erweisen. Derzeit aber beinhalten sie Möglichkeiten, das drückende Problem der Arbeitslosigkeit und der Zukunft der Arbeit anzugehen», so Orio Giarini und Patrick Liedtke.

Das Problem, argumentieren sie, müsse von Erwerbstätigen und Gewerkschaften, Arbeitgebern und Unternehmen insbesondere auf mikroökonomischer Ebene angegangen werden. «Nur wenn alle begreifen, daß die unterbreiteten Vorschläge förderlich sind», heißt es in der Studie, «und nur dann, wenn sie sich dementsprechend verhalten, wird das Beschäftigungsdilemma letztendlich gelöst und eine bessere Zukunft der Arbeit geschaffen werden können.»

Giarini und Liedtke kritisieren, das viele Regierungen «trotz deutlicher Zeichen am Horizont auch weiterhin starrköpfig Konzepte aus der Zeit der industriellen Revolution» anwenden, nach denen Subvention von Arbeit günstigen Investitionsbedingungen vorgezogen wird. Während Staaten zumeist große, zentralisierte und vorsichtig agierende Gebilde seien, handelten kleine Unternehmen ortsbezogen und ökonomisch. «Beziehungen zwischen diesen beiden», heißt es in dem Bericht an den Club of Rome, «können nicht einfach sein.» Hinzu komme, daß Staatsbeamte für die erforderlichen, regional maßgeschneiderten Beschäftigungs-Förderungsprogramme nicht ausgebildet seien.

Ungeachtet dessen plädieren Giarini und· Liedtke für Programme, die es Arbeitslosen ermöglichen sollen, sich selbständig zu machen, was einer Erhebung in Großbritannien zufolge insbesondere auf dem Handwerkssektor erfolgversprechend ist. In Frankreich beispielsweise erhält ein Arbeitsloser, der sich selbständig macht, als Starthilfe eine Summe, die seiner Arbeitslosenunterstützung für ein Jahr entspricht.

Staatliche Interventionen haben die Club-Autoren veranlaßt, die Frage zu untersuchen, welche Bedeutung der Staat als Arbeitgeber hat und wie effizient er seine Rolle ausübt. In fünf großen europäischen Ländern, haben sie herausgefunden, sind die Hälfte aller Erwachsenen einkommensmäßig ganz oder zum Teil auf den Staat angewiesen, beziehen Beamtengehälter, Renten, Arbeitslosenzahlungen und dergleichen.

Das heißt, daß in nicht weniger als drei Viertel aller Familien in Großbritannien, Frankreich, Italien, Schweden und Deutschland wenigstens eine Person ihre Haupteinnahmen aus der Staatskasse bezieht. Selbst in den USA, dem Land des freien Unternehmertums, betonen Giarini und Liedtke, sind 42 Prozent aller Erwachsenen finanziell von der öffentlichen Hand abhängig. Waren 1951 überall die Streitkräfte der größte öffentliche Arbeitgeber, werden Soldaten zahlenmäßig inzwischen von Krankenschwestern und Lehrern überflügelt: Vierzig bis fünfzig Prozent der im öffentlichen Dienst Beschäftigten arbeiten im Gesundheitswesen, im Bereich Bildung und Erziehung oder anderen öffentlichen Dienstleistungsbereichen. Wenn sich der Nationalstaat zur Haupteinnahmequelle gewandelt hat, argumentieren die Wirtschaftswissenschaftler, gewinnt er in der Einkommensverteilung entscheidende Bedeutung: Unterstützt er Risikobereitschaft? Geschieht dies effektiv? Entsprechen seine Strukturen den Bedürfnissen? Gibt es Alternativen zum gegenwärtigen hochkomplexen System?

Für wichtig halten Giarini und Liedtke Indikatoren zur Bewertung und Bemessung der Wohlstands. Daß die Weltbank seit einiger Zeit Statistiken über die reale Kaufkraft der in verschiedenen Ländern erwirtschafteten Einkommen ermittelt und veröffentlicht, halten sie für einen wichtigen Schritt. Doch dürfe nicht übersehen werden, daß es sich um Mittelwerte handelt, daß die regionalen Unterschiede oftmals gravierend seien. Eine entsprechend auf die Regionen ausgerichtete Politik müsse dies berücksichtigen.

Weiterhin unterstreichen Giarini und Liedtke die Bedeutung lebenslangen Lernens. Sie halten permanente Weiterqualifizierung für so wichtig, daß sie für einige Bereiche vorschlagen, «daß Diplome ihre Gültigkeit verlieren, sofern sie nicht durch Prüfungen bestätigt werden oder der Nachweis geführt wird, daß Fachkenntnisse auf dem neuesten Stand gehalten wurden.» Tatsächlich dürften Menschen, deren berufliche Fähigkeiten auf dem jeweils neuesten Stand sind, auf dem Arbeitsmarkt bessere Chancen haben. Realität ist aber beispielsweise, daß zahlreiche Patienten von Ärzten behandelt werden, deren medizinische Kenntnisse aus den fünfziger Jahren stammen und zwischenzeitlich nicht mehr aufgefrischt worden sind.

Als die beiden Wirtschaftswissenschaftler die Vorab-Fassung ihres Berichtes im Herbst 1996 dem Club of Rome vorstellten, merkte Orio Giarini an, daß «die Realität dem Intellekt, der auf sie reagiert, zumeist um circa 20 Jahre voraus» sei. Der ehemalige niederländische Ministerpräsident Ruud Lubbers kommentierte das so: «Politiker haben es für Firmen einfacher gemacht, Menschen zu feuern. Statt dessen hätten sie es einfacher machen sollen, welche einzustellen.» Lubbers warnte, die vorgestellte Studie auf die ganze Welt zu beziehen; die Bedingungen in der Dritten Welt seien ganz andere als in den Industrieländern. Bei Redaktionsschluß dieses

Buches waren Giarini und Liedtke mit der Überarbeitung der Endfassung beschäftigt. Während der Diskussion der Studie wiesen zwei Club-Mitglieder auf Beispiele hin, wie Arbeitsplätze in anderen Ländern geschaffen bzw. erhalten werden können. ABB-Chef Eberhard von Koerber berichtete davon, wie sein Unternehmen gemeinsam mit der Universität Krakau auf preiswerte Art Technik entwickele, von der beide Seiten profitierten. Auch der Textil-Unternehmer Klaus Steilmann erzählte von einer grenzüberschreitenden Maßnahme: Indem er seine Fabriken in Rumänien mit deutscher Technologie ausstatte, ermögliche er seinen Beschäftigten in dem ehemaligen Ostblockland die Produktivität, die sie bräuchten, um auf dem internationalen Markt bestehen zu können.

Im Zusammenhang mit Arbeitsplatzerhalt entdeckte auch der amerikanische Pädagoge Jim Botkin ein Zeichen der Hoffnung, nämlich die Tatsache, daß die Arbeitsplätze in der ehemaligen Atombombenfabrik Lawrence Livermore nach dem Ende des Ost-West-Konfliktes in zivile umgewandelt worden seien.

Trotz solcher positiver Beispiele ist es Orio Giarini zufolge für den Club of Rome problematisch, «zum Beschäftigungs-Dilemma eine Message zu liefern, die konstruktiv ist.»

## Wege zum wirklichen Sozialprodukt: Mit der Natur rechnen – Vom Bruttosozialprodukt zum Ökosozialprodukt
Bericht an den Club of Rome, herausgegeben von Wouter van Dieren
Erschienen 1995

Der Niederländer Wouter van Dieren und seine Co-Autoren befassen sich in *Mit der Natur rechnen* mit Wegen, die, so der Untertitel, *Vom Bruttosozialprodukt zum Ökosozialprodukt* führen. Der Bericht knüpft insofern an *Die Grenzen des Wachstums* an, als die Autoren von der These ausgehen, daß die Steigerung der Produktion und das Niveau des Wohlstandes sich voneinander entkoppelt haben. So seien die Grenzen des Wachstums erreicht worden. Aufgrund der Verwendung falscher Indikatoren zur Messung des Reichtums bzw. der Armut seitens der Volkswirtschaften sei dieses Mißverhältnis von der breiten Öffentlichkeit kaum oder gar nicht wahrgenommen worden. Bei diesen Gradmessern handelt es sich um die aus der täglichen Berichterstattung bekannten Größen wie Bruttosozialprodukt, Bruttoinlandsprodukt etc. Sie liefern jedoch verzerrte Informationen, weil Produktionswachstum unreflektiert als Vermehrung des Wohlstandes interpretiert wird.

Nach Ansicht der Autoren ist der tiefere Grund für die Fixierung der westlichen Gesellschaften auf bloße Wachstumsaspekte historisch begründet. Gestützt unter anderem auf Arbeiten der britischen Philosophen Thomas Hobbes und John Locke stellen die Autoren ihre Ansicht dar, daß Wachstums- und Fortschrittsglaube letztlich aus der Angst vor Knappheit resultieren. Hobbes zufolge gehöre es beispielsweise zur Natur des Menschen, sich mit anderen zu vergleichen. Um mehr als andere zu haben, ergebe sich hieraus ein Streben nach Macht. Durch die Rivalität der Menschen untereinander würden alle Güter knapp. Die Autoren des Berichtes an den Club of Rome gestehen zwar zu, daß es Perioden des Mangels schon immer gegeben hat, aber seit dem 19. Jahrhundert sei der Zustand der Knappheit gewissermaßen der Normalfall. John Locke zufolge ist Knappheit statt dessen von der Natur vorgegeben. Um ihr abzuhelfen, muß der Mensch immer mehr produzieren. Daraus ergibt sich, daß Arbeit aus Sicht des Menschen gegenüber den natürlichen Gegebenheiten höher zu bewerten ist.

In einem nächsten Schritt wird versucht, die Grundlagen der modernen Wirtschaft als Mythos darzustellen. Wieder steht die Knappheit im Mittelpunkt. Sie ist, wie jeder Kaufmannslehrling in der Berufsschule lernt, die Voraussetzung für wirtschaftliches Handeln. Aus diesem wiederum resultiert Wachstum. Nach John Locke kann der Krieg von Menschen gegen Menschen nur durch wirtschaftliches Wachstum verhindert werden. Der Nachteil hierbei sei, daß mit dem Streben nach Wachstum ein «wirtschaftlicher Krieg gegen die Natur» geführt werde. Letztlich aber verberge sich hinter allen entsprechenden Anstrengungen Angst. Diese werde zwar oft verdrängt, sei aber die Wurzel des Glaubens «an die Versprechungen von Wachstum und Expansion». Daher reiche eine lediglich auf Vernunft begründete Diskussion nicht aus, weil diese die versteckten Ängste nicht ans Licht bringe, sondern diese allenfalls streife. Die Autoren bemühen John Stuart Mill, einen bedeutenden Ökonomen des 19. Jahrhunderts, quasi als Kronzeugen dafür, daß vernunftsorientierte Kritik an der Wachstumsorientierung am Glaubenscharakter gegenüber dem Wachstum scheitern muß.

Die Autoren des Berichtes an den Club of Rome interpretieren Mills Aussagen als Kritik am Streben nach immer mehr Wohlstand. Gleichwohl berücksichtigte Mills Argumentation die Ängste der Menschen vor Knappheit nicht.

Diese Kritik wird in *Mit der Natur rechnen* auf die Mehrzahl der Wirtschaftswissenschaftler des 20. Jahrhunderts angewandt. Wouter van Dieren und seine Autoren werfen ihnen vor, die Ängste und Hoffnungen bei der Erstellung ihrer zumeist auf Teilaspekte der Wirtschaft begrenzten Modelle außer acht zu lassen.

Van Dieren und seine Co-Autoren stellen folgende Thesen auf:

- Hinter dem Streben nach Wachstum steht als entscheidendes Motiv die Angst vor Knappheit. Die Ökonomen aber befassen sich innerhalb ihrer Modellwelt mit rein rationalen Methoden.
- Da die Wurzel des Wachstumsglaubens Angst ist, wurde Wachstum zu einem Mythos. Hierin liegt der Grund für die scharfe Ablehnung jeglicher Kritik an der bestehenden Wachstumsorientierung.

– Das Problem wird dadurch verschärft, daß als Indikator eine
Größe (Bruttosozial- bzw. Bruttoinlandsprodukt) entwickelt
wurde, die aus diesem Konzept heraus, mit Hilfe wirtschaftlichen Wachstums Knappheit zu überwinden, entstanden ist.

Der Name Club of Rome ist seit einem Vierteljahrhundert mit
Kritik am Wachstumsbegriff verbunden. Zum besseren Verständnis
des Berichtes, der sich speziell mit dieser Kritik befaßt, folgen einige Erörterungen zur volkswirtschaftlichen Gesamtrechnung
(VGR).

Nach Joachim Klaus ist sie ein Informationssystem, «das rele-
vante Parameter zur nationalen ökonomischen Entwicklung definiert und in ihrer Interaktion abbildet.»* Mit anderen Worten: Es
wird begründet, weshalb welche Gradmesser wie wichtig zur
Beurteilung einer Volkswirtschaft sind und welche Auswirkungen
die einzelnen Aspekte aufeinander haben. Im Grunde genommen
waren die Grenzen des Wachstums einer der ersten Versuche, eine
weltwirtschaftliche Gesamtrechnungsprognose aufzustellen. Die
VGR jedoch beschreibt quantitativ die wirtschaftlichen Prozesse in
einem Staat.

Auf staatlicher Ebene bedeutet das vereinfacht: Zieht man von
den Produktionswerten der Endprodukte die Vorleistungen ab,
ergibt sich die Bruttowertschöpfung. Werden hierzu die Um-
satzsteuer und Einfuhrabgaben addiert, erhält man das Bruttoinlandsprodukt (BIP) zu Marktpreisen. Werden nun noch die Über-
tragungen ins Ausland bzw. ins Inland sowie alle Dienstleistungen berücksichtigt, gelangt man zum Bruttosozialprodukt
(BSP).

Zum Ausgleich von Wertminderungen durch Verschleiß werden
von diesen Größen Abschreibungen vorgenommen, die zur
Finanzierung von Ersatzinvestitionen und so dem Kapitalerhalt dienen. Der Wert des Produktionsvermögens wird dadurch auf dem
bisherigen Niveau gehalten. Die Größe nach Abzug der Abschrei-

---

* Joachim Klaus, Erweiterung der VGR aus umweltökonomischer Sicht, WISU
   1/92, S.57

bungen ist das Nettoinlandsprodukt bzw. Nettosozialprodukt zu Marktpreisen. Diese wird um die indirekten Steuern und Subventionen korrigiert. Daraus ergibt sich das Nettosozialprodukt zu Faktorkosten, auch Volkseinkommen genannt.

Nun beeinträchtigen die Produktion von Gütern und die Bemühungen um Ertragssteigerung die Umwelt. Zur Verdeutlichung greifen die Autoren auf das Konzept der Tragfähigkeit zurück. Hierunter versteht man die größte Anzahl einer Spezies, die ein Lebensraum auf Dauer beherbergen kann. Die Grenze der Tragfähigkeit der Erde ist der Gesamtbetrag an Sonnenenergie, der durch pflanzliche Photosynthese in biochemische Energie umgewandelt wird, abzüglich der Energiemenge, die die Pflanzen für die eigenen Lebensprozesse benötigen.

In *Mit der Natur rechnen* wird aus einer Studie von Vitousek und anderen aus dem Jahre 1986 zitiert, derzufolge der Mensch bereits zwölf Prozent dieser sogenannten Nettoprimärproduktivität (NPP) zerstört hat und 27 Prozent direkt oder indirekt nutzt. Es wird davon ausgegangen, daß der Verbrauch der NPP sich in sechzig Jahren verdoppelt, wenn die Nutzung der Ressourcen sich parallel zum Bevölkerungswachstum entwickelt.

Darüber hinaus sollte nicht vergessen werden, daß die Umwelt für die Menschen wichtige Leistungen erbringt. Sie dient als Konsumgut (Luft, Wasser), liefert Rohstoffe und dient als Produktionsstandort und Lebensraum. Besonders wichtig ist ihre Aufnahme von Produktionsrückständen. Diese Leistungen der natürlichen Umwelt sind von existentieller Bedeutung für die Menschheit. Doch der Mensch mindert diese Leistungen durch seine Aktivitäten. Die Frage ist, wann die Grenze der Belastbarkeit erreicht wird. Die zunehmenden Naturkatastrophen und die Verminderung der zur Verfügung stehenden Umweltressourcen legen Vitousek zufolge den Schluß nahe, daß die Grenzen des Wachstums bereits überschritten sind.

Ökonomen haben herausgearbeitet, daß die Marktpreise bei knapper werdenden Gütern steigen müssen. Die Nachfrage trifft ja auf ein stetig kleiner werdendes Angebot. Die Marktpreise setzen also Signale, die zu Anpassungsmaßnahmen führen. Das Problem ist jedoch, daß für viele Umweltressourcen noch keine marktgerechten

Preise existieren. Dies hat seine Ursache in der mangelnden Internalisierung von negativen externen Effekten.

Die Ökonomie befaßt sich immer dann mit Umweltproblemen, wenn das Gut Umwelt knapp wird. Der Übergang vom freien zum knappen Gut setzte im 19. Jahrhundert ein. Die Zuteilung knapper Güter und damit deren Nutzung erfolgte durch den Preismechanismus. Preise sind ein Indikator für Knappheit. Sie informieren den Benutzer des Gutes über den Verzicht, der der Gesellschaft dadurch entsteht, daß das genutzte Gut für andere Verwendungen nicht mehr zur Verfügung steht. Im Preis kommt also die gesellschaftliche Wertschätzung zum Ausdruck. Werden Nutzer nicht oder nur zum Teil mit den Kosten ihrer Handlungen konfrontiert, führt dies zu Überbeanspruchung. Die Folge ist, daß andere die Kosten tragen, indem sie Umweltbeeinträchtigungen hinnehmen müssen. Es gibt aber keine Preissignale, die den Erhalt einer bedürfnisgerechten Ressourcengrundlage sicherstellen, solange Umweltbeeinträchtigungen vom Markt übersehen oder unterschätzt werden. Es stellt sich daher die Frage, welche Informationen der VGR hier zu einer Änderung beitragen können. Die VGR ist ein Rechenwerk, das kontinuierlich modifiziert wurde, mithin kein starres System. Eine wichtige Aufgabe der VGR ist die Messung der Produktion. Es geht darum, die Umwelt in dieses System zu integrieren. Ein erster Schritt besteht darin, die Umwelt mit ihren Leistungspotentialen ähnlich wie produzierte Kapitalbestände zu behandeln.

Ökologisches Kapital erfüllt drei Umweltfunktionen, wobei die ersten beiden Funktionen direkt für die Produktion von Bedeutung sind: Die erste umfaßt die Versorgung der Produktion mit natürlichen Ressourcen. Die zweite besteht in der Aufnahme von Rückständen. Hierbei wird unterschieden, ob die Abfälle den Bestand des ökologischen Kapitals vermehren bzw. verbessern (zum Beispiel Düngung) oder ob die Abfälle zerstörerisch, verschmutzend und leistungsmindernd wirken. Im ersten Fall wird von einer Investition gesprochen. Diese Argumentation ist, folgt man Vitousek, nicht schlüssig. Nach Vitousek stellt jede Nutzung der Umwelt eine Verminderung des ökonomischen Kapitals dar. Im zweiten Fall spricht man von Abschreibung bzw. Kapitalverbrauch.

Die dritte Umweltfunktion ist nicht direkt mit der Produktion in Verbindung zu bringen. Dennoch ist sie sehr wichtig, da sie die grundlegende «Überlebensdienste» wie Stabilität des Klimas, Schutz vor Strahlung et cetera einschließt.

Der Produktionsprozeß hat also positive wie negative Auswirkungen. In der VGR werden jedoch nur die Ströme von Waren und Dienstleistungen berücksichtigt, denen ein Geldstrom zugeordnet werden kann, zumindest aber Schätzgrößen. Sie berücksichtigt keine Produktion ohne geldlichen Gegenwert. Der entscheidende Fehler aus Sicht der Autoren des Berichtes an den Club of Rome ist es, Umweltaspekte außer acht zu lassen.

In Analogie zur Berücksichtigung von Wertminderungen bei produziertem Kapital, müßten Beeinträchtigungen der Umweltfunktionen in Abzug gebracht werden. Um Abzüge vornehmen zu können, muß man jedoch eine Ausgangsgröße haben.

Ein zukunftsträchtiges Konzept ist das der nachhaltigen Entwicklung. Nachhaltigkeit soll sich auf ökologische, ökonomische und gesellschaftliche Entwicklungen beziehen. Unter ökonomischer Nachhaltigkeit wird der Kapitalbestand verstanden, der nicht unterschritten werden darf, damit auch zukünftige Gene-rationen aus diesem Kapitalbestand Einkommen beziehen können. Die Umwelt wird als ein Bestandteil des Gesamtkapitals betrachtet. Dieses darf einen bestimmten Bestand nicht unterschreiten. Beeinträchtigungen der Umweltressourcen sind aus konventioneller ökonomischer Sicht durch die Erhöhung anderer Kapitalbestandteile substituierbar. Bei der ökologischen Nachhaltigkeit ist eine Substitution natürlicher und menschengemachter Kapitalbestände nicht möglich.

Der Faktor Umwelt muß demzufolge besonders berücksichtigt werden. Nachhaltigkeit kann also im Sinne von Kapitalerhaltung verstanden werden. Das natürliche Kapital hat einen Bestand an Ressourcen, dessen Verbrauch nicht als Einkommen betrachtet werden darf. Natürliches Kapital ist knapp. Diese Knappheit muß bei der Berechnung des volkswirtschaftlichen Einkommens berücksichtigt werden.

Umweltquantität und -qualität beeinflussen den Wohlstand. Das Konzept der nachhaltigen Entwicklung dient dazu, daß bei der

Messung des realen Reichtums die Bedürfnisse der folgenden Generationen berücksichtigt werden.

Es gibt zwei grundlegende Verfahren zur Wohlstandsmessung. Das erste besteht in der Messung und Bewertung von Wohlstandsaspekten unter Zuhilfenahme ökologischer und sozialer Indikatoren. Das zweite Prinzip zielt darauf ab, mit der Messung ausschließlich physischer Indikatoren zu einer genauen Erfassung des Umweltzustandes zu gelangen. Eine andere Denkschule bevorzugt die Berücksichtigung von Wertveränderungen der natürlichen Ressourcen und Umweltqualität in der VGR. Es geht also um ein «Integriertes Umwelt- und Wirtschaftsinformationssystem».

Bei der Erstellung solcher Rechenwerke muß man sich darüber im klaren sein, daß sie vom Zweck der jeweiligen Rechnung beeinflußt sind. Dieser wiederum ist von unseren Wertvorstellungen geprägt. «Wir messen, was uns viel bedeutet», heißt es dazu in *Mit der Natur rechnen*. Gerade hierin besteht die Chance, Umweltaspekte in die VGR zu integrieren. Doch es ergibt sich ein Kommunikationsproblem. Während die Experten sich einig sein mögen, daß weitere Indikatoren neben die klassischen Wohlstandsmesser treten müssen, ist es wesentlich, die zugrundeliegenden Annahmen und Wertungen verständlich zu machen.

In *Mit der Natur rechnen* werden verschiedene Ansätze vorgestellt, die auf die Berücksichtigung von Veränderungen des Umweltbestandes und der Umweltqualität abzielen. Sie konzentrieren sich auf den wirtschaftlichen Aspekt der nachhaltigen Entwicklung. Der Grund hierfür liegt in der Dominanz eines wirtschaftlichen Indikators, des Bruttoinlandsproduktes (BIP). In einem eigenen Teil des Berichtes an den Club of Rome beschäftigen Wouter van Dierens Co-Autoren sich mit umweltbezogenen Defensivausgaben in einem ökologisch korrigierten BIP, mit der Erfassung des Abbaus natürlicher Ressourcen für eine modifizierte VGR. Es wird der ehrgeizige Ansatz, das Sozialprodukt für eine hypothetische nachhaltige Wirtschaft zu ermitteln, verfolgt, die Erweiterung des UN-Handbuchs zur integrierten volkswirtschaftlichen und einer Umweltgesamtrechnung vorgestellt.

Die traditionelle VGR verwandelt einen Mißerfolg in einen Erfolg: Das BSP steigt bei umweltbelastender Produktion. Es steigt jedoch auch, wenn entstandene Schäden nachträglich behoben werden. Der Grund für dieses Kuriosum liegt in der werturteilsfreien Messung wirtschaftlichen Wachstums. Alle Wirtschaftsaktivitäten, die zu einer Nachfrage führen, werden addiert. Dieses Konzept führt jedoch in die Irre. Das wahre Nettoeinkommen einer Volkswirtschaft ergibt sich erst nach Abzug aller Kosten, die notwendig sind, um den Kapitalbestand zu erhalten. In den konventionellen Berechnungen sind immer mehr Transaktionen enthalten, deren Zustandekommen auf der nachträglichen Behebung von Schäden sowie der Vermeidung von Umweltbelastungen beruht. Diese Defensivausgaben sind notwendig und nützlich, da sie dem Erhalt und der Wiederherstellung einer intakten Umwelt dienen. Dennoch sind diese Ausgaben Kosten, die nicht positiv hinzugerechnet, sondern abgezogen werden müssen. Sie stellen also keinen Output, sondern vielmehr Input dar. Somit sind sie Produktions- und Konsumkosten. Die korrigierte Größe ist das Ökosozialprodukt.

Die Menschen sollen hierdurch den Kostencharakter der Defensivausgaben erkennen lernen. Es darf jedoch nicht übersehen werden, daß die Defensivausgaben keineswegs zum Erhalt des Naturvermögens beitragen. Vielmehr müssen zusätzlich die verbleibenden Umweltschäden und der Nettoabbau der natürlichen Ressourcen in Rechnung gestellt werden, was ein kompliziertes Unterfangen darstellt.

Darüber hinaus wird noch eine weitere Kostenkategorie eingeführt: Potentielle Vermeidungskosten werden als hypothetische Ausgaben betrachtet, die man hätte tätigen müssen, um das Naturvermögen zu erhalten oder einen bestimmten Zustand zu erreichen. Mit diesem Kostenansatz werden also die Umwelteinbußen gemessen, die durch die getätigten Defensivausgaben nicht verhindert worden sind. Defensivausgaben werden mit Reparaturmaßnahmen verglichen, die die Wertminderungen des Anlagevermögens ausgleichen. Das hört sich sehr theoretisch an, beinhaltet unter anderem aber solch lebensnahe Kosten wie Gesundheitsausgaben.

Beim Verbrauch werden Umweltressourcen, die sich nicht im Privatbesitz befinden, nicht als Kostengröße betrachtet. Privateigentümer stellen den Verbrauch nichterneuerbarer Ressourcen hingegen in Rechnung. So vermindern beispielsweise abgebaute Erze den Wert des rohstoffhaltigen Bodens. Dies wird durch Abschreibungen berücksichtigt.

Ein Land, das den Abbau seiner Rohstoffe als Einkommen verbucht, wirtschaftet über seine Verhältnisse, da sein Potential, Einkommen zu erwirtschaften, stetig sinkt. Van Dierens Co-Autor Salah El Serafy verwendet die ökonomische Variante der Nachhaltigkeitskonzeption. Dabei geht es, wie bereits dargestellt, um den Erhalt des Gesamtkapitals. Sobald erkannt wird, daß Umwelt nicht ersetzbar ist, drängt sich die Schlußfolgerung auf, daß der Erhalt der Umwelt eine existentielle Voraussetzung für anhaltenden wirtschaftlichen Wohlstand ist. Daraus folgt, daß Teile des Einkommens für Investitionen zum Erhalt des Kapitals eingesetzt werden. Das wiederum bedeutet, daß auch für die Zukunft ein Einkommensstrom gesichert ist.

Das Funktionieren dieses Prinzips hängt vom Kapitalerhalt ab. Die erforderlichen Rückstellungen sind, weil es dafür noch kaum Normen gibt, fast völlig von den Einstellungen und Einschätzungen derjenigen abhängig, die die Bilanzen erstellen. Das subjektive Moment ist also deutlich ausgeprägt.

Bei der Schätzung des nachhaltigen Volkseinkommens werden durch einen Vergleich von Indikatoren die Veränderungen innerhalb einer bestimmten Zeit als Fort- oder Rückschritt ausgewiesen. Eine der Grundlagen hierfür ist das Bruttosozialprodukt, das um die Ausgaben für die Wiederherstellung der Umweltfunktionen bereinigt werden muß. Der größte Teil der Umweltverluste wird jedoch nicht wiederhergestellt und von der VGR nicht erfaßt. Man bekäme ein genaueres Bild, wenn die Umwelt-Verluste in Geldwerten ausgedrückt werden könnten. Das Niederländische Zentralbüro für Statistik schlägt hierfür ein anspruchsvolles Konzept vor, für dessen Umsetzung in die Praxis aber noch viele Fragen beantwortet werden müssen. So ist beispielsweise die Quantifizierung der Auswirkungen der Verlagerung von umweltschädlichen auf umweltschonende Aktivitäten sehr problematisch. Und wie sollen Kosten für Klimaveränderungen, die sich erst in der Zukunft herausstellen, heute bewertet werden? – Geldlich ist das nur annäherungsweise über die Nachfrage nach klimagefährdenden Produkten möglich.

Ein weiteres Problem besteht darin, daß es durchaus notwendig sein kann, umfangreiche Produktionsverlagerungen durchzuführen, um dem Gebot der Nachhaltigkeit gerecht zu werden. Wie sollen diese in Geldwerten ausgedrückt werden? Eine Untersuchung von Roefie Hueting vom Niederländischen Zentralbüro für Statistik zeigte, daß das Produktionswachstum zum größten Teil von den umweltschädlichsten Wirtschaftssektoren erwirtschaftet wurde.

Eine weitere Frage ist die, wie das Niveau an Umweltbelastung, das die Regenerationsfähigkeit nicht beeinträchtigt, ermittelt werden kann. Hierzu wird in *Mit der Natur rechnen* auf weitere Anstrengungen der Umweltwissenschaften verwiesen. Grundsätzlich wird für eine risikoscheue Haltung plädiert. Dennoch erscheint eine Verfeinerung der Ermittlungsmethoden für das nachhaltige Volkseinkommen sinnvoll, ließe sich daraus doch ein Indikator ableiten, der den Umfang an Waren und Dienstleistungen angibt, der jährlich produziert werden kann, ohne daß die Grenze der ökologischen Nachhaltigkeit überschritten wird.

Die Autoren des Berichtes an den Club of Rome treten zudem für eine Umweltberichterstattung ein. Zielvorstellung ist eine Beschreibung von Umweltaktivitäten, die die Umwelt entlasten können. Es ist bereits deutlich gemacht worden, daß viele Ausgaben nicht zur Steigerung des Wohlstandes führen, sondern nur die Auswirkungen des Wirtschaftswachstums mildern. Anstrebenswert ist beispielsweise eine Verknüpfung der Rohstoff-Inputs mit den Outputs an Rest- und Schadstoffen. Es könnten so Aufschlüsse über die belastenden Auswirkungen der jeweiligen Wirtschaftsprozesse gewonnen werden.

Die zunehmende Umweltzerstörung stellt den Glauben, daß der Produktionsumfang den Grad des Wohlstands widerspiegelt, in Frage. Die Berücksichtigung der Produktions-Nebenwirkungen hat zur Folge, daß der Teil des Sozial- bzw. Inlandsprodukts gezeigt wird, der übrigbleibt, wenn die Kosten für die Nutzung der natürlichen Umwelt für wirtschaftliche Zwecke abgezogen werden. Als Ergebnis erhält man das Ökoinlandsprodukt (ÖIP). Der Vorteil der Ermittlung des ÖIP besteht darin, daß sich das Ausmaß der Umweltbeeinträchtigungen daran ablesen läßt. Seine Empfehlungen, wie die VGR im Sinne umweltgerechteren Wirtschaftens erweitert werden kann, baut Herausgeber Wouter van Dieren vornehmlich auf den Arbeiten von Roefie Hueting und dessen Team auf. Denen zufolge gibt die Differenz zwischen dem traditionellen Sozialprodukt und dem Ökosozialprodukt den Abstand an, der zu überwinden ist, will man zu einer nachhaltigen Umweltnutzung gelangen.

Vor diesem Hintergrund soll *Mit der Natur rechnen* einen Überblick über die verschiedenen Konzepte zur Verbesserung der Sozialproduktsmessung geben. Das BIP wird in dem Bericht an den Club of Rome als ein wichtiger Indikator gewürdigt, der von den Menschen mit hohem Lebensstandard und Wohlstand gleichgesetzt wird. Da negative Auswirkungen auf die natürlichen Lebensgrundlagen darin jedoch nicht berücksichtigt werden, weil sie sich nicht in den Preisen für Güter und Dienstleistungen niederschlagen, gibt das BIP die wirtschaftliche Realität nicht wieder.

Es sollten, fordert Wouter van Dieren, jährlich wesentliche wirtschaftliche, soziale und umweltbezogene Indikatoren veröffentlicht werden. Er argumentiert, daß die Gesellschaft ein großes Indikatorenspektrum benötigt, unter anderem, um einen Vergleich zwischen dem heutigen Zustand und einer fiktiven Gesellschaft, bei der wirtschaftliche, soziale und ökologische Nachhaltigkeit gegeben ist, anstellen zu können. Auf der Umwelt-Gipfelkonferenz in Rio 1992 bestand Einigkeit darüber, daß rein wirtschaftlich orientierte Indikatoren nur sehr begrenzt als Maßstab für den Fortschritt tauglich sind. Deshalb plädiert van Dieren für nachhaltige Entwicklung als neuer Fortschrittsdefinition. Das bedeutete zugleich, daß die neu hinzukommenden Indikatoren handlungs- und zukunftsorientierte Wegweiser wären.

Wouter van Dieren: «Wir rufen die Experten auf, zu einem Konsens über die richtige Methode zu gelangen, die dann von den wichtigen internationalen Institutionen (UN-Konferenz für Handel und Entwicklung, Weltbank, Europäische Union, Organisation für wirtschaftliche Zusammenarbeit und Entwicklung) unterstützt werden kann.»

**Die Grenzen der Gemeinschaft**
Bericht der Bertelsmann-Stiftung an den Club of Rome
Herausgegeben von Peter L. Berger
Erschienen 1997

«Zukünftige Historiker werden – im Rückblick auf unsere Epoche –
unser Zeitalter als eine der Perioden bezeichnen, in denen sich eini-
ge der fundamentalsten Prozesse des Wandels ereigneten, die in der
Menschheitsgeschichte stattgefunden haben. Unser Augenmerk als
Zeitgenossen dieses Wandels gilt vor allem der Oberfläche spekta-
kulärer Tagesereignisse; die hinter der Kulisse ablaufenden
Veränderungen – in den tiefen Dimensionen der Einstellungen,
Werte und Mentalitäten – nehmen wir oftmals nicht wahr und
begreifen auch nicht die tektonischen Verschiebungen in den
Konstellationen von Macht und Kultur.» Das betont Werner
Weidenfeld, Vorstandsmitglied der Bertelsmann-Stiftung und asso-
ziiertes Mitglied des Club of Rome, in seinem Vorwort zu den
*Grenzen der Gemeinschaft.* Und weiter: «Wir müssen uns darüber
klar werden, daß es nicht nur Grenzen des Wachstums gibt, sondern
auch Grenzen der sozialen Kohäsion (Begriff aus der Chemie: der
Zusammenhalt von Atomen oder Molekülen innerhalb eines
Stoffes; Anm. J.S.), von denen unser Überleben als Menschen unter
friedfertigen gesellschaftlichen Bedingungen abhängt. Dieser
Bericht will dem Club of Rome und der Öffentlichkeit die Botschaft
vermitteln, daß wir alle mit den kulturellen Ressourcen unserer
Gesellschaften, mit Normen, Werten und gesellschaftlichen
Grundhaltungen auf sehr sensible und sorgfältige Weise umgehen
müssen.»

Werner Weidenfeld, Politologe an der Universität München und
Berater der Bundesregierung, stellt die Problematik und die
Erfordernisse, ihr zu begegnen, auf den ersten drei des über 650
Seiten starken Buches so dar: «Mit Sensibilität und Sorgfalt sollten
wir insbesondere auf einen toleranten Dialog über Normen und
Werte innerhalb der und zwischen den Gesellschaften hinarbeiten.»
Das Interesse solle sich auf Vermittlungsstrukturen konzentrieren,
die quasi das Werkzeug der Gesellschaften sind, rational mit
Konflikten umzugehen. Dies ist, so Weidenfeld, deshalb unumgäng-

lich, weil in den Gesellschaften unterschiedliche normative – also ethische, soziale, philosophische, ideologische und religiöse – Positionen und damit Wertesysteme nebeneinander bestehen. Diesen Pluralismus weiterhin zu ermöglichen, halten Weidenfeld und die von der Bertelsmann-Stiftung beauftragten Wissenschaftler für ein wichtiges Gebot. Es «verdient unsere volle Aufmerksamkeit, und es wird in naher Zukunft große Anstrengungen erfordern, um Wege zu erschließen und diese dann so zu erweitern, daß sie als breite Straße zu Frieden und gegenseitigem Verständnis führen.»

Der Herausgeber der Studie, Peter Berger, Professor an der Universität Boston, vermittelte den Club -Mitgliedern während der Jahrestagung im Herbst 1996 einen Eindruck davon, wie schwierig dies ist. In einer pluralistischen Welt seien Fragen wie die, was es bedeutet, ein schwarzer Norweger zu sein, ein muslimischer Franzose oder ein Buddhist in den USA, sehr wesentlich; aber auch die, welche Interessen in normative Konflikte einfließen, die schließlich ganze Weltregionen in Kriege stürzen können. So sei in Bosnien Religion auf sehr zynische Weise benutzt worden. Berger: «Dort haben Menschen, die die gleiche Sprache sprechen und eine Religion haben, an die keiner glaubt, gegeneinander gekämpft.»

Wichtig seien daher Institutionen, die in der Lage sind zu moderieren. Dabei dürfe nicht übersehen werden, daß Institutionen auch polarisieren können. Mitunter hegten Verhandlungspartner durchaus Sympathien füreinander, seien durch die Organisationen, die sie jeweils vertreten, aber ferngelenkt.

Zwei Club-Mitglieder hatten Anmerkungen aus der politischen Praxis. Eberhard von Koerber wies darauf hin, daß Konfliktparteien zumeist nicht von sich aus auf Vermittler zugingen. So sei es in Südafrika «eine Handvoll Wirtschaftslenker gewesen, die die Wende eingeleitet haben». Der Chilene Manfred Max Neef war überzeugt, daß nicht ausgetragene, lediglich verdeckte Konflikte eines Tages um so heftiger wieder aufbrechen. Sein Land beispielsweise habe seinen inneren Konflikt keineswegs überwunden, sondern befinde sich statt dessen in einer «kollektiven Narkose».

Einige kritische Töne läßt der Präsident des Club of Rome, Ricardo Diez-Hochleitner, in seinem Vorwort zur seit April 1997 vorliegenden Studie durchklingen. Seiner Meinung nach «wären speziellere Bezüge zu normativen Konflikten aufgrund übertriebenen Nationalismus und widerstreitender kultureller Identitäten wünschenswert gewesen». – Eine wichtige Anmerkung, denn schließlich kann es nicht das Ziel sein, lediglich ein friedliches Nebeneinander der Gruppen zu erreichen. Weil manche Strömungen in sich nicht friedlich sind, kann so leicht ein falscher Frieden zustandekommen, der für viele Menschen überhaupt nicht friedlich ist. Die Inhalte mancher Gruppen – zum Beispiel fundamentalistische und extremistische – sind für die restliche Gesellschaft nicht akzeptabel. Toleriert diese solche Tendenzen und Haltungen aber, können diese wiederum stark anwachsen und zu einer Gefahr für alle werden. So ist friedliche Koexistenz mit Nazis sicher nicht wünschenswert, das soll aber kein Plädoyer für gewaltsames Vorgehen gegen sie sein. Aber es muß und kann nicht alles toleriert werden. Mitunter muß nicht moderiert, sondern kuriert werden.

Diez-Hochleitner sieht *Grenzen der Gemeinschaft* als Ausgangspunkt für weitere Aktivitäten des Club of Rome an: «Zusätzlich wird weitere Arbeit zu Mechanismen der Konfliktvermeidung notwendig sein. Darüber hinaus sollte sich zukünftig eine Analyse der Rolle staatlicher und öffentlicher ebenso wie intermediärer Institutionen im Falle internationaler Konflikte anschließen.» – Zweifellos, Konfliktmanagement-Strukturen, die über die des Weltsicherheitsrates der Vereinten Nationen oder der Organisation für Sicherheit und Zusammenarbeit in Europa und andere internationale Institutionen hinausgehen, werden dringend benötigt.

In Ansätzen haben sich damit auch die Autoren der *Grenzen der Gemeinschaft* befaßt. Der redaktionelle Koordinator des Projektes, Volker Then, schreibt in seinem Kapitel über die der Studie zugrunde liegenden Leitfragen, daß dem Aspekt der internationalen Beziehungen durch die Veröffentlichung des Buches *Kampf der Kulturen – Die Neugestaltung der Weltpolitik im 21. Jahrhundert* von Samuel Huntington besondere Bedeutung zugekommen sei. Then verweist auf Huntingtons Hypothese, derzufolge sich nach dem Kalten Krieg internationale Konflikte «zunehmend entlang der Bruchlinien zwischen den Kulturen entwickeln». Huntington fordert daher einen Dialog der Kulturen, um das Risiko bewaffneter Konflikte zu verringern.

Doch um Konflikte zwischen Gesellschaften moderieren zu
können, ist es erforderlich, das Funktionieren der Gesellschaften in
sich zu begreifen. Als Aspekte, die eine Gesellschaft zusammenhal-
ten, nennt Volker Then «gemeinsame Interessen oder reine
Gewohnheit, das Fehlen von Alternativen oder ein bestimmtes
Wohlstandsniveau, gemeinsame historische Erfahrungen oder
Feindbilder». Während diese Kräfte, so Then, durch Institutionen
verstärkt werden, sei andererseits klar, daß eine Gesellschaft, in der
es kein «kollektives Bewußtsein» oder keine gemeinsame «geistige
Orientierung» gibt, in ernsthafte Schwierigkeiten gerät. Dieser notwendige Grundkonsens aber sei mitunter unabhängig von
Institutionen wie Staat, Kirche, ideologischen Bewegungen etc. Er
werde vielmehr von einer «moralischen Kommunikation im
Alltagsleben», wie der Konstanzer Soziologe Thomas Luckmann es
ausdrückte, am Leben erhalten.

Nach der gut verständlichen Einleitung wird der Bericht unver-
mittelt sehr konkret. Es folgen elf von verschiedenen Autoren
verfaßte Studien über Länder, die für bestimmte Regionen und/oder
Kulturen als repräsentativ angesehen wurden. Sie analysieren die
USA, Frankreich, Deutschland, Ungarn, Chile, die Republik
Südafrika, die Türkei, Indonesien, Indien, Japan und Taiwan.
(Rußland fehlt bezeichnenderweise.) Sie einzeln vorzustellen würde
den Rahmen dieses Buches sprengen, deshalb sollen hier die
grundsätzlichen Erkenntnisse des Teams, das *Grenzen der
Gemeinschaft* erstellt hat, erörtert werden. (Die folgenden Zitate
sind einer von der Bertelsmann-Wissenschaftsstiftung erstellten
Zusammenfassung entnommen.)

Von den gemeinsamen Wertvorstellungen, die eine Gesellschaft
zusammenhält, war bereits die Rede. Wichtig ist der Grundkonsens,
der es ermöglicht, auch abweichende Vorstellungen zu integrieren.
Existiert dieser Konsens nicht, drohe «die Desintegration der
Gesellschaft. Es fehlt dann an einem Mindestmaß an Vereinbarkeit
unterschiedlicher Werthaltungen, an dem das Handeln einzelner
ebenso wie die Grundlagen der demokratischen Politik gemessen
werden könnten. Solidarität und Gemeinsinn nehmen Schaden.»

Das jeweilige Menschenbild ist den Erfahrungen der Autoren
zufolge «integraler Bestandteil der entsprechenden Kultur». Dieses

basiert seinerseits auf den jeweiligen Wertvorstellungen: «Vor diesem Hintergrund muß in jeder Gesellschaft eine Balance von Freiheit und Verantwortung gefunden werden.» Deshalb sind in pluralistischen Gesellschaften, in denen die Wertvorstellungen mitunter sehr weit auseinander liegen, Vermittlungsbemühungen notwendig, «um scharfe soziale Konflikte und das Zerbrechen des Gemeinsinns zu verhindern». Die Spaltungen reichen vom Umgang der Anhänger verschiedener Religionen oder ethnischer Gruppen miteinander bis – in Industrieländern – hin zu «Fragen des Fortschritts». Neue Technologien wie solche im Umweltschutz oder der Gentechnik werden als Beispiele genannt. Darüber hinaus «können auch die Beiträge des einzelnen zur Gemeinschaft und die Fürsorge der Gemeinschaft für die einzelnen» umstritten sein.

Insgesamt sind die Autoren des Berichtes an den Club of Rome auf sehr unterschiedliche Vermittlungsleistungen gestoßen, die zum Zusammenhalt der Gesellschaften beitragen. Drei Methoden haben sich herauskristallisiert:

1. Imperative Vermittlung: «Der Umgang mit Wertekonflikten beruht hier auf den klaren Regeln eines Schlichtungsverfahrens», wobei es darauf ankommt, «daß Regeln und Sanktionen bei Verstößen eine Einhaltung des Verfahrens absichern». Mitunter muß der Staat dies absichern.

2. Pragmatische Vermittlung: «In einem Verhandlungsprozeß werden Werte und Normen der Konfliktparteien in Interessen übersetzt und in freier Aushandlung Verfahren des Interessensausgleichs entwickelt.» Dieses Prinzip erfordere häufig zunächst einmal Vertrauensbildung, gegenseitiges Kennenlernen, Gespräche, bei denen die unterschiedlichen Vorstellungen zunächst noch zurückgestellt werden. Als Beispiele hierfür nennen sie Verhandlungen innerhalb von Staaten, die sich im Übergang zur Demokratie befinden, etwa Chile, Südafrika sowie Länder in Ost- und Mitteleuropa. Dennoch: «Bei sehr scharfen Wertekonflikten wie etwa in den USA zur Abtreibung stößt diese Art der Vermittlung an ihre Grenzen.» Die Teilnehmer an solchen Verhandlungen sind gesellschaftlich in der Regel nicht hinreichend legitimiert, um den Grundsatzstreit ausräumen zu kön-

nen. Hier kann nur der Rechtsstaat helfen. Oder «das langfristige Wirken einer dritten Ebene der Vermittlung», nämlich:

3. Vermittlung durch Dialog: Wenn die verschiedenen Seiten gesprächsbereit sind und auf gewaltsame Lösungen verzichten, «werden hier die unterschiedlichen Wertvorstellungen unmittelbar zum Gegenstand der Verhandlungen gemacht». Die Wissenschaftler der Bertelsmann-Stiftung betonen, daß diese Vorgehensweise Geduld erfordert. Als Beispiel nennen sie die Einigung auf eine Amtssprache im mehrsprachigen Indonesien. Solche Dialoge stehen und fallen mit den Persönlichkeiten, die dafür verantwortlich zeichnen. Auch benötigen sie Foren und Austragungsorte, die alle Seiten akzeptieren. Im Bericht an den Club of Rome werden als Beispiel hierfür die nach dem Zweiten Weltkrieg entstandenen evangelischen Akademien genannt, die mit der Zielsetzung entstanden seien, «Demokraten zu erziehen und Bürger heranzubilden».

Diese Aussage unterstellt, eine gesellschaftliche Kraft könne im «Besitz der vollen Wahrheit» sein – in der Lage zu entscheiden, was Demokraten ausmacht und wie Bürger «heranzubilden» sind. Konsequent weitergedacht bedeutet dies aber, daß auch andere Kräfte den Anspruch erheben dürfen, die Gesellschaft mit ihren jeweiligen Idealvorstellungen per eigener Erziehung und entsprechend gelenkter Bildung zu infiltrieren. Mag die evangelische Kirche in Deutschland eine gemäßigte, allgemein akzeptierte Kraft sein – andere Gruppierungen sind das nicht. Vor diesem Hintergrund kann sich gewaltiges Konfliktpotential hochschaukeln. Die Verbesserung von Bildung und Erziehung sind absolut vordringliche Ziele – der Club of Rome wird nicht müde, das zu beteuern. Überläßt die Gesellschaft diese wichtigen Aufgaben jedoch Gruppen, die ideologisch nicht unabhängig sind, macht sie die Gesellschaft explosiver, keinesfalls friedlicher. Der Staat selbst ist hier gefordert.

Daß Institutionen auch polarisieren und spalten können, unterstreichen die Autoren der *Grenzen der Gemeinschaft*. «Stiftungen, Kirchen, Unternehmen, Medien, Parteien oder Gewerkschaften, Vereine und andere Vereinigungen können ihren Vermittlungsauftrag leisten», merken sie an, doch setze dies voraus, «daß ihre

Führung verantwortlich und an entsprechenden Wertegrundlagen orientiert handelt. Sonst laufen diese Institutionen Gefahr, zu reinen Interessensvertretungen zu werden, die nicht zur Gemeinschaftsfähigkeit beitragen.» Da auch der Staat nur einen kleinen Beitrag zu den kulturellen Errungenschaften leisten kann, die eine Gesellschaft zur Verfügung hat, kommt es den Wissenschaftlern zufolge auf die Initiative der Bürger an, dieses knappe Gut sinnvoll zu nutzen und zu erhalten.

«Das Prinzip der Nachhaltigkeit hat weitreichendere Bedeutung als nur für die natürlichen Lebensgrundlagen», heißt es in der Zusammenfassung der *Grenzen der Gemeinschaft* der Bertelsmann-Wissenschaftsstiftung. Und weiter: «Der Bericht erweitert den Kreis der Anliegen, die der Club of Rome vertritt. Es wird damit erstmals die große Aufmerksamkeit, die ein Bericht an den Club of Rome auf sich zieht, auf die Fragen der geistigen Orientierung und des gesellschaftlichen Zusammenhalts gelenkt.»

Der Club selbst begrüßt den Bericht «als einen wichtigen Beitrag zur notwendigen öffentlichen Debatte über eine der wichtigsten grundlegenden Fragen unserer Zeit», beendet Ricardo Diez-Hochleitner sein Vorwort, «wenn dies auch nicht bedeutet, daß alle seine Mitglieder völlig mit dem Inhalt übereinstimmen.» Doch das muß nicht ausschließlich als Kritik verstanden werden, auch wenn sich der Wortlaut angesichts der sonst üblichen moderaten Formulierungen, die der Club of Rome nach außen benutzt, wie eine Hervorhebung liest. Doch gerade wenn es um den Pluralismus geht, kann der Club of Rome sich einiges zugute halten. Daß in einer Vereinigung mit hundert ordentlichen und zahlreichen assoziierten und Ehrenmitgliedern aus unterschiedlichen Bereichen keine Einheitsbeschlüsse gefaßt werden, ist ein Ausdruck praktizierter Demokratie.

In seinen abschließenden «Allgemeinen Betrachtungen über normative Konflikte und ihre Vermittlung» ruft der Herausgeber Peter Berger eine «zentrale Erkenntnis» des französischen Soziologen Emile Durkheim in Erinnerung: «Wann immer das Gemeinwohl Opfer von den Mitgliedern der Gesellschaft erfordert, ist es wichtig, daß ein ‹kollektives Gewissen› existiert.» Ungeachtet dessen sei es eine «permanente Aufgabe, die Überzeugungen und

Werte der Individuen mit der Legitimität der öffentlichen Ordnung zu versöhnen.» Würden die Konflikte zwischen beiden Aspekten des gesellschaftlichen Lebens zu groß, würde «die Legitimität langsam aber sicher untergraben». Dies könne, so Berger, eine Zeitlang gutgehen. Doch wenn die Gesellschaft einer Bedrohung ausgesetzt ist, könne sich «der Mangel an Legitimität sehr schnell zu einem ernsthaften Problem auswachsen». – Dies ist, diese Kritik kann man Berger nicht ersparen, eine Argumentation, mit der jede öffentliche Ordnung zu begründen ist, auch die von Diktatoren und anderen totalitären Regimen.

Bei der Diskussion der Frage, wer «wir Amerikaner», «wir Deutsche», «wir Franzosen» et cetera sind, wird in *Grenzen der Gemeinschaft* Ungarn kurzerhand der ehemaligen Sowjetunion zugeschlagen («In Ungarn trat, wie in anderen Ländern des früheren sowjetischen Reiches ...»). Sollte die Einflußsphäre der UdSSR gemeint gewesen sein, wäre Ungarn – Jahre nach dem Zusammenbruch des osteuropäischen Kommunismus und dem Zerfall der Sowjetunion – dennoch kein besonders gutes Beispiel für solcherlei Schlußbetrachtungen. – Ein Lapsus, der einem Bericht an den Club of Rome schlecht zu Gesicht steht.

Bei dieser von einer deutschen Institution erstellten, gleichwohl original in Englisch verfaßten Studie, sind zuweilen Zweifel an der Übersetzung angebracht. So vollzogen die deutschen Grünen beispielsweise eine Transformation «von einer ‹Störbewegung› zu einer politischen Partei». Protestieren und stören sind indessen Aktivitäten, die schon einer feinen Unterscheidung bedürfen. Weiter gibt es im Iran einen «wiedererwachenden» Islam. Fast zwei Jahrzehnte liegt die fundamentalistische Revolution dort nun zurück. – Gerade wer über Vermittlungsstrukturen und Dialog redet, sollte mit Sprache feinfühlig und korrekt umgehen. Doch «affirmative action», einer Anmerkung der Übersetzer zufolge «politische Ansätze zur Bevorzugung von Frauen oder Minderheiten», werden als «positive Diskriminierung» bezeichnet. Westdeutschland und Japan führt Berger als Paradebeispiele dafür an, wie soziale Ordnungen etabliert und «alle Varianten von Konflikten durch ein korporatistisches System zum Verstummen gebracht» worden seien. Tatsächlich zieht sich durch die *Grenzen der Gemeinschaft* ein roter Faden: Demzufolge ist staatliche Autorität gleichbedeutend mit dem Fehlen von Konflikten. Scheinbar verhielt sich das jahrzehntelang in der UdSSR so, ebenfalls in Nordkorea, wo bei Redaktionsschluß dieses Buches eine schreckliche Hungersnot herrscht. Mit Frieden für die unterdrückten Menschen hat die Ruhe im Land in solchen Fällen zumeist wenig zu tun.

Weiter heißt es in dem Bericht an den Club of Rome: «Sehr wahrscheinlich ist auch, daß dauerhaftes Wirtschaftswachstum verbunden mit einer großzügigen Verteilung seiner Gewinne eine Vorbedingung für den Erfolg eines solchen Systems darstellt. (Deshalb erscheint heute das System in beiden Ländern durch die wirtschaftlichen Schwierigkeiten bedroht).»

Die Verantwortlichen für die Studie *Grenzen der Gemeinschaft* vergleichen ihr Projekt selbstbewußt mit den *Grenzen des Wachstums*. Dennis Meadows, Hauptautor des ersten Berichtes an den Club of Rome und dessen Ehrenmitglied, besucht nur selten Konferenzen des Denkerzirkels und war daher auch bei den Vorbesprechungen zu den *Grenzen der Gemeinschaft* nicht anwesend. Diese Tatsache dürfte Club-intern konfliktverhindernd gewesen sein.

Nachdem Peter Berger und sein Team mehrfach betont haben, daß es polarisierende als auch vermittelnde Institutionen gibt, lautet eine der Schlußfolgerungen: «Zivilgesellschaftliche Institutionen sind in dem Maße ‹gut›, in dem sie sich von zivilen Tugenden leiten lassen.» Auf Seite 600 wird die Erkenntnis präsentiert, daß «eine Bewegung, die ethnischen oder Rassenhaß propagiert, tatsächlich die Kluft zwischen individuellen Bedeutungen und öffentlichen Anliegen überbrücken und auf diese Weise in hohem Maße dazu beitragen» mag, «ihre Mitglieder vor Gefühlen wie Einsamkeit oder Ohnmacht zu bewahren. Gleichzeitig könnte sie natürlich eine katastrophale Wirkung haben, indem sie Konflikte erzeugt und die Gesellschaftsordnung unterminiert.»

Berger schreibt dann auch wenige Zeilen weiter: «Will man in einem Konflikt vermitteln, so liegt es nahe, sich zunächst ein klares Bild über seine gedanklichen und sozialen Grundlagen zu schaffen. Das muß nicht unbedingt in Form einer sozialwissenschaftlichen Forschungsarbeit erfolgen; oft wird hier ein guter Journalist bessere

Arbeit leisten als ein Team von Soziologen oder Politologen (die sich hier allzu häufig in ihrer methodologischen Geheimlehre verfangen).»

Abschließend heißt es: «Dieser Bericht ermöglicht erst Einblicke in die Bedingungen für einen Dialog zwischen den Kulturen; die große Aufgabe jedoch steht uns noch bevor.» Weil «die Suche nach möglichen Vermittlungsprozessen und -institutionen von herausragender Signifikanz» sei, gebe es Grund zu der Zuversicht, daß diese auch betrieben werde.

Die *Grenzen der Gemeinschaft* stellen eine umfassende Dokumentation eben dieser Trennlinien in elf Ländern dar. Die Interpretationen und Schlüsse, die die Autoren dieses Berichtes an den Club of Rome präsentieren, sind allenfalls eine bruchstückhafte Beschreibung eines Teils der Weltproblematik. Während im Vorwort von Werner Weidenfeld die Rede von einer «Botschaft an den Club of Rome für das 21. Jahrhundert» ist, enthält die Studie keinen Beitrag zur Weltlösungsstrategie, die über Allgemeinplätze hinausgeht.

## Die Zukunft der Weltmeere
Bericht an den Club of Rome von Elisabeth Mann Borgese
Erschienen 1985

Die wirtschaftlichen Nutzungsmöglichkeiten der Weltmeere sind
Gegenstand der 1982 von den Vereinten Nationen beschlossenen
Seerechtskonvention. Darüber hinaus beinhaltet die (von der
Bundesrepublik Deutschland übrigens nicht ratifizierte) Vereinbarung die ökologischen Rahmenbedingungen für den Schutz des
maritimen Bereichs. Elisabeth Mann Borgese stellt in ihrem Bericht
an den Club of Rome die Beschlüsse der dritten UN-Seerechts-
konferenz (1973 bis 1982) dar und erörtert, was diese in der Praxis
bedeuten.

72 Prozent der Erde sind von Wasser bedeckt. Doch bis ins 20.
Jahrhundert hinein waren die Weltmeere ein Mysterium. Dank der
modernen Ozeanographie konnten die Geheimnisse des
Meeresbodens gelüftet werden. Gebirge, Schluchten, tiefe Gräben
und aktive Vulkane wurden entdeckt. Interessanter als die
Topographie sind für die Menschheit natürlich riesige Rohstoffvorkommen wie beispielsweise erzhaltige Manganknollen. Diese
Erkenntnisse über die in den Meeren schlummernden Möglichkeiten werfen zahlreiche Fragen auf: Wer hat das Recht zur Nutzung
der Ressourcen? Wer beansprucht welche Seegebiete? Wer übt wie
darüber welche Macht aus?

Arvid Pardo, UN-Botschafter Maltas, unterbreitete in seiner
Rede vor der Generalversammlung der Vereinten Nationen am 1.
November 1967 den Vorschlag, die Weltmeere zum gemeinsamen
Erbe der Menschheit zu erklären. Diese Anregung floß letztlich in
die Seerechtskonvention ein. Das bedeutete, daß die Meere und ihre
Böden nur zu friedlichen Zwecken und nur zum Vorteil der gesam-
ten Menschheit erschlossen und genutzt werden dürfen. Pardo
sprach von der Ausbreitung der industriellen Revolution auf die
Ozeane. Elisabeth Mann Borgese greift diese Formulierung auf und
spricht in ihrem Buch von der «maritimen Revolution».

Klar ist, daß die Meere eine immer wichtigere Rolle in der
Weltwirtschaft und in den nationalen Volkswirtschaften spielen werden. «Jedes Land, ob Industrie- oder Entwicklungsland, Küsten-

oder Binnenstaat, hat heute maritime Interessen», so die Autorin des Berichtes an den Club of Rome. Die «maritime Revolution» gliedert sich in drei Teilbereiche:

1. Aquakultur, die Kultivierung von Wasserpflanzen und das Züchten von Wassertieren. Die Aquakultur könnte einen entscheidenden Beitrag zur Lösung des Nahrungsmittelproblems leisten. Ihr besonderer Vorteil ist, daß die Gewässer aufgrund ihrer großen Tiefen Mehrfachnutzungen ermöglichen.
2. Rohstoffgewinnung aus dem Meer. In den Meeresgründen befinden sich natürliche Ressourcen, deren Wert allein deshalb unschätzbar ist, weil manche Rohstoffreserven auf dem Festland zur Neige gehen. Es gibt allerdings – auch mehr als ein Jahrzehnt nach Erscheinen des Berichtes von Elisabeth Mann Borgese – noch eine Reihe von Problemen zu lösen, bevor maritimer Bergbau in großem Rahmen betrieben werden kann.
3. Energiegewinnung. Die Meere bergen Energiequellen, die bisher nur wenig genutzt worden sind. Dazu gehören beispielsweise Gezeiten- und Wellenkraft sowie Meeresströmungen. Auch hier sind vor einer umfangreichen Nutzung noch manche Probleme aus dem Weg zu räumen. Doch die Energiegewinnung aus dem Meer wird in ihrer Bedeutung so zunehmen, prognostiziert die Autorin, wie die Ölvorräte geringer werden.

Vor diesem Hintergrund können die Regelungen der Seerechtskonvention als Grundlage einer neuen Ordnung betrachtet werden. Da nur die Völkergemeinschaft über das Gemeinerbe der Menschheit entscheiden kann, sind Elisabeth Mann Borgese zufolge bei solchen Überlegungen folgende Aspekte zu berücksichtigen:

1. Gemeinerbe kann benutzt, aber nicht besessen werden.
2. Alle Nutznießer müssen am Managementsystem beteiligt werden.
3. Außer den wirtschaftlichen Vorteilen müssen auch solche, die sich zum Beispiel aus dem Technologietransfer ergeben, allen Beteiligten zugute kommen.

4. Der maritime Raum muß ausschließlich friedlichen Zwecken vorbehalten bleiben.
5. Bei der Nutzung der Meere muß Rücksichtnahme auf künftige Generationen geübt werden.

Elisabeth Mann Borgese glaubt, daß in der internationalen Regelung der Nutzung des maritimen Gemeinerbes die Keimzelle einer neuen weltweiten Wirtschaftsordnung steckt. Sie stützt sich dabei auf das von Orio Giarini entworfene Modell der Ökonomie des Gemeinerbes. Giarini, Mitglied des Club of Rome und Autor von Berichten an den Club of Rome, geht – ganz im Sinne der Weltproblematik – davon aus, daß sich die Welt heute als globales, fein vernetztes System darstellt, das zwangsläufig eine neue Kultur und auch eine neue Form der Volkswirtschaft hervorbringen wird. Die Verwaltung der Ozeane bietet eine einmalige Gelegenheit zur Anwendung, Überprüfung und Verbesserung dieses Modells.

Die Umsetzung der Beschlüsse der Seerechtskonferenz wird langwierig und schwierig werden, da ihnen viele unterschiedliche Interessen einzelner Staaten entgegenstehen. Über den ganzen Globus verteilt werden Konflikte über die Nutzung der Weltmeere ausgetragen. Immer wieder gefährden Streitigkeiten über Erdölvorkommen, über die Nutzung von Wasserstraßen oder über militärische Pläne und Aktivitäten den Frieden. Auch wenn die Beendigung mancher Streitigkeiten noch nicht absehbar ist, bleibt Elisabeth Mann Borgese optimistisch, daß mit der Seerechtskonvention der erste Schritt in Richtung einer neuen Weltordnung getan worden ist.

Die Autorin unterstreicht, daß das Leben im Meer entstanden ist und weiterhin von ihm abhängt. Sie appelliert an die Menschen, dies nicht zu vergessen.

# Das Werkstück Zukunft

## «Worte schaffen Wahrheit»: Hin zu einer Weltzukunftsstrategie

Ob und wie etwas ausgedrückt wird, hat Einfluß auf das weitere Geschehen. Beispiele hierfür erleben die meisten Menschen beinahe tagtäglich. Ob Schüler von Lehrern gestellte Aufgaben erledigen, Berufstätige Aufträge von Vorgesetzten ausführen oder Sportler sich, zumeist, den Entscheidungen von Funktionären und Schiedsrichtern beugen – immer löst das gesprochene oder geschriebene Wort Handlungen, mithin Veränderungen aus. Das trifft aber nicht nur auf Befehle oder Entscheidungen zu, sondern auch auf Beurteilungen und Meinungen. Menschen schließen sich der einen oder anderen politischen Denkrichtung an, wählen entsprechend oder werden selbst aktiv. Mit Ablehnung und Widerstand verhält es sich genauso. Und dann wären da noch die berühmten Mißverständnisse, die ebenfalls oft Fakten schaffen, nur selten positive. Von Lobbyisten und bei der Werbung wird dieser Effekt zuweilen bewußt ausgenutzt: Angebliche Tatsachen, die nicht der Wahrheit entsprechen oder nur einen Teil der Realität wiedergeben und Negatives unterschlagen, werden so geschickt präsentiert, daß sie von der Zielgruppe als richtig akzeptiert werden. Darüber hinaus gibt es natürlich auch noch gezielte Desinformationskampagnen, deren Wirkungen nicht unterschätzt werden dürfen.

Worte lassen sich im Hinblick auf ihre Auswirkungen auf das weitere Geschehen mißbrauchen, aber auch positiv einsetzen. Ein Beispiel: Ein Mitarbeiter eines großen Unternehmens wird notfallmäßig in die Betriebsarztpraxis gebracht. Er hat immenses Herzrasen, der Blutdruck befindet sich in bedenklichen Höhen, seine Kollegen glauben, er habe einen Herzinfarkt erlitten. Das stimmt zwar nicht, dennoch ist der Zustand des Patienten nicht ungefährlich. Er ist an ein Gerät angeschlossen, das Pulsfrequenz und Höhe des Blutdrucks auf einem Bildschirm anzeigt. Die Kollegen des Kranken können darauf mitverfolgen, was geschieht, als eine Psychologin mit dem Satz «Worte schaffen Wahrheit» ihre Behandlung beginnt. Mit Methoden des autogenen Trainings gelingt es ihr, den Patienten von seinem Zustand abzulenken und ihn in einen Dialog über ihm wohltuende Vorstellungen zu verwickeln. Der erzählt von Waldspaziergängen und Bildern, die er zuletzt gesehen habe. Die Psychologin stellt gezielt Nachfragen, erhält detaillierte Antworten. Pulsfrequenz und Blutdruck des Patienten sinken währenddessen kontinuierlich, nähern sich den Normalwerten. Nach einiger Zeit ist der Kollaps vorüber, der Mann, den kurz zuvor neben den körperlichen Symptomen noch Panik und quälende Unruhe geplagt hatten, fühlt sich richtiggehend wohl. Er geht am nächsten Tag wieder seiner Arbeit nach. Worte, nicht Medikamente, hatten in seinem Fall körperliche Fakten geschaffen.

Ein anderes, diesmal negatives Beispiel für die Auswirkungen von Worten sind die Folgen der Reaktorkatastrophe von Tschernobyl. Viele Stunden lang hatten die vor Ort Verantwortlichen den Unfall herunterzuspielen versucht. Die dringend erforderliche Evakuierung der 50 000-Einwohner-Stadt Pripjat, die sich in Sichtweite des Atomkraftwerkes befindet, unterblieb deshalb einen ganzen Tag lang, weil diejenigen, die diese anordnen durften, in Kiew und Moskau saßen und sich ein falsches Bild machten (das sie anschließend noch tagelang vor der Weltöffentlichkeit aufrecht zu erhalten versuchten). Tausenden Menschen hätten Krankheit und Tod erspart werden können, wenn früher die Wahrheit gesagt worden wäre.

Interessant in diesem Zusammenhang sind die Vorgänge um die Journalistin Ljubow Kowalewskaja. Sie hatte jahrelang über das Atomkraftwerk Tschernobyl recherchiert und war zu dem Ergebnis gekommen, daß bei dessen Bau dermaßen geschlampt worden war, daß der Reaktorbetrieb nicht gutgehen könne. Doch keine Zeitung in der damaligen Sowjetunion wollte ihren Artikel drucken. Sie gab trotzdem nicht auf, konnte ihre Enthüllungen endlich in der *Literaturna Ukraina* veröffentlichen. Das brachte ihr KGB-Schikanen und ein nie ausgesprochenes, aber faktisches Berufsverbot ein. Sie nahm dennoch kein Wort zurück und behielt – der Super-GAU bewies es – Recht. Als Michail Gorbatschow Ljubow Kowalewskaja rehabilitierte, bescheinigte er der inzwischen an den Folgen der Reaktorkatastrophe erkrankten Frau «die Erfüllung der Journalistenpflicht und Zivilcourage».

«Je mehr Menschen mit Zivilcourage ein Land hat, desto weniger Helden braucht es», hat die frühere ARD-Italien-Korrespondentin Franca Magnani einmal gesagt. Wären die Erkenntnisse von

Ljubow Kowalewskaja nicht lange Zeit unterdrückt, sondern statt dessen Konsequenzen daraus gezogen worden, dann hätte später weder die Sowjetunion noch die Ukraine zahlreiche Menschen zu Helden erklären müssen: Feuerwehrleute, Hubschrauberbesatzungen und viele andere, die Gesundheit und Leben verloren, als sie die Auswirkungen dessen bekämpften, wovor Ljubow Kowalewskaja gewarnt hatte. Es lohnt sich also, die Worte von Mahnern und Warnern zur Kenntnis zu nehmen. Und, wenn sie sich als stichhaltig erweisen, Taten folgen zu lassen.

Die Menschheit entwickelt sich immer weitergehend zu einer Informationsgesellschaft. Es gibt zumindest in den reichen Industrieländern eine enorme Medienvielfalt; hinzugekommen sind elektronische Kommunikations- und Informationswege wie das Internet und andere Computernetze. Diese Entwicklung ist, wie Roberto Peccei es während der 1996er Jahrestagung des Club of Rome ausdrückte, «irreversibel». Ungeachtet der Auswüchse, die sie mit sich bringe, berge sie immense Chancen, die von Ernst Ulrich von Weizsäcker geforderte Globalisierung der Demokratie voranzutreiben. Auch den Nichtregierungsorganisationen böten die Neuen Medien immense Möglichkeiten. Club-Mitglied Frederico Mayor: «Wir müssen diese Technik verwenden, um die bisher Unbeteiligten zu erreichen und einzubeziehen. Wie können wir von Globalisierung reden, wenn vierzig Prozent der Menschen – vor allem Frauen – von allem ausgeschlossen sind?» Während Regierungen immer nur das Interesse hätten, im Amt zu bleiben und versuchten, die Medien entsprechend für sich zu instrumentalisieren, seien Aspekte wie «Frieden, Gesundheit· und Freude am Leben im Fernsehen nahezu unsichtbar. Diese sichtbar zu machen, ist unsere Aufgabe.» Andernfalls werde die Menschheit für ihre Unfähigkeit, Konflikte zu verhindern, immer wieder zahlen müssen. Immer weitergehende politische und religiöse Radikalisierung sei dann absehbar.

Mit anderen Worten: Erarbeitung und Beschaffung von Informationen und deren möglichst weite Verbreitung sind Mittel zur Aufklärung, zur Unterstützung von Lösungen – Mittel, die helfen, die Menschen widerstandsfähiger gegen fundamentalistische, faschistische und radikale Ideen und Weltanschauungen zu machen.

Doch Gefahren abzuwehren und Lösungen vorhandener oder künftiger Probleme zu unterstützen, ist letztlich Defensivarbeit. Weshalb soll der Club of Rome, den Alt-Bundespräsident Richard von Weizsäcker 1993 «Das Gewissen der Menschheit» nannte, nicht in die Offensive gehen? – Mit positiven Visionen. Vielleicht sollte der Denkerzirkel den Begriffen Weltproblematik und Weltlösungsstrategie einen weiteren hinzufügen: den der Weltzukunftsstrategie. Wer Gegenentwürfe präsentieren kann, dessen Kritik wird ernster genommen.

Nun ist es keineswegs so, daß der Club of Rome nicht auch schon früher Zukunftsentwürfe präsentiert hätte. Es sei hier nur an den Vorschlag von Elisabeth Mann Borgese erinnert, eine internationale Verwaltung der Weltmeere zu schaffen. Insbesondere aber in *Faktor Vier*, einem der neueren Berichte an den Club of Rome, werden Zukunftsentwürfe präsentiert.

Die Möglichkeiten, die gerade die neuen Medien bieten, sind Schwerpunktthema der nächsten Jahrestagung nach Erscheinen dieses Buches. Nutzt der Club of Rome diese, indem er Visionen verbreitet, könnte er eine Vorreiterrolle einnehmen, wie er es in Sachen Zukunftsforschung ja schon getan hat. Will der Club mit seinen Inhalten mehr junge Leute erreichen und zu Engagement bewegen, was immer wieder betont wird, dann muß er Entwürfe präsentieren.

Der Mineralölkonzern Shell hat kurz vor Redaktionsschluß dieses Buches eine Studie präsentiert, derzufolge nur noch gut ein Drittel der deutschen Jugendlichen zuversichtlich in die Zukunft schaut. Vielleicht liegt hierin das immer geringer werdende Engagement Jugendlicher für Belange, die über das eigene Lebensumfeld hinausgehen, und für abnehmendes politisches Interesse begründet. Dieser These entsprechend gilt es für die jungen Menschen, jeglichen Spaß mitzunehmen, solange es noch geht, bevor Arbeitslosigkeit, sozialer Abstieg etc. drohen. Wer Angst vor der Zukunft hat, denkt kurzfristiger. Wer an keine gute Zukunft glaubt, wird sich auch nicht für eine solche einsetzen, weil das aus seiner Sicht ja ohnedies nichts bringt. Da erscheint es logischer zu konsumieren, solange es noch geht. Daß es nur einen Kuchen auf dieser Welt zu verteilen gibt, diese reine Konsumhaltung daher nur auf Kosten anderer funktionieren kann, ist heutigen Jugendlichen –

zumindest in Mitteleuropa, wo wohl am meisten konsumiert wird – oft nicht klar.

Andere Werte müssen aber erst erkennbar sein, damit sie angestrebt oder im eigenen Leben verwirklicht werden können. Nachvollziehbare Entwürfe, für die es sich einzusetzen lohnt, dürften das beste Mittel hierfür sein. Da an der Schwelle zur Jahrtausendwende in Mitteleuropa keine aktive Protesthaltung gegen bestehende Zustände verbreitet ist – wie Ende der sechziger bis weit hinein in die siebziger und in Sachen Atomrüstung auch in die achtziger Jahre hinein – und eine solche auf absehbare Zeit hinaus wohl auch nicht aus der Jugend selbst heraus entstehen wird, liegt es in der Verantwortung der älteren Generationen, Hinweise zu geben, Entwicklungen zu fördern. Die eigentliche Kunst dürfte darin liegen, dabei nicht Althergebrachtes in neuer Verpackung zu präsentieren, sondern Perspektiven, bei denen die Fehler der Vergangenheit nicht lediglich kaschiert, sondern weitgehend ausgeschlossen werden.

Dabei geht es nicht nur um die Jugend. Alle Menschen brauchen Werte und Ziele, für die sie sich einsetzen können, wenn ihr Leben nicht lediglich auf ihr eigenes Umfeld bezogen bleiben soll. Hierzu sei, wie auch zu vielen anderen Aspekten des menschlichen Zusammenlebens, die Lektüre der Bücher des Schriftstellers H.G. Wells empfohlen. Von ihm sind in erster Linie die Science-fiction-Erzählungen *Die Zeitmaschine* und *Der Krieg der Welten* sowie deren Verfilmungen bekannt. Daß Wells' Gesamtwerk über einhundert Werke, darunter zahlreiche Sachbücher umfaßt, ist nur wenigen bekannt. Das gilt auch für die Tatsache, daß der britische Autor in seinem 1913 erschienenen Buch *Befreite Welt* die Atombombe, vor der er warnen wollte, so nachvollziehbar beschrieben hat, daß einer seiner treuesten Leser, der vor den Nazis aus Ungarn in die USA geflohene Physiker Leo Szilard, sich später nachdrücklich für deren Bau einsetzte, um bei dieser Massenvernichtungswaffe dem Hitler-Regime zuvorzukommen. Als absehbar war, daß Deutschland auch ohne den Einsatz der Atombombe besiegt werden würde, versuchte Szilard, deren Abwurf auf Japan zu verhindern. Doch Wells' und Szilards früheren Worte, unterstützt unter anderem von Albert Einstein, hatten eine Wahrheit geschaffen, die nun nicht mehr rückgängig zu machen war. Dies insbesondere auch deshalb, weil das Prinzip der Bombe von dem Sowjetspion Klaus Fuchs nach Moskau verraten worden war. Die Sache hatte eine unaufhaltsame Eigendynamik erhalten, noch vor der ersten physischen war eine politische, unkontrollierte Kettenreaktion in Gang gekommen. Wells verbrachte nach den Atomangriffen auf Hiroshima und Nagasaki sein letztes Lebensjahr in tiefer Depression.

Der Schriftsteller, der in seinem Spätwerk einen Weltstaat als einzigen Ausweg aus den Problemen der Menschheit proklamierte, hatte 1933 den Beginn des Zweiten Weltkrieges fast auf den Monat genau vorhergesagt und auch prophezeit, daß er mit einem Konflikt um die Freie Stadt Danzig beginnen werde. Dabei war Wells kein Zauberer. Der Verfasser des Buches *Die Geschichte unserer Zeit* war vielmehr der Überzeugung, daß die Zukunft, so der Futurologe Ossip Flechtheim, «durch ein gründliches Studium der Geschichte und seiner wesentlichen Faktoren»* bis zu einem gewissen Grade kalkulierbar sein kann. Herbert George Wells dachte in großen Zeitzusammenhängen. In *Die offene Verschwörung – Aufruf zur Weltrevolution* erörtert der harte Kirchenkritiker seinen Religionsbegriff: «Die Sehnsucht, ständig zu wirken, sich frei zu machen aus der räumlichen und zeitlichen Begrenztheit des individuellen Daseins, das ist das unsterbliche Wesen einer jeden Religion. Es ist Zeit, die Religion von allem anderen zu befreien, um sie für größere Aufgaben bereit zu machen, als ihr je gestellt worden sind.» Wells betont, daß es nicht darum gehe, woran jemand glaubt, sondern vielmehr, daß die Bereitschaft besteht, sich in Dinge einzubringen, die über das persönliche Lebensumfeld und die jeweilige Lebensspanne hinauswirken.

Man muß den Mitgliedern des Club of Rome zugute halten, daß sie sich immer dementsprechend verhalten haben. Sie können in dieser Hinsicht auch weiterhin Zeichen setzen. Es ist ein Kuriosum der Neuzeit, daß wissenschaftliche Erkenntnisse, falls überhaupt, nur

---

* Ossip Flechtheim im Vorwort zu Stephan Mögle-Stadel, Die Unteilbarkeit der Erde. Globale Krise, Weltbürgertum & Weltföderation. Eine Antwort an den Club of Rome, Bonn 1996

sehr schwer in praktische Politik umzusetzen sind. Einer der Hauptgründe dafür dürfte darin liegen, daß Politik und gerade auch Demokratie in weiten Bereichen zum reinen, zumeist auf kurzfristige Ziele ausgerichteten Lobbyismus verkommen ist. Politik wird oftmals als die Kunst bezeichnet, das Notwendige zu ermöglichen. Doch das Problem liegt zumeist in der Beurteilung dessen, was notwendig ist. Für die einen ist der Hauptbeweggrund des Schaffens, möglichst viel Geld zu verdienen, die Villa, das schnelle Auto; für die anderen die nächste Mahlzeit, die Befriedigung der Grundbedürfnisse. Selbstverständlich können die Besitzenden fast immer die weitaus stärkere Lobby unterhalten; die Armen indessen haben oft gar keine.

Hier ist das «Gewissen der Menschheit» gefordert. Dies ist keine Kritik am Club of Rome, denn der hat sich dieser Heraus-forderung stets gestellt, nicht nur Berichte zum Thema Armut veröffentlicht, sondern sich hinter den Kulissen als Lobbyist derjenigen betätigt, für die sich außer einigen anderen Nichtregierungsorganisationen kaum jemand einsetzt.

Der Club of Rome muß sich vielmehr, wie andere auch, mit der Frage auseinandersetzen, wie wissenschaftliche Erkenntnisse schneller konkrete Auswirkungen zeitigen. Manche Probleme erfordern dies einfach. In der Klima-Problematik bleibt, wie unter anderem Ernst Ulrich von Weizsäcker, Amory und Hunter Lovins in *Faktor Vier* dargelegt haben, nicht mehr viel Zeit, um dringend notwendige Schritte zu gehen. Der Deutsche Bundestag beispielsweise hat im April 1991 mit Blick auf die Umwelt-Gipfelkonferenz 1992 in Rio die Enquete-Kommission «Schutz der Erdatmosphäre» eingesetzt. Dreieinhalb Jahre später legte diese den über 1500 Seiten umfassenden, gut verständlichen Bericht *Mehr Zukunft für die Erde – nachhaltige Energiepolitik für dauerhaften Klimaschutz* vor – eine nachvollziehbare Arbeitsgrundlage mit dringenden Handlungsempfehlungen.

Doch auch weitere drei Jahre später ist von Umsetzung in die Praxis nicht viel zu spüren. Im Gegenteil: In der Nähe von Köln soll um die Jahrtausendwende das größte Loch der Welt gegraben werden, um viele Jahrzehnte lang weiter Kraftwerke mit Braunkohle zu befeuern.

Der Politiker, der sich am stärksten dafür einsetzt, ist der Fraktionsvorsitzende der SPD im nordrhein-westfälischen Landtag, Klaus Matthiesen. Während er zuvor jahrelang Umweltminister des bevölkerungsreichsten Bundeslandes Deutschlands gewesen war, hat er es, ebenso wie seine Partei, versäumt, zukunftsträchtige Technologien am Industriestandort Nordrhein-Westfalen zu etablieren, um Arbeitsplätze zu schaffen, die in der Kohleförderung und -verstromung mit Blick auf den Klimaschutz zwangsläufig wegfallen müssen. Ein Politiker aber, der nach dieser Vorgeschichte tut, als sei sein Eintreten für die Arbeitsplätze im Kohlebergbau reiner Menschenschutz, hat nichts begriffen und an verantwortlicher Position nichts zu suchen. Er versündigt sich an der Zukunft der heute jungen oder noch gar nicht geborenen Menschen. Klaus Matthiesen, dem Maßstab des Berichts *Ist die Erde noch regierbar?* gemäß nur ein Beispiel für viele Politiker, die den Anforderungen nicht gewachsen sind, kann die jedermann zugängliche Literatur über Klimagefahren nicht gelesen haben. Somit ist er fachlich nicht für die Position geeignet, die er innehat. Sollte er sich die entsprechenden Informationen jedoch verschafft haben, hat er keine Konsequenzen daraus gezogen, sondern sieht nur den kurzfristigen politischen Vorteil. Dann wäre er moralisch ungeeignet, weit in die Zukunft wirkende Entscheidungen wesentlich mitzuprägen.

Der nordrhein-westfälische Sozialdemokrat, der Umwelt wohl immer nur als verhandelbare Größe im Zusammenhang mit Wirtschaftsförderung gesehen hat, ist ein Paradebeispiel dafür, daß Politiker Nachhilfe brauchen, wie ja auch Club-Mitglied Yehezkel Dror argumentiert. Wie dies geschehen könnte, dies ist ein weites Betätigungsfeld für den Denkerzirkel. Drei Aspekte fließen dabei zusammen: hilf- und hoffnungslose Regierungen und Politiker, verstärkte Beschäftigung des Club of Rome mit der sich schnell wandelnden Medienlandschaft sowie die Tendenz des Clubs, die Arbeit der nationalen Sektionen zu intensivieren.

Um Politiker, die dringende Erfordernisse und dazu vorliegende Erkenntnisse nicht wahrnehmen oder aus unterschiedlichen Motiven verdrängen, im wahrsten Sinne in die Verantwortung zu nehmen, ist es erforderlich, daß die Bevölkerung über vorhandene Möglichkeiten, die von Entscheidungsträgern eben nicht wahrgenommen oder ausgelassen werden, informiert ist. Die Menschen können die Leistungen derjenigen, die in weiten Bereichen über ihr Wohl und Wehe bestimmen, dann besser beurteilen, sie wählen oder abwählen, unterstützen oder unter Druck setzen, verteidigen oder anklagen.

Der Club of Rome hat bisher versucht, Grundlagen für zukunftsgerichtete Politik zu schaffen. Auch haben seine Mitglieder persönliche Kontakte und das Renommée des Clubs immer wieder genutzt, um Veränderungen zu bewirken. Doch ein Aspekt ist bei der Erfolgskontrolle ganz wichtig: Erzielten *Die Grenzen des Wachstums* allein in den siebziger Jahren eine Millionenauflage in zahlreichen Ländern, so ist die Breitenwirkung der Berichte an den Club of Rome heute eher gering. Die vom Club in Auftrag gegebenen Studien stehen in Bücherschränken von Fachleuten, die mit den jeweiligen Themen befaßt sind. Das ist, wenn sie zu Beurteilungen oder Entscheidungsvorbereitungen herangezogen werden, auch gut so. Doch viel größere Wirkung hätten Erörterungen des Club of Rome zur Weltproblematik, wenn diese einer breiteren Öffentlichkeit bekannt würden. Dies ist heute allein über politische Sachbücher nicht mehr leistbar. Es gehört die gesamte Klaviatur der Öffentlichkeitsarbeit dazu. Doch vielleicht bewirkt der enorme Publikumserfolg des Berichts *Faktor Vier* hier einen Umschwung – das Buch stand immerhin monatelang in Deutschland unter den Top Ten der Sachbuch-Bestseller-Listen.

Wenn die in den Berichten an den Club of Rome enthaltenen Worte Wahrheit schaffen sollen, dann wird die Organisation nicht mehr lange umhin kommen, diesen wichtigen Bereich nicht Personen, Stimmungen und Konstellationen in irgendwelchen Redaktionen zu überlassen, sondern ihn selbst in die Hand zu nehmen. «Tu' Gutes und rede drüber», hat Erich Kästner gesagt. Der Club of Rome sollte sich diesen Satz zu Herzen nehmen.

# Club of Rome am Wendepunkt

*Der Denkerzirkel in der zweiten Generation: «Eine dynamische Organisation»*

*Menschheit am Wendepunkt* hieß 1974 der zweite Bericht an den Club of Rome. 22 Jahre später steht dessen Jahrestagung in Puerto Rico unter dem Motto «Die Welt an einem Wendepunkt». Am Rande dieser Konferenz traf ich mich mit Roberto Peccei, um ihn zu fragen, ob nicht auch der Club of Rome in verschiedenerlei Hinsicht an einem Wendepunkt angekommen sei. «Ich glaube nicht, daß der Club of Rome einen speziellen Wendepunkt erreicht hat», antwortete der Sohn des Club-Gründers Aurelio Peccei. «Ich finde, der Club of Rome befand sich immer an Wendepunkten. Er ist eine Institution, zu deren Natur Flexibilität gehört. Er mußte immer darüber nachdenken, welche Probleme welche Handlungen erfordern. Würde er sich dabei im Kreis bewegen, wäre dies schlimm. Aber der Club of Rome ist eine dynamische Organisation. Die ständig auftauchenden Wendepunkte sind Herausforderungen für ihn. Das ist sehr gut so.»

Nach der Abschluß-Pressekonferenz am Nachmittag des Vortages hatte ich mit einem Kollegen der *Washington Post* über den Club of Rome diskutiert. Sein Hauptkritikpunkt war einer, den man auch sonst oft hört: Es gebe zu wenig jüngere Leute, zu wenig Frauen und zu wenig Vertreter der Dritten Welt im Club of Rome. Roberto Peccei dazu: «Das stimmt. Das ist seit Jahren eine unserer Hauptschwierigkeiten.» Der in Los Angeles lebende Italiener argumentiert, daß Frauen in wichtigen Positionen immer noch unterrepräsentiert seien und der Club of Rome daher Probleme habe, zu entscheiden, welche für den Zirkel in Frage kämen. Die Zahl der Mitglieder aus Entwicklungsländern sei aufgrund der Fluktuation derzeit ein wenig niedrig, doch das größte Problem sei, das zu wenig junge Menschen im Club of Rome seien. «Das zu ändern war das Hauptanliegen meines Vaters, bevor er starb», betont der Physiker. Der Umgang mit diesem Problem sei in der Folgezeit keineswegs ideal gewesen und es seien «eine Menge Fehler gemacht» worden.

Doch der vorherrschende Geist sei, mehr Menschen jüngeren und mittleren Alters aufzunehmen. Eine solche Verjüngungskur bedeute aber keineswegs, auf das Wissen und die Erfahrung der Älteren verzichten zu wollen.

Natürlich sei es gerade bei jüngeren Menschen schwer zu beurteilen, ob jemand sich für eine Vereinigung wie den Club of Rome eigne, das Problem, so Roberto Peccei, «ist nicht so leicht zu lösen, wie es scheint». Ganz im Sinne seines Vaters versuche er daher, Gruppen junger Menschen zu organisieren, die mit Club of Rome-Mitgliedern zusammenarbeiten. So hätten die Mitglieder Berührungspunkte mit der Gedankenwelt junger Leute und die Möglichkeit, die geistigen Ressourcen dieser Menschen zu verwenden, während andererseits Nachwuchs an die Organisation herangeführt werde. Auf ähnliche Weise versuchten manche Abgeordnete des US-Kongresses, junge Menschen auf Aufgaben in der Politik vorzubereiten.

Meiner Meinung nach war es vor diesem Hintergrund ein guter Einfall, während der Konferenz nur wenige professionelle Hostessen als Helferinnen zu beschäftigen, ansonsten aber Schülerinnen aus Ponce, die dies offenbar als Ehre empfanden. Unter Gleichaltrigen könnten sie vielleicht als Multiplikatoren wirken. Roberto Peccei pflichtet mir bei: «Ja, das hat eine sehr gute Atmosphäre geschaffen.»

Club-Präsident Ricardo Diez-Hochleitner hat es sich zum Abschluß der Tagung dann auch nicht nehmen lassen, jedem der Mädchen persönlich eine rote Rose zu überreichen. Anschließend mußte er lange Zeit damit verbringen, mit den Jugendlichen für Erinnerungsfotos vor dem Club-Logo zu posieren. Er tat dies ausdauernd und mit Spaß, ließ die Helferinnen deutlich spüren, daß sie ihm ungeachtet der anwesenden Prominenz wichtig waren. Diese jungen Menschen hat der Spanier, Menschenfreund durch und durch, als Freunde für den Club of Rome und dessen Ideen gewonnen – Basisarbeit des Präsidenten.

So wichtig es ist, den Club of Rome zu verjüngen, ihm und seinen nationalen Organisationen Nachwuchs zuzuführen, so wichtig ist es, Freunde für das eigentliche Werkstück zu gewinnen: die Zukunft der Erde. Der 1993 im Alter von achtzig Jahren verstorbene Zukunftsforscher und Publizist Robert Jungk, der zu zahlreichen Club-Mitgliedern engen Kontakt pflegte, hat mir das Prinzip der von ihm initiierten Zukunftswerkstätten vor nunmehr zehn Jahren erläutert. Es geht dem Autor des Weltbestsellers *Heller als tausend Sonnen* zufolge dabei in erster Linie darum, möglichst klar zukünftig anstehende Aufgaben zu definieren, also Teilaspekte der Weltproblematik zu beschreiben. Dann wird, wie in jedem Entwicklungsbüro auch, der Ist- dem Sollzustand gegenübergestellt. Dem Black-Box-Prinzip entsprechend müssen nun Mittel und Wege gefunden werden, die vom Ausgangs- zum Zielort führen. In globalen Zusammenhängen würde dies die Weltlösungsstrategie bedeuten, der Club of Rome ist demnach also eine Zukunftswerkstatt. Robert Jungk selbst und seine Mitstreiter haben sich mit verschiedenen Teilbereichen der Menschheitsprobleme beschäftigt.

Als der Kalte Krieg seit Ende der siebziger Jahre durch die Aufrüstung mit atomaren Mittelstreckenraketen besonders kalt geworden war und allein durch ein Versehen in einen heißen hätte umschlagen können, führten Jungk und seine Mitstreiter auch Zukunftswerkstätten mit Kindern durch. Da wurde zum Beispiel darüber nachgedacht, wie man Hund und Katze zu einem friedlichen Umgang miteinander bringen könnte. Eine der Ideen war, daß man den Hund mit Katzen-, und die Katze mit Hundefutter einschmieren müßte. Die beiden würden sich dann gegenseitig ablecken. Ob das so funktionieren würde, sei dahingestellt. Es ist aber richtig, die Phantasie von Menschen – insbesondere ganz junger – für Problemlösungen anzuregen.

Als damals immer mehr Atomraketen in Europa aufgestellt wurden und die USA planten, den Weltraum zu militarisieren, schrieb ich selbst düstere Atomkriegs-Szenarien und hatte Angst davor, mit vielen Millionen anderen Menschen in einem nuklearen Krieg zu sterben. Der Warner und Mahner Robert Jungk aber überredete mich, den Schluß eines politisch motivierten Science-fiction-Romans zuversichtlicher zu gestalten, als es meiner damaligen Stimmungslage entsprach. Nur indem man sich Hoffnung bewahre und diese auch bei anderen Menschen wecke, könne man zu Veränderungen ermutigen.

Hoffnung kam bei mir Mitte 1985 auf, als Michail Gorbatschow Generalsekretär der KPdSU und damit der mächtigste Mann der Sowjetunion wurde. Kaum war er in Amt und Würden, reagierte er auf einen Brief des Washingtoner Center for Defense Information positiv und setzte einseitig die Atomwaffentests aus. Ich arbeitete damals für Greenpeace und bemühte mich um Unterstützung für einen von drei US-Abgeordneten in den Kongreß eingebrachten Antrag, mit dem die US-Regierung zu Verhandlungen über ein umfassendes Teststoppabkommen aufgefordert wurde. Vierzig Prozent der Abgeordneten des Deutschen Bundestages stellten mir Briefe zur Verfügung, die ich an den Vorsitzenden des Repräsentantenhauses, Tip O'Neill, und den Vorsitzenden des Senats, den damaligen US-Vizepräsidenten George Bush, schickte. Darunter waren neben weiteren auch Schreiben des Literatur-Nobelpreisträgers Heinrich Böll, von Hans-Peter Dürr, Träger des Alternativen Nobelpreises, und von Alexander King, damals Präsident des Club of Rome.

King hatte versucht, eine gemeinsame Unterstützung des Club of Rome für den Antrag der US-Senatoren zustandezubekommen. Doch eine so klare Einmischung in aktuelle Politik wollten zahlreiche Mitglieder nicht ohne Rücksprache in ihren Ländern mittragen.

Nach den Club-internen Gepflogenheiten war das nicht mehr vor den Entscheidungsterminen in den beiden amerikanischen Parlamenten zu bewerkstelligen. Als King mir das mitteilte, versicherte er mir, daß ich seine persönliche Unterstützung in vollem Umfang hätte. Auf meine Bitte hin hat er mir dann ein persönliches Unterstützungsschreiben – auf dem Briefbogen des Club of Rome – zur Verfügung gestellt , «in der Hoffnung, daß es mit vielen anderen nach Washington weitergeleitet wird». Alexander Kings Begleitschreiben endete so: «Ich schätze Ihre Initiative in dieser Sache sehr und hoffe zutiefst, daß sie erfolgreich sein wird.»

Ob die Greenpeace-Initiative dazu beigetragen hat, kann niemand beurteilen, aber der Antrag der Kongreßmitglieder war erfolgreich. Er passierte beide Häuser, wurde von Ronald Reagan per Präsidenten-Veto zurückgewiesen und anschließend von Senat und Abgeordnetenhaus mit der erforderlichen Zwei-Drittel-Mehrheit endgültig durchgesetzt. Die US-Regierung mußte nun mit Moskau über die fortgesetzten Atomwaffentests verhandeln. Daß zahlreiche Politiker, darunter solche wie der Friedens-Nobelpreisträger Willy Brandt, klar Position gegenüber den Abgeordneten eines anderen Landes bezogen hatten, galt damals als Novum. Die Unterstützung des Präsidenten des Club of Rome hatte vielen Mitgliedern des Bundestages diesen Schritt erleichtert.

Einige Jahre zuvor hatte mir eine Schulkameradin das Buch *Die Grenzen des Wachstums* ausgeliehen. Wenig später, als ich mich nach der Lektüre einiger Bücher von Günter Wallraff entschlossen hatte, Journalist zu werden, waren es die Berichte des Club of Rome, die die Richtung beeinflußten. In einem Briefwechsel, den ich damals mit dem inzwischen verstorbenen Gerhard Merzyn führte – neben Eduard Pestel seinerzeit einziges weiteres Mitglied des Club of Rome aus Deutschland –, bestärkte mich dieser darin. Mit dieser persönlichen Erinnerung will ich unterstreichen, daß der Club of Rome Menschen auf ihrem Lebensweg oder in ihrem Verhalten nachhaltig beeinflußt hat. Das ist mir während der Arbeit an diesem Buch von vielen ab einem Alter von etwa 35 Jahren an aufwärts immer wieder bestätigt worden. Es wäre wünschenswert, wenn die Altersgrenze derjenigen, die den Denkerzirkel kennen und Wert auf seine Äußerungen legen, wieder deutlich nach unten gedrückt werden könnte.

Doch der Club of Rome hat nicht nur Einzelpersonen beeinflußt. Zahlreiche Organisationen eiferten ihm nach. Dadurch entstand zeitweise der Eindruck, als sei der Club nur noch eine von vielen Vereinigungen, nichts Besonderes mehr. Dabei war er in Wahrheit Vorbild und Lehrmeister.

Dem Club of Rome wird mitunter vorgeworfen, er schotte sich ab wie eine Freimaurerloge. Davon abgesehen, daß diese Logen sich längst nicht so geheimbündlerisch verhalten, wie gemeinhin angenommen wird, stimmt dies nicht. Wie nahezu jede andere Organisation, so hat er Gremien, die Interna ohne Öffentlichkeit hinter verschlossenen Türen besprechen. Ansonsten ist er sogar recht offen. Es steht jedem frei, sich mit Mitgliedern in Kontakt zu setzen. Deren Aussagen über den Club müssen keineswegs erst, wie es anderswo durchaus üblich ist, von der Zentrale abgesegnet werden. Das würden die Mitglieder auch kaum akzeptieren.

Ungeachtet dessen täte dem Club of Rome – das ist in anderen Zusammenhängen in diesem Buch bereits erörtert worden – eine geordnetere Presse- und Öffentlichkeitsarbeit gut. Es sollte beispielsweise sichergestellt sein, daß Anfragen von Journalisten vom Generalsekretariat auch beantwortet werden. Man schafft sich sonst gerade dort Gegner, wo Imagebildung stattfindet: in den Redaktionen.

So war beispielsweise bis Redaktionsschluß keine klare Antwort auf die Frage zu erhalten, ob ein sehr aktives bisheriges Mitglied dem Club weiterhin angehört. Es tauchte auf der aktuellsten Liste nicht mehr auf.

Darüber, wie der Austausch von bis zu zwanzig Prozent der Mitglieder jährlich vonstatten geht, herrscht ein gewisser Unmut. Ausschlüsse werden in sehr kleinem Kreis und dann oft sehr unvermittelt beschlossen, die betroffenen Personen wie auch die weit überwiegende Mehrzahl der Clubmitglieder vor vollendete Tatsachen gestellt. Dazu wünschen sich viele Mitglieder klarere und andere Regeln. Der frühere Präsident der Schweiz, Kurt Furgler, soll sich, als er dem Exekutiv-Komitee des Club of Rome angehörte, intensiv um solche bemüht haben, aber ohne Erfolg.

Obwohl das offiziell nicht thematisiert wird, gibt es zwei Fraktionen im Club. Grob einteilen könnte man sie in die Wissenschaftler und die Diplomaten. Die einen wollen im wahrsten Sinne Wissen schaffen und dieses als Entscheidungsgrundlage verbreiten. Die anderen versuchen, auf diplomatischen Wegen auf

Politiker Einfluß zu nehmen. Ein Mitglied sagte mir, daß letztere den Club of Rome am liebsten in der Rolle einer «Schatten-Weltregierung» sähen und deshalb Kontakt zu Königen, Staatschefs und anderen wichtigen Entscheidungsträgern suchten. Die andere Position im Club läuft daraus hinaus, daß zumindest einige der Wissenschaftler finden, daß der Club of Rome sich häufiger vernehmlich zu Themen der aktuellen Politik äußern sollte. Fachleute dafür habe man schließlich genug, hieß es dazu selbstbewußt während der 1996er Jahrestagung. Im Grunde ist es gut, daß es beide Strömungen innerhalb des Clubs gibt, sie könnten befruchtend aufeinander wirken, wenn sie nicht miteinander rivalisieren würden. Ein großer Vorteil des Zirkels ist, daß er sich von Beginn an ausgesprochen pluralistisch verhalten hat. Mehr Kooperation zwischen den beiden Denkrichtungen dürfte demnach zu bewerkstelligen sein.

*Erhaben über Kritik?*

Unter anderem an diesem Pluralismus rieb sich Konrad Adam, Redakteur der *Frankfurter Allgemeinen Zeitung*, als er über die Jahrestagung des Clubs 1993 in Hannover – dort wurde unter anderem das 25jährige Bestehen gefeiert – schrieb. Die *Statt-Politiker* nannte er seinen am 24. Oktober 1993 erschienenen Artikel, und im Untertitel war von einem «Nachruf auf den Club of Rome» die Rede. Der «Rückblick auf die besonnte Vergangenheit», so der Journalist, «verbreitete so viel Frieden und so viel Wohlwollen, daß sich davon auch noch die Statthalter eines bankrotten Systems getragen und geborgen fühlen durften. Jedenfalls wurde auch Adam Schaff aus Polen, der den Marxismus philosophisch abzustützen suchte, herzlich begrüßt.» – Wie auch anders? Schaff arbeitete mit seinen Club-Kollegen aus dem kapitalistischen Westen bereits zusammen, als Europa und die Welt noch durch den Eisernen Vorhang geteilt waren. Der Club of Rome bot dazu das Forum; der Welt hätten mehr solcher internationaler, blockübergreifender Organisationen damals sehr gut getan.

Spätestens seit Erscheinen der *Grenzen des Wachstums* hat es an teils harter Kritik am Club of Rome nicht gefehlt. Wer so vernehmlich Veränderungen fordert, wundert sich über Widerspruch von den Bewahrern des Bestehenden kaum. Die Auseinandersetzungen mit den Aussagen des Clubs wurden nicht immer fair, manchmal unseriös geführt. In der *Kulturpolitischen Schriftenreihe* des Landesverbandes Bayern des Deutschen Freidenker-Verbandes beispielsweise wurden die Aktivitäten des Clubs 1983 auf fünfzig Seiten als «Ideologie des Klassenkampfes von oben» dargestellt. Dessen Arbeit und die ähnlicher Organisationen stelle «einen der finanziell wie ideologisch wie politisch massivsten Versuche dar, den Menschen in den westlichen Industrienationen Sand in die Augen zu streuen, sie abzulenken von den wirklichen Ursachen und Zusammenhängen der Krise und sie bereit zu machen, jede auch noch so wahnsinnige Krisenlösung auf ihre Kosten hinzunehmen.» – Eine Verdrehung der Tatsachen, die dem Prinzip der Freiheit des Denkens diametral entgegengesetzt ist. Sich mit der Kritik am Club of Rome auseinanderzusetzen, erforderte ein eigenes dickes Buch. Deshalb soll der *FAZ*-Artikel von Konrad Adam hier als Beispiel genügen. Immerhin hat der Beitrag zu zahlreichen Diskussionen innerhalb und außerhalb des Zirkels geführt, wurde dem Club of Rome doch in dieser großen Tageszeitung quasi die Berechtigung für die Weiterexistenz abgesprochen.

Als «reife Frucht» sei er nun vom Baum gefallen, «direkt in die Hände der Politiker und Wirtschaftsleute, die wissen, wie man andere für die eigenen Absichten und Ziele arbeiten läßt.» In Hannover, so Konrad Adam, habe sich der Club of Rome zu Werbezwecken vor den Karren der Weltausstellung EXPO 2000 spannen lassen. Doch etwas anderes verschwieg Adam in der *FAZ*: Ein von dem Öko-Chemiker Michael Braungart für die Stadt Hannover erstelltes Konzept sah vor, daß während der Weltausstellung präsentierte Produkte auf ihre Umweltverträglichkeit hin überprüft und ökologisch sinnvolle Produkte offizielle Auszeichnungen erhalten. Will der Hersteller damit werben, so muß er dafür eine Lizenzgebühr entrichten. Braungart hat errechnet, daß so 620 Millionen DM eingenommen und für Projekte in der Dritten Welt verwendet werden könnten. Als unabhängige Instanz soll, so der Plan, der Club of Rome über die Umweltaspekte der EXPO 2000 wachen. Vor diesem Hintergrund ist Club-Präsident Ricardo Diez-Hochleitner

Vorsitzender des EXPO-Beraterstabes geworden. Dabei sind den Club-Mitgliedern die Tendenzen, das Umweltkonzept der Weltausstellung aufzuweichen, keineswegs verborgen geblieben. Konsequenzen werden diskutiert.

Weiter kritisierte Konrad Adam im Herbst 1993, daß das, was der Club of Rome vertrete, «im wesentlichen nicht nur bekannt, sondern auch, exotische Meinungen ausgenommen, nahezu unumstritten» sei. Der *FAZ*-Redakteur: «Man weiß, daß die Bevölkerung nicht endlos weiterwachsen darf, daß die Natur geschont werden muß, daß die Arbeit billiger und der Energieverbrauch teurer werden muß. Seit Jahrzehnten wiederholen sich diese Formeln und Begriffe, die der Club in die Welt gesetzt hat.» – Es steht außer Frage, daß der Zirkel kreative und weniger schöpferische Phasen hatte. Ungeachtet dessen wird etwas Richtiges aber durch Wiederholung nicht falsch. Solange die meisten Entscheidungsträger wissenschaftliche Erkenntnisse nicht in konkrete Politik umsetzen – das ist in diesem Buch ja bereits ausgeführt worden –, dürfte noch manche Wiederholung nötig sein.

Adam merkt denn auch an, daß insbesondere Michail Gorbatschow, seit dem 25. Geburtstag des Club of Rome dessen Ehrenmitglied, in Hannover immer wieder Taten eingefordert habe. Vor dem Hintergrund, daß er die Welt maßgeblich mitverändert hat, kommt diese Forderung aus berufenem Munde. Tatsächlich hat er sich, nachdem er ein marodes System beendet hatte, nicht zur Ruhe gesetzt, sondern in Moskau die Internationale Stiftung für Sozioökonomie und politische Studien gegründet, die er seither leitet. Fast parallel zu dem vorliegenden Buch wird sein Band *Das neue Denken – Politik im Zeitalter der Globalisierung* erscheinen, in dem der letzte Präsident der Sowjetunion für eine globale Perestroika plädiert.

Nein, daß der Club of Rome seit seinen großen Erfolgen in der Anfangszeit nur noch Altbekanntes heruntergebetet hätte, kann man ihm nicht vorwerfen. Im Gegenteil könnten beispielsweise seine Thesen und Forderungen zu den Themen Erziehung und Bildung viel mehr Publizität gebrauchen, als sie letztlich erzielt haben. Insbesondere in der Zeit nach der Jubiläums-Jahrestagung 1993 hat der Club durchaus Neues präsentiert. So dürfte es speziell in Politikerkreisen keineswegs Konsens sein, daß Volksvertreter und Regierungsvertreter, wie Yehezkel Dror in seinem Bericht an den Club of Rome *Ist die Erde noch regierbar?* fordert, auf die Schulbank sollen, damit sie ihrer Verantwortung überhaupt oder besser gerecht werden können. Dieser und die anderen Vorschläge von Dror führten bezeichnenderweise gerade in den Medien zu Verwirrung, die üblicherweise selbst für Veränderungen plädieren. «Alles Forderungen, die wohl die Realität der Politik verkennen», kritisierte beispielsweise die *Süddeutsche Zeitung*. Die Wirklichkeit der Politik ist, daß notwendige Kurskorrekturen entweder ausbleiben oder zu langsam vorgenommen werden. Die Wochenzeitung *Die Zeit* ging in ihrer Ausgabe vom 6. Juli 1995 noch weiter, bezichtigte den Club der «Phrasendrescherei». Zu weit, so daß Ricardo Diez-Hochleitner sich zu einem Leserbrief veranlaßt sah.

«Wieso ist es eine Phrase», fragt der Präsident des Club of Rome darin, «wenn der Autor des Berichts hofft, daß die Raison d´humanité zumindest taugt, einen Atomkrieg zu verhindern? – Es ist ein Unterschied, ob man in der Nähe des durchgerosteten Eisernen Vorhangs lebt, oder, wie der Israeli Dror, inmitten des kriegsgerüttelten Nahen Ostens.» Diez-Hochleitner nimmt das Club-Mitglied Dror gegenüber der angesehenen Zeitung offensiv in Schutz: «Was ist gegen die Wunschvorstellung einzuwenden», fragt er, «daß Regierungen ‹moralisch, von der Zustimmung der Bevölkerung getragen, kraftvoll, von gründlichen Überlegungen geleitet, zum Lernen bereit, kreativ, pluralistisch und entschlußfähig sein› sollten? Dror erörtert diese Erfordernisse in seinem Buch, anders als es der Rezensent impliziert, Punkt für Punkt.» Die an den Club gerichteten Berichte seien, betont Diez-Hochleitner, «keine Glaubensbekenntnisse unseres Zirkels, sondern Diskussionsbeiträge zu wichtigen Problemstellungen.»


*Der Club of Rome an der Schwelle zum 21. Jahrhundert*

Der Club of Rome entstand während des Prager Frühlings. Als die Geschichte des Denkerzirkels begann, marschierten Truppen des Warschauer Paktes in die tschechoslowakische Hauptstadt ein, wurden NATO-Streitkräfte in Alarmbereitschaft versetzt. Nun gibt es keinen Warschauer Pakt mehr, zielen Ost und West nicht mehr mit Kernwaffen aufeinander. Es sind Grenzen verschwunden, aber auch neue hinzugekommen. Der weltweite nukleare Krieg ist unwahrscheinlich, regionale, mit Atomwaffen oder anderen Massenvernichtungsmitteln geführte Konflikte sind jedoch wahrscheinlicher geworden.

Ende der sechziger Jahre herrschte Euphorie hinsichtlich der friedlichen Nutzung der Kernkraft; zwischenzeitlich hat der Super-GAU von Tschernobyl weite Teile Europas verstrahlt, neue Atommeiler sind in den meisten Ländern politisch nicht mehr durchsetzbar. Umweltschutz war den meisten Menschen vor knapp dreißig Jahren ein Fremdwort. Heute wird der Begriff in der Werbung eingesetzt. Umweltschützer, schrieb ich am Anfang dieses Buches, waren Ende der sechziger Jahre belächelte Exoten. Mitte der neunziger Jahre ist Ernst Ulrich von Weizsäcker zufolge das, was Greenpeace sagt, für den weltweit operierenden britischen Mineralölkonzern Shell wichtiger als das, was die Regierung in London meint.

Die sogenannte Dritte Welt bestand für die meisten Nachrichtenkonsumenten Anno 1968 aus Ländern wie Vietnam, gegen die die Erste Welt Krieg führte. Inzwischen haben die USA und das Land in Indochina ihre Feindschaft beendet, ist Globalisierung eines der in Politik und Wirtschaft meistgebrauchten Schlagworte. Es ist mittlerweile klar, daß es auch den heute reichen Ländern schlechter gehen wird, wenn auf der Erde nicht deutlich mehr Gerechtigkeit hergestellt wird. Die scharfe Rassentrennung, wie es sie seinerzeit in den USA und bis weit in die neunziger Jahre hinein noch in Südafrika gab, sind offiziell beendet und weichen faktisch zumindest auf. Von Überfremdung war vor Jahren noch die Rede, Multikultur sagt man heute. Dabei darf nicht übersehen werden, daß bekennende Rechtsradikale solche Tendenzen brutal bekämpfen und heimliche Rassisten und Nationalisten dies ideell unterstützen.

Die Völker rücken in vielen Fragen näher zusammen. Es bleibt ihnen – das ist eine der Aussagen des Beitrages des Astronauten Edgar Mitchell – im Grunde auch nichts anderes übrig. Scheinbar haben die Menschen seit Ende der sechziger Jahre in wesentlichen Punkten des Zusammenlebens hinzugelernt. Der Club of Rome hat sie als eine der ersten Institutionen und vernehmlich auf die neuralgischen Punkte hingewiesen und für den Umgang damit sensibilisiert. Seine Arbeit hat einen immensen Schneeballeffekt gehabt. Vieles, was nicht direkt auf den Club zurückgeht, ist letztlich doch von ihm ausgelöst worden. Er wird in die Geschichte eingehen, hat Jakob von Uexküll in seinem Beitrag geschrieben. Tatsächlich ist er das schon.

Allerdings tritt die Menschheit in vielen Zusammenhängen auch auf der Stelle, ja, bewegt sich mitunter gar rückwärts. Hunderttausende Menschen sterben in regional begrenzten Kriegen, riesige Gebiete – zum Beispiel der ehemaligen Sowjetunion – sind ökologische Notstandsgebiete, in denen viele Millionen Menschen an den Folgen der Fehler und der Ignoranz von gestern leiden und zugrunde gehen. Dazu, wann das Bevölkerungswachstum und in welcher Höhe beendet sein wird, weiß man Ende der neunziger Jahre nicht viel mehr, als daß die Stabilisierung im nächsten Jahrhundert irgendwo zwischen zehn und zwanzig Milliarden Menschen eintreten wird. Ob die Spitze zum entsprechenden Zeitpunkt ober- oder unterhalb der Grenzen des Wachstums liegen wird, ist ebenso unklar. Die Menschen haben Atomkerne zunächst gespalten, um ihre militärische Macht auszuweiten, dann, um ihren Energiehunger zu stillen. Die Folgen beider Entwicklungen waren nicht gut bedacht, als, wie Robert Jungk es ausdrückte, sehr «zeitgreifende» Entscheidungen getroffen wurden. Ungeachtet dessen sind im Zuge des Fortschritts auch die Zellkerne nicht unangetastet geblieben. Auch die Auswirkungen dieser Entwicklung sind nicht absehbar. In vielen Zusammenhängen verhält sich die Menschheit wie der Pilot eines neuartigen Flugzeuges, das er zwar starten und in der Luft beherrschen kann, dessen Landetechnik er aber nicht kennt.

Organisationen, die Probleme erkennen, analysieren und zu lösen versuchen, werden noch lange, wahrscheinlich immer, vonnöten sein. Ob der Club of Rome weiterhin selbst entsprechend aktiv bleibt, oder ob er andere Gruppen und Personen animiert, ihm nachzueifern, ist zweitrangig. Ob in der Rolle des Praktikers oder Vorreiters – er wird noch lange gebraucht werden.

«Gewissen der Menschheit», «Wichtigste Denkfabrik der Welt», «Katalysator des Lernens» – dies sind nur drei Bezeichnungen für den Club of Rome, die mir im Laufe meiner Beschäftigung mit ihm begegnet sind. Übertrieben? – Ich denke nicht. Aus Gewissensgründen, einem Verantwortungsbewußtsein gegenüber heute lebenden und noch nicht geborenen Menschen heraus, denken die Mitglieder des Clubs darüber nach, was wir lernen können und müssen, um die Zukunft im Sinne von Frieden, Erhalt der natürlichen Lebensgrundlagen und Gerechtigkeit positiv zu beeinflussen.

Wichtig ist, daß der Denkerzirkel sich dieser Verantwortung immer bewußt bleibt, daß seine Strukturen nie zum Selbstzweck verkommen. Der Club of Rome war noch nicht halb so alt wie heute, *Die Grenzen des Wachstums* waren gerade acht Jahre auf dem Markt, als 1980 der Bericht an den US-Präsidenten *Global 2000* erschien. Dessen Autoren hatten in einem Brief an Jimmy Carter, der zwischenzeitlich Ehrenmitglied des Clubs war, «mutige und entschlossene neue Initiativen» gefordert, wenn «zunehmende Armut, die Vermehrung menschlichen Leidens, Umweltzerstörung und internationale Spannungen und Konflikte vermieden werden» sollen. Sie betonten, daß «neue und phantasievolle Ideen und die Bereitschaft, sie in die Tat umzusetzen, wichtiger als alles andere» seien.

Der Club of Rome kann hierzu weiterhin einen wesentlichen Beitrag leisten, wenn seine Mitglieder erkennen und in der Praxis berücksichtigen, was der Sohn des Clubgründers Aurelio Peccei, Roberto, formulierte: Der Club of Rome befindet sich permanent an Wendepunkten. Wenn er diese weiterhin – vielleicht ein wenig früher als in der Vergangenheit – erkennt und erforderliche Kurskorrekturen entsprechend zeitig vornimmt, dann wird er bei der Arbeit am Werkstück Zukunft auch fortan eine entscheidende Rolle spielen. Wenn er sich selbst als wandelbar erweist, sich neuer Aufgaben annimmt, sich beispielsweise mit dem Entwurf einer Weltzukunftsstrategie beschäftigt, wird er nicht nur als Warner und Mahner in die Geschichte eingehen. Dann wird er seinen Platz auch als Planer in der künftigen Weltgesellschaft sicher haben.

Bundestagspräsidentin Rita Süßmuth schrieb in ihrem Geleitwort zu diesem Buch: «Wir brauchen – dringender denn je –

Gremien, Institutionen. Zirkel, Clubs und Initiativen, die sich verantwortlich einmischen, um den Entscheidungsträgern in
Wissenschaft und Politik, in Wirtschaft und Gesellschaft, deutlich
vor Augen zu führen, daß dringender Handlungsbedarf besteht, um
die Zukunft zu meistern. Der Club of Rome ist eine solche
Institution.»

Wenn sich beide Seiten ihrer Verantwortung bewußt sind –
Organisationen wie der Club of Rome dessen, daß sie Löungs-
modelle und Zukunftsentwürfe präsentieren, staatliche Institutionen dessen, daß sie diese ernsthaft in Erwägung ziehen und in die Tat
umsetzen müssen –, dann ist die Menschheit einen entscheidenden
Schritt weiter.

«Worte schaffen Wahrheit» – das trifft insbesondere auf das
Werkstück Zukunft zu. Bei dessen Bearbeitung ist kollektives
Gewissen gefragt. Tatsächlich, der Club of Rome verkörpert dieses.

## Kritische Würdigung
Von Ricardo Diez-Hochleitner, Präsident des Club of Rome

Dreißig Jahre nach seiner Gründung, ein Vierteljahrhundert nach der Veröffentlichung der *Grenzen des Wachstums*, wird mitunter leichthin gesagt, der Club of Rome habe sich überlebt. Das vorliegende Buch beweist, daß dem nicht so ist. Jürgen Streich hat eine Vielzahl der Probleme, mit denen die Menschheit sich konfrontiert sieht, in Verbindung mit den Aktivitäten des Club of Rome und dessen Bemühungen um eine Strategie zur Lösung der globalen Probleme dargestellt. Das Buch kann nicht auf sämtliche Menschheitsprobleme tiefgründig eingehen, zumal die bisher veröffentlichten Berichte an den Club of Rome Tausende Seiten umfassen. In den vorangegangenen Kapiteln ist deutlich geworden, daß allen Problemen, ob sie nun scheinbar klein oder tatsächlich groß sind, sachkundige Club of Rome-Mitglieder, die an Lösungen arbeiten, gegenüberstehen.

Der Club of Rome war immer kritikfähig. Deshalb ist er an einem ehrlichen Buch über sich selbst viel mehr interessiert, als an Lobhudelei. Natürlich will er auch, daß seine Arbeit in zusammengefaßter Form Menschen präsentiert wird, die, um sich ein Bild vom Club of Rome zu machen, nicht erst in Bibliotheken und Archive steigen müssen. Gerade weil der Club of Rome sich der wichtigen Aufgabe stellen muß, jungen Menschen die Notwendigkeit für politisches Engagement im Sinne des Überlebens von Mensch und Natur nahezubringen und in dieser Richtung auch aktiv ist, ist dieses Buch hilfreich. Ich danke Jürgen Streich daher für seine intensive Beschäftigung mit dem Club of Rome und wünsche mir, daß sich andere Journalisten – auch in anderen Ländern – daran ein Beispiel nehmen.

Das Buch verdeutlicht, daß die Situation der Welt nach Denkerzirkeln wie dem Club of Rome verlangt. Er ist wegen der Tätigkeiten, Kenntnisse und persönlichen Beziehungen seiner Mitglieder zu Entscheidungsträgern in Wirtschaft und Politik sehr komplex, keineswegs homogen, wenn ich von den «Essentials» – Nachhaltigkeit, Globalität und Ganzheitlichkeit – absehe. Der Club of Rome ist nach wie vor die wichtigste Vereinigung bei der

Gestaltung einer lebenswerten Zukunft. Wenn ich heute nach den Verdiensten des Club of Rome seit seiner Gründung im Jahre 1968 gefragt werde, sage ich: Wir haben den Dialog über die globalen, ganzheitlichen, langfristigen Probleme begonnen. Andere sind uns, dankenswerterweise, gefolgt. Wir haben angemahnt, daß Wissenschaft, Wirtschaft und Politik zu gleichen Teilen Verantwortung zu übernehmen haben. Wir haben die Komplexität unserer Welt betont und sind so auf der Grundlage von Studien, ohne oberflächliches oder unvorbereitetes Geplauder, unseren Weg gegangen.

Von Beginn an wollten wir Aufmerksamkeit erwecken. Wir wollten den Willen entwickeln, zu Lösungen zu gelangen. Wir streben keinen Profit an und gehen auf die Suche nach Verantwortung, Sinn, Moral und Ethik. Wir stellen uns zur Verfügung – darum sind wir wichtig, stark und einflußreich. Jedes von unseren hundert Mitgliedern aus fünf Kontinenten hat seinen Beruf, seine eigenen, erfahrungsbedingten Visionen und ist allein durch die Tatsache, dem Club of Rome anzugehören, nicht korrumpierbar. In den Zeiten des «Kalten Krieges» hatten wir unsere Mitglieder in Moskau, Peking, Havanna, Prag, in Budapest ebenso wie Johannesburg, in Tokio, Buenos Aires, Madrid oder New York.

Wir haben eine große Verantwortung übernommen und tragen sie. Wahrscheinlich, das klingt auch in diesem Buch durch, kümmerten wir uns in den ersten drei Jahrzehnten zu wenig um die externe Kommunikation, legten allerdings auch nie auf Schlagzeilen Wert. Wir haben das schnelle Aufsehen zu vermeiden gesucht. Klar ist aber auch, daß wir immer eine kritische Reaktion provozieren wollen, um Lösungen anzuregen. Ein Beispiel dafür ist der Bericht unseres Mitgliedes Yehezkel Dror an den Club of Rome, in dem er die zunehmende Korruption in Politik und Administration beklagt. Yehezkel Dror hat seine Vorwürfe, aber auch seine Verbesserungsvorschläge ja in diesem Buch dargelegt.

Das Unterfangen mag man kritisch beurteilen, unsere Botschaft aber ist unumstritten: Wir warnen vor politischen Aktionen, denen der moralische, ethische Hintergrund verlorengegangen ist.

Zu den wichtigsten Zukunftsaufgaben des Club of Rome rechne ich:

– die Zusammenarbeit mit der Jugend, denn nur sie hat die Authentizität, unsere Handlungsweisen für das nächste Jahrtausend einzufordern;
– den Kampf von Moral und Ethik gegen Korruption;
– die geistige Orientierung, die sich an globalen Problemen ausrichtet;
– die kontroverse Diskussion mit allen fundamentalistischen Erscheinungen, seien sie religiöser, politischer oder ökonomischer Natur.

Die Zukunftsaufgaben des Club of Rome ergeben sich aus dem hier Gesagten. Für mich als Präsident des Club of Rome ist es wesentlich dazu beizutragen, unsere nationalen Verbände zu stärken. Derzeit haben wir immerhin 26 nationale Gruppen in Ländern Mittel-, Süd- und Osteuropas, Afrikas, Nord-, Süd- und Mittelamerikas, Australiens und Asiens. Ihre Arbeit wollen wir intensivieren. Wir müssen und werden uns organisatorisch verbessern. In Kürze wird eine Stiftung, die uns eine entsprechende Infrastruktur erlaubt, ihre Arbeit beginnen. Doch weiterhin bleiben Gespräche im Stillen mit Entscheidungsträgern auf der ganzen Welt wichtig – um Einfluß zu nehmen und öffentliche Diskussionen vorzubereiten.

Was wir nicht wollen, ist Dialog mit Demagogen. Wir sprechen und kooperieren mit allen Organisationen, auch wenn die meisten von ihnen sich lediglich mit Einzelproblemen befassen. Die Beschäftigung damit ist nicht unser Job. Wir halten das Globale im Auge.

Zur Problematik der Kernenergie, die in diesem Buch ein eigenes Kapitel füllt, wird dem Club of Rome Indifferenz vorgeworfen. Ich kann das nicht nachvollziehen. Unsere Haltung ist seit 30 Jahren, seit unserem Bestehen, eindeutig: Nein zur Kernenergie. Die Selbstverpflichtung der deutschen Wirtschaft aber, als Beispiel, bis zum Jahr 2005 gegenüber 1987 den Ausstoß von Kohlendioxid um zwanzig Prozent verringern zu wollen, ist völlig unzureichend. Bis dahin ist der Schwarzwald ein Grauwald, die Ostsee ein Chemielabor und von den Alpen bröckelt der Putz ab. $CO_2$ bringt keiner mehr weg. Es belastet die Natur auf Dauer wie eine negative Erbanlage. Ich stimme überein mit dem in diesem Buch ausführlich vorgestellten Bericht *Faktor Vier*, den das Club-Mitglied Ernst Ulrich von Weizsäcker sowie Amory und Hunter Lovins vom Rocky Mountains Institut in Aspen verfaßt haben. Die Autoren rechnen vor, daß Verdopplung des Wohlstands bei Halbierung des Ressourcenverbrauchs im Laufe der nächsten 40 Jahre möglich sind. Durch eine vom Club of Rome beschriebene und geforderte Effizienzrevolution, die durch konsequente Nutzung alternativer Energiequellen, durch radikale Verminderung des Kohlendioxid-Ausstoßes und ohne den Einsatz von Kernenergie geschieht.

Wir haben den Zwang zur Nutzung der Atomkraft immer und ausschließlich als Warnung für den Fall gesehen und verstanden, daß alternative Energienutzungsformen nicht entwickelt und praktiziert werden. Wird ein weltweiter Konsens zur Nutzung erneuerbarer Energiequellen gefunden, der einen radikalen Kampf gegen den Kohlendioxid-Ausstoß einschließt, so wird die Nutzung der Kernenergie verzichtbar sein. Eine verantwortungsvolle, schwere Aufgabe kommt hierbei der Politik der Europäischen Union und der nationalen Gremien zu. Sie müssen sich endlich behaupten gegen den verhängnisvollen, zukunftszerstörenden, primär gewinnorientierten und weit überproportionierten Einfluß der Energiekonzerne und ihrer Lobbyisten.

Wir dürfen nicht vergessen, daß die Themen $CO_2$-Emissionen und Kernenergie nur global zu bewältigen sind. Hier gibt es keine Nationalitäten oder Regionalitäten. Klimaveränderungen machen ebensowenig wie radioaktive Wolken an Grenzen halt. Diese Probleme sind nur langfristig und ganzheitlich im Sinne einer umfassenden qualitativen Betrachtungsweise und Güterabwägung zu lösen.

Deshalb auch bleiben sie – neben vielen anderen – Pflichtthemen für den Club of Rome.

Madrid, Juni 1997
Ricardo Diez-Hochleitner

## Ich danke

meiner Schulkameradin Claudia Längler dafür, daß sie mich als erste auf den Club of Rome hingewiesen hat; dem Textilproduzenten Klaus Steilmann, mit dem ich gemeinsam die Idee zu diesem Buch hatte, für Unterstützung meiner Arbeit; ebenso seinem Mitarbeiter Wolf-Dieter Hartmann; allen «Beurteilern» des Club of Rome für ihre Texte; dem Präsidenten des Club of Rome, Ricardo Diez-Hochleitner stellvertretend für alle Club-Mitglieder, die meiner Arbeit über ihre Organisation offen gegenübergestanden und nie einen Versuch unternommen haben, diese in ihrem Sinne zu beeinflussen; seinem Berater in Öffentlichkeitsfragen, Wolfgang Schellberg, für Unterstützung in vielfacher Hinsicht; Michael Braungart für den Hinweis auf den Birkhäuser Verlag; meinen Lektoren Dorothée Engel und Olaf Benzinger für vertrauensvolle Zusammenarbeit auch unter Zeitdruck; Thomas Rother für viele Stunden Arbeit an meiner Hard- und Software sowie für thematische Hinweise und Übersetzungsarbeit; ebenfalls für Übersetzungen Dank an Franz Josef Stupp, Christine Sorga, Delia Villagrassa, Anja van Delft und Tanja Klaes; Heinz Horst für die Zusammenfassung des Club of Rome-Berichtes *Die Zukunft der Weltmeere*; Bruno Kempen für Vorbereitung und eingehende Beratung bei der Erstellung des Kapitels über den Club of Rome-Bericht *Mit der Natur rechnen*; Jürgen Stark für die Vermittlung des Beitrages von Dieter Gorny; Markus Schneider für vertrauensvollen Austausch unserer Erkenntnisse über den Club of Rome; Heinz-Dieter Kann für Hilfe bei der Überwindung von Computer-Problemen und andere technische Unterstützung; dem Buchhändler Uwe Schreiner für bibliographische Auskünfte; meiner Mutter Gisela Streich für Tipp-Arbeit; Jutta Greier für den Beweis, daß Worte Wahrheit schaffen und meiner Lebensgefährtin Elisabeth Kann für die Zusammenfassung der *Revolution der Barfüßigen* und dafür, daß sie meine Arbeit in vielfältiger Hinsicht unterstützt.

# Anhang

## Zeittafel

### 1967

Der italienische Industrielle Aurelio Peccei und der schottische Wissenschaftsfunktionär Alexander King schmieden gemeinsam Pläne: Da die Regierungen offenkundig unfähig sind, die drängendsten Menschheitsprobleme zu lösen, wollen sie gemeinsam mit Gleichgesinnten nach Auswegen suchen.

### 1968

Auf Einladung von Peccei und King treffen sich im April in Rom 36 Wirtschaftslenker und Wissenschaftler zum Gedankenaustausch. Die Konferenz verläuft enttäuschend. Doch Aurelio Peccei, Alexander King, Erich Jantsch, Hugo Thiemann, Jean Saint-Geours und Max Kohnstamm verbringen den Abend miteinander, beschließen weiterzumachen und – auf Vorschlag von Alexander King – sich fortan Club of Rome zu nennen. Auch der Begriff Weltproblematik wird noch an diesem Abend kreiert.

### 1969

Eduard Pestel stößt zum Club. Der österreichische Bundeskanzler Josef Klaus lädt Mitglieder des Zirkels zu einem Gespräch mit seinem Kabinett ein. Auch Wirtschaftsvertretern können sie bei dieser Gelegenheit ihre Vorstellungen erörtern. Der Club of Rome wählt einen Präsidenten – Aurelio Peccei. Die Obergrenze der Mitgliederzahl wird auf hundert festgelegt. Zudem werden Prinzipien, die dem Club seine Unabhängigkeit sichern sollen, festgeschrieben.

### 1970

Auf Einladung der Schweizer Regierung findet in Bern die erste offizielle Jahreskonferenz des Clubs, der nun vierzig Mitglieder hat, statt. Dieser erarbeitet ein aus fünf Hauptvariablen – Kapital, Bevölkerung, Umweltverschmutzung, Rohstoffe, Nahrungsmittel – bestehendes Modell, das Erkenntnisse über komplexe Probleme, wie etwa in Großstädten, liefern soll. Auf Anregung von Jay Forrester kommt es zu einer Kooperation zwischen dem Club of Rome und dem Massachusetts

Institute of Technology (MIT). Die Volkswagen-Stiftung unterstützt diese mit 200 000 Mark.

1971

Unter Leitung von Dennis Meadows von MIT arbeitet daraufhin ein aus siebzehn Wissenschaftlern bestehendes internationales Team an der Erstellung eines Weltmodelles. Das wesentliche Werkzeug dabei ist das von Jay Forrester entwickelte Computer-Programm *World 3*.

1972

Das Ergebnis, der erste Bericht an den Club of Rome unter dem Titel *Die Grenzen des Wachstums*, erscheint. Der Denkerzirkel und das Buch werden mit einem Schlag weltberühmt.

1973

Ausgelöst durch den Ölschock wird der Club of Rome in die UN-Debatte über eine neue internationale Wirtschaftsordnung einbezogen.

1974

Der zweite Bericht an den Club of Rome, *Menschheit am Wendepunkt*, von Mihajlo Mesarovic und Eduard Pestel verfaßt, wird veröffentlicht. In ihm werden regionale Besonderheiten und 200 000 Parameter berücksichtigt. Der österreichische Bundeskanzler Bruno Kreisky lädt auf den Vorschlag von Aurelio Peccei hin zu einer Nord-Süd-Konferenz ein und bittet Mitglieder des Clubs hinzu.

1976

In seinem Bericht an den Club of Rome *Reshaping the International Order* fordert der Ökonomie-Nobelpreisträger Jan Tinbergen Wege hin zu einem Gleichgewicht zwischen den reichen Industrie- und den armen Entwicklungsländern.

1977

Das ungarische Mitglied des Zirkels, Ervin Laszlo, argumentiert in seinem Bericht an den Club, *Goals to Mankind*, kulturelle Aspekte in die globale Analyse mit einzubeziehen.

1978

Die Berichte *No Limits to Learning* von James Botkin, Mircea Malitza und Mahdi Elmandjra (erscheint ein Jahr später auf deutsch unter dem Titel *Zukunftschance Lernen*), *The Age of Waste* von Dennis Gabor und *Energy: the Countdown* von Thierry de Montbrial werden publiziert.

1980

Die US-regierungsoffizielle Studie *Global 2000 – Der Bericht an den Präsidenten* erscheint. An ihrem Zustandekommen waren Mitglieder des Club of Rome maßgeblich beteiligt. Es erscheinen von Orio Giarini *Dialogue on Wealth and Welfare* und von Bohdan Hawrylyshyn *Road Maps to the Future*.

1981

Aurelio Peccei veröffentlicht sein Buch *Die Zukunft in unserer Hand*, Jean Saint-Geours *L'imperatif de cooperation Nord-Sud – L' synergie des mondes*.

1982

Mit *Auf Gedeih und Verderb – Mikroelektronik und Gesellschaft* legen Adam Schaff und Gunter Friedrichs eine Prognose vor, die heute bereits als zutreffend bewertet werden kann. Aurelio Peccei muß sein Büro in Rom aufgeben, wodurch Archivmaterial abhanden kommt.

1984

Im März stirbt Aurelio Peccei. Während einer Konferenz in Helsinki wird Alexander King zu seinem Nachfolger gewählt, gibt sich der Club of Rome neue Strukturen. Von René Lenoir erscheint *Le Tiers-Mondes peut se nourrir*.

1985

Der Sitz der Vereinigung wird von Rom nach Paris verlegt, Bertrand Schneider ihr Generalsekretär. Sein Bericht *The Barefoot Revolution* erscheint (ein Jahr später unter dem Titel *Die Revolution der Barfüßigen* auf deutsch). Der Club of Rome nimmt fortan Ehrenmitglieder auf. Der Zirkel befaßt sich intensiv mit der Ernährungssituation in Afrika.

1986

Elisabeth Mann Borgese veröffentlicht den Bericht *The Future of the Oceans*. Anläßlich der amerikanisch-sowjetischen Gipfelkonferenz in Rejkjavik wenden sich Alexander King und Eduard Pestel im Namen des Club of Rome mit dem Vorschlag an US-Präsident Ronald Reagan und den KPdSU-Generalsekretär Michail Gorbatschow, den internationalen Waffenhandel einzudämmen. Die neugegründete polnische Sektion des Club of Rome bietet Vertretern der römisch-katholischen Kirche, der kommunistischen Partei und der Gewerkschaft Solidarnosc eine neutrale Diskussionsplattform.

1987

Auf der Jahreskonferenz in Warschau wird beschlossen, nationale Sektionen des Club of Rome nach dem Vorbild des spanischen «Chapters» anzuerkennen.

1989

Der Bericht *Africa Beyond Famine* von Pentti Malaska und Aklilu Lemma, *Jenseits der Grenzen des Wachstums* von Eduard Pestel und *The Limits to Certainty* von Orio Giarini und Walter R. Siahel werden veröffentlicht.

1991

Der Spanier Ricardo Diez-Hochleitner wird neuer Präsident des Club of Rome, Alexander King Ehrenpräsident. Das von King und Bertrand Schneider verfaßte Buch *Die erste globale Revolution*, der erste vom Club of Rome selbst erarbeitete Bericht, erscheint.

1993

Der Club hält seine 25-Jahre-Jubiläums-Jahrestagung in Hannover ab. Der damalige deutsche Bundespräsident Richard von Weizsäcker nennt den Club of Rome bei dieser Gelegenheit «das Gewissen der Menschheit». Nicole Rosensohn und Bertrand Schneider präsentieren ihre Berichte *For a Better World Order* und *Latin America Facing Contradictions and Hopes*.

1995

Die deutschen Ausgaben der Berichte *Ist die Erde noch regierbar?* von Yehezkel Dror, *Mit der Natur rechnen*, herausgegeben von Wouter van Dieren, und *Faktor Vier* von Ernst Ulrich von Weizsäcker sowie Amory und Hunter Lovins erscheinen.

1996

Bertrand Schneider veröffentlicht einen weiteren Bericht an den Club of Rome: *Krieg gegen Hütten*. Er prangert darin die Ausbeutung der Dritten Welt durch die Industrieländer an. Der frühere Regierende Bürgermeister der Hansestadt Hamburg, Klaus von Dohnanyi, wird in den Club of Rome aufgenommen.

1997

Die Bertelsmann-Stiftung präsentiert den im Auftrag des Club of Rome erarbeiteten Bericht *Die Grenzen der Gemeinschaft – Konflikt und Vermittlung in pluralistischen Gesellschaften*. Eine Studie über *Das Beschäftigungsdilemma* von Orio Giarini und Patrick Liedtke ist in Vorbereitung.

# Verwendete Literatur


Association of Space Explorers (Hg.), *Der Heimatplanet.* Frankfurt 1989

Berger, Peter (Hg.), *Die Grenzen der Gemeinschaft. Konflikt und Vermittlung in pluralistischen Gesellschaften. Ein Bericht der Bertelsmann-Stiftung an den Club of Rome.* Gütersloh 1997

Botkin, James / Elmandjra, Mahdi / Malitza, Mircea, *Zukunftschance Lernen. Bericht für die achtziger Jahre.* Wien – Zürich – Innsbruck 1979

Botkin, James, *Networked Intelligence: The Business of Building Knowledge Communities in a Global Age.*Manuskriptauszug

*Brockhaus-Enzyklopädie in vierundzwanzig Bänden.* Neunzehnte, völlig neu bearbeitete Auflage, Mannheim 1987

Club of Rome (Hg.), *Die erste globale Revolution. Bericht zur Lage der Welt.* Frankfurt 1992

Council on Environmental Quality / US State Department (Hg.), *Global 2000. Der Bericht an den Präsidenten.* Frankfurt 1980

van Dieren, Wouter (Hg.), *Mit der Natur rechnen. Der neue Club-of-Rome-Bericht.* Basel 1995

Dror, Yehezkel, *Ist die Erde nocht regierbar? Bericht an den Club of Rome.* München 1995

Enquete-Kommission «Schutz der Erdatmosphäre» des Deutschen Bundestages (Hg.), *Mehr Zukunft für die Erde. Nachhaltige Energiepolitik für dauerhaften Klimaschutz. Schlußbericht der Enquete-Kommission «Schutz der Erdatmosphäre» des 12. Deutschen Bundestages.* Bonn 1995

Flechtheim, Ossip, *Der Kampf um die Zukunft,* Vorwort zu Mögle-Stadel, Stephan, *Die Unteilbarkeit der Erde. Globale Krise, Weltbürgertum & Weltföderation. Eine Antwort an den Club of Rome.* Bonn 1996

Giarini, Orio, *Wohlstand und Wohlfahrt. Dialog über eine alternative Ansicht zu weltweiter Kapitalbildung. Ein Bericht an den Club of Rome.* Frankfurt/Main – Bern – New York 1986

Giarini, Orio / Liedtke, Patrick, *The Deployment Dilemma.* Vorabfassung der Autoren

Grass, Günter / Aitmatow, Tschingis, *Alptraum und Hoffnung. Zwei Reden vor dem Club of Rome.* Göttingen 1989

Grün, Josef / Wiener, Detlev, *Global denken, vor Ort handeln. Weltmodelle von Global 2000 bis Herman Kahn. Kontroversen über unsere Zukunft.* Freiburg 1984

Hauff, Volker (Hg.), *Unsere gemeinsame Zukunft. Der Brundtland-Bericht der Weltkommission für Umwelt und Entwicklung.* Greven 1987

Jungk, Robert, *Einmischung,* Gespräch mit Jürgen Streich im Anhang von dessen Buch *Tödliches Erbe. Eine Polit-Science-fiction-Geschichte gegen weiteren Rüstungswahn.* Dormagen 1988

Köllmayr, Frieder, *Der «Club of Rome» und seine irrationalen Theorien von den «Grenzen des Wachstums». Eine Ideologie des Klassenkampfes von oben.* München 1983

Mann Borgese, Elisabeth, *Die Zukunft der Weltmeere. Bericht an den Club of Rome.* Wien – München – Zürich 1985

Meadows, Dennis, *Die Grenzen des Wachstums. Bericht des Club of Rome zur Lage der Menschheit.* Stuttgart 1972

Meadows, Donnela und Dennis / Randers, Jørgen, *Die neuen Grenzen des Wachstums.* Stuttgart 1992

Medwedew, Grigori, *Verbrannte Seelen. Die Katastrophe von Tschernobyl.* München – Wien 1991

Mesarovic, Mihajlo / Pestel, Eduard, *Menschheit am Wendepunkt. 2. Bericht an den Club of Rome zur Weltlage.* Stuttgart 1974

Moll, Peter, *From Scarcity to Sustainability. Future Studies and the Environment: The Role of the Club of Rome.* Frankfurt/Main – Bern – New York – Paris 1991

*Organisation du Club de Rome,* hinterlegt bei der Präfektur Paris

Peccei, Aurelio, *Die Zukunft in unserer Hand, Analyse und Reflexion.* Wien – München – Zürich – New York 1981

Peccei, Aurelio, *The Human Quality.* Oxford 1977

Schaff, Adam / Friedrichs, Gunter, *Microelectronics and Society: for Better and for Worse.* Oxford 1982

Schneider, Bertrand, *Die Revolution der Barfüßigen. Bericht an den Club of Rome zur Entwicklung der Dritten Welt.* München 1986

Schneider, Bertrand, *The Club of Rome: The First 25 Years.* Originalmanuskript, Paris 1993

Schneider, Bertrand, *The Scandal and the Shame*. Gütersloh 1995

Spiegel, Peter, *Das Terra-Prinzip. Das Ende der Ohnmacht in Sicht. Vorwort von Ervin Laszlo*. Stuttgart 1996

Streich, Jürgen, *Die neuen Atommächte. Wer sie sind und was sie wollen*. Reinbek 1993

Steilmann, Klaus, *Vom Säulendenken zu vernetztem Handeln*. Berlin 1994

Stscherbak, Juri, *Tschernobyl*. Berlin – Weimar 1991

von Weizsäcker, Ernst Ulrich / Lovins, Amory und Hunter, *Faktor Vier. Doppelter Wohlstand – halbierter Naturverbrauch. Der neue Bericht an den Club of Rome*. München 1995

Wells, Herbert George, *Befreite Welt*. Wien – Hamburg 1985

Wells, Herbert George, *Die offene Verschwörung. Aufruf zur Weltrevolution*. Berlin 1986

Winter, Rolf, *Wer, zur Hölle, ist der Staat? Fragen und Empörungen eines Pazifisten* Hamburg 1992

# Index

# Zukunftsfähigkeit auf dem Prüfstand!

Wir leben in einem Paradox: Während die Natur verfällt, belegen die wichtigsten wirtschaftlichen Indikatoren, daß es uns gut geht und weiteres Wachstum möglich ist. Politiker und Öffentlichkeit lassen sich von verlockenden Wachstumsraten irreleiten. Der Club of Rome fordert zum Umdenken auf: Die Grenzen des Wachstums sind erreicht. Das Verspielen der Zukunft darf nicht länger als Wohlstandsgewinn deklariert werden.

Wouter van Dieren
**Mit der Natur rechnen**
Der neue Club-of-Rome Bericht
Vom Bruttosozialprodukt zum Ökosozialprodukt
330 Seiten, 25 sw-Abb.
Broschur
ISBN 3-7643-5173-X
**In allen Buchhandlungen erhältlich**

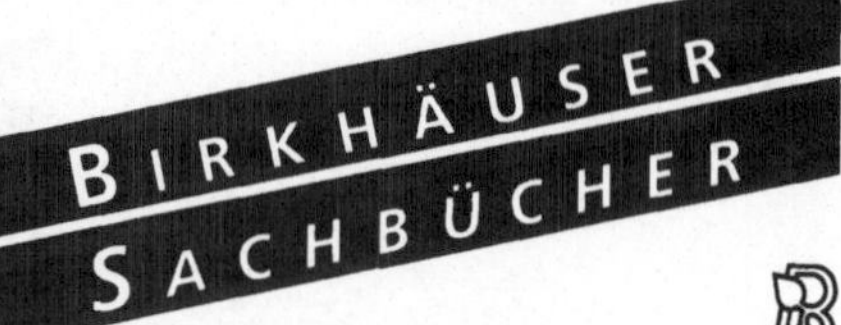

# Studien und Visionen

Das ressourcen- und energie-
intensive Wohlstandsmodell der
Industrieländer ist weder
zukunftsfähig noch verallge-
meinerbar: Zu viele Naturgüter
werden verbraucht, und hohe
Schadstoffmissionen verändern
das Klima und verschmutzen die
Weltmeere. Wie aber müßte zukunftsfähiges Leben und Wirtschaften in einem Industrieland
wie Deutschland aussehen? Wie
bekommen Länder des Südens
bessere Entwicklungschancen,
wie bleiben die natürlichen Lebensgrundlagen erhalten?
Mitarbeiter des Wuppertal Instituts haben im Auftrag von
MISEREOR und BUND diese Fragen untersucht. In diesem Buch
tragen sie die aktuellen Daten
zusammen, schätzen Werte für
einen tragfähigen Umwelt-
verbrauch ab und entwickeln
Leitbilder und Empfehlungen für
Politik, Wirtschaft und Gesellschaft.

**Zukunftsfähiges Deutschland**
Ein Beitrag zu einer global
nachhaltigen Entwicklung
Herausgegeben von BUND
und MISEREOR
4., überarbeitete und
erweiterte Auflage
450 Seiten, 54 Abbildungen.
Broschur
ISBN 3-7643-5711-8
**In allen Buchhandlungen
erhältlich**

# Visionen für die Gesellschaft der Zukunft

Die heutige gesellschaftliche und wirtschaftliche Entwicklung wirkt angesichts ihres enormen Ressourcenverbrauchs der Erreichung einer zukunftsfähigen Wirtschaft entgegen. Zur Verwirklichung einer im Einklang mit der Natur stehenden Gesellschaft ist es notwendig, Entwicklungen am Leitbild des „Sustainable Development" zu orientieren. Dabei spielen die Dematerialisierung" der westlichen Wirtschaften sowie die Veränderung von Konsumgewohnheiten eine entscheidende Rolle.

Dieser Wuppertal Text beschreibt die durch das Leitbild „Sustainable Development" implizierten technik- und konsumorientierten Veränderungen. Dabei werden die derzeitigen Rahmenbedingungen und Handlungsalternativen ebenso wie die auftretenden Hindernisse und möglichen Rebound-Effekte diskutiert. Es werden heute schon gangbare und morgen notwendige Schritte auf dem Weg zu öko-effizienter Technik und dauerhaft umweltfreundlichen Konsumstrukturen aufgezeigt.

Friedrich Schmidt-Bleek, Ursula Tischner, Thomas Merten (Hrsg.)
**Öko-intelligentes Produzieren und Konsumieren**
Originalausgabe
1997. 240 Seiten
14.5 x 21 cm
Broschur
ISBN 3-7643-5667-7
Wupptertal Texte
**In allen Buchhandlungen erhältlich**

# Mut zum Umbau ist erforderlich

Die Zukunft unserer Welt und Umwelt befindet sich in einem labilen Zustand. Umweltzerstörung, globaler Ressourcenverbrauch und Bevölkerungszahlen steigen stetig an. Die gegenwärtige Umweltpolitik hat es nicht vermocht, diesen Trend aufzuhalten.

Auf Einladung der Bayreuther Initiative für Wirtschaftsökologie e.V. trafen sich im vergangenen Sommer namhafte Politiker, Wissenschaftler und Journalisten, um die Möglichkeiten einer ökologisch orientierten Wirtschafts- und Lebensweise zu diskutieren. Die Grenzen des Wachstums und die Frage nach der ökologischen Ausrichtung der Gesellschaft werden ebenso dargestellt wie die Visionen einer neuen Wirtschaftspolitik: der notwendige Umbau der Industriepolitik, die dringend erforderliche ökologische Steuerreform sowie eine nachhaltige Energieversorgung.

Mit Beiträgen prominenter Vor- und Querdenker: Franz Alt, Thilo Bode, Ludwig Bölkow, Andreas Troge u.a.

Philipp Axt, Thomas Höfer, Klaus Vestner (Hrsg.)
**Ökologische Gesellschaftsvisionen**
Kritische Gedanken am Ende des Jahrtausends
282 Seiten, 44 sw-Abb.
Broschur
ISBN 3-7643-5417-8
**In allen Buchhandlungen erhältlich**